建设工程资料填写与组卷系列丛书

建筑分项工程资料填写与组卷范例
装饰装修工程

本书编委会 编

中国建材工业出版社

图书在版编目(CIP)数据

建筑分项工程资料填写与组卷范例. 装饰装修工程/
《建筑分项工程资料填写与组卷范例》编委会编. —北京：
中国建材工业出版社，2008.1(2019.1重印)
ISBN 978-7-80227-378-8

Ⅰ.建… Ⅱ.建… Ⅲ.①建筑工程－技术档案－档案
管理②建筑装饰－工程施工－技术档案－档案管理
Ⅳ.TU712 G275.3

中国版本图书馆 CIP 数据核字(2007)第 188971 号

内 容 提 要

本书依据《建筑工程施工质量验收统一标准》(GB 50300—2001)、北京市《建筑工程资料管理规程》，并结合建筑装饰装修工程专业特点，以工程实例的方式，全面介绍了工程资料管理基本常识，以及建筑装饰装修工程资料填写与组卷要求。全书内容包括工程资料管理概述、装饰装修工程管理与技术资料、建筑地面工程资料、抹灰工程资料、门窗工程资料、吊顶工程资料、轻质隔墙工程资料、饰面工程资料、幕墙工程资料、涂饰工程资料、裱糊与软包工程资料、细部工程资料、装饰装修工程监理资料、装饰装修工程资料归档管理。

本书可供施工单位各级技术管理人员、工程建设监理人员、工程质量监督人员使用，也可供施工单位资料管理人员使用和参考。

建筑分项工程资料填写与组卷范例——装饰装修工程
本书编委会 编

出版发行：**中国建材工业出版社**
地　　址：北京市海淀区三里河路 1 号
邮　　编：100044
经　　销：全国各地新华书店
印　　刷：北京紫瑞利印刷有限公司
开　　本：787mm×1092mm　1/16
印　　张：22
字　　数：592 千字
版　　次：2008 年 1 月第 1 版
印　　次：2019 年 1 月第 4 次
定　　价：68.50 元

本社网址：www.jccbs.com.cn
本书如出现印装质量问题，由我社市场营销部负责调换。电话：(010)88386906
对本书内容有任何疑问及建议，请与本书责编联系。邮箱：dayi51@sina.com

《建设工程资料填写与组卷系列丛书》

主要编写人员所在单位

中国建筑科学研究院

北京市建筑科学研究院

中国建筑工程总公司

中铁建设集团总公司

中建一局集团有限公司

北京建工集团有限公司

北京市政建设集团有限公司

北京城乡建设集团有限公司

北京住总集团有限责任公司

北京城建设计研究总院

北京市政工程设计总院

北京工业设计研究院

北京市建设职工大学

北京市双圆监理咨询公司

北京市方园监理咨询公司

建筑分项工程资料填写与组卷范例——装饰装修工程
编 委 会

主　编：李建钊

副主编：梁　贺　刘雪芹

编　委：安　民　　边　金　　蔡中辉　　曹　力

　　　　陈海霞　　代春生　　邓建刚　　狄　超

　　　　董军辉　　杜兰芝　　郭智多　　韩国栋

　　　　何文福　　黄选明　　李小林　　刘博祥

　　　　陆　参　　吕方全　　马智英　　庞振勇

　　　　皮振毅　　孙雅辛　　唐燕云　　王建龙

　　　　王　可　　王　雷　　文丽华　　吴丽娜

　　　　吴增富　　夏红光　　夏明进　　杨宇雷

　　　　姚立刚　　于　劲　　苑　辉　　张达祥

　　　　张明轩　　张亚奎　　张彦宁　　张印涛

　　　　周　浪　　周卫民

前　　言

近年来,随着建筑行业的迅猛发展,建筑工程资料发挥着重要的作用。建筑工程资料作为展示工程项目的管理水平和体现规范标准力度的载体,逐渐引起了建筑业主管部门及管理者的重视。建筑工程资料是建筑工程施工过程中形成的各种工程资料,并按照一定原则分类、组卷,最后移交到城建档案部门归档的整个建筑工程的历史纪录,是工程建设不可缺少的技术档案。

但是,现在有很多建筑施工企业,乃至建设单位、监理单位的工程资料管理水平极不平衡,仍存在严重的偏差,例如:对种类繁多、数量巨大、来源广泛的工程资料无法科学地分类;对现行标准规范的了解程度不够,缺乏灵活运用的方式方法;缺乏必要的工程资料管理经验等。同时,广大有志于从事建筑工程行业的人士,很想在短时间内对工程资料的编制与管理有全面了解,但又苦于没有接触工程技术资料的机会。为此,我们组织有关方面的专家学者编写了《建筑分项工程资料填写与组卷范例》系列丛书。

本套丛书包括以下分册:

《地基基础工程》

《主体结构工程》

《装饰装修工程》

《机电安装工程》

《钢结构工程》

丛书主要根据《建筑工程施工质量验收统一标准》(GB 50300—2001)、《建设工程文件归档整理规范》(GB/T 50328—2001)以及建筑工程各分部分项工程的相关标准规范进行编写。整套丛书均以范例的形式进行阐述,具有很强的可读性。而且丛书中还附有大量施工质量验收记录表格,这样可以方便广大建筑工程施工人员及管理人员更好地了解和掌握标准规范的内容和要求。

本套丛书与市面上其他图书比较。主要具有以下特色:

1. 工程资料填写内容和要求标准化:丛书资料充分借鉴了近年来新颁布或修订的建筑工程法规、规范、标准,将新的标准规范与工程资料紧密地结合起来,而且丛书中将工程施工过程中形成的重要资料均一一列出,并归纳总结出了详细的工程资料编制管理与归档要求,参考性很强。

2. 专业分包工程资料管理的标准化:本丛书涵盖了建筑施工中涉及的大多

数专业工程,详细列出不同专业的管理程序、资料组卷、填写内容等(例如,支护、桩基、钢结构、机电安装、装饰装修等),具有很强的实用性。

3. 资料编目、组卷标准化:丛书结合《建设工程文件归档整理规范》(GB/T 50328—2001),借鉴许多工程资料管理的编目及组卷方法,推出一套实用性极强的目录,贯穿于每一分册,使内容非常条理化、标准化。

4. 工程资料分类、编号的标准化:尤其是针对施工物资、隐蔽工程验收等资料管理混乱的问题,有了明确的要求,突出了实用性。

丛书语言简练、重点突出、内容翔实,且整套丛书编写形式统一,方便使用,具有较强的指导作用和使用价值。丛书适合于工程施工、监理、设计等广大技术人员在编制工程资料时使用。由于编者水平和知识的有限,书中难免会出现错误和疏漏,恳请专家和有关人士批评指正。

丛书编委会

目 录

第一章　工程资料管理概述

第一节　工程资料的组成

工程资料是指在工程建设过程中形成的各种形式的信息记录,包括基建文件(A类)、监理资料(B类)、施工资料(C类)和竣工图(D类)四大类。工程资料的组成,如图1-1所示。

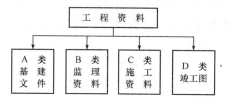

图1-1　工程资料组成示意图

1. 基建文件

建设单位在工程建设过程中形成的文件,分为工程准备文件和竣工验收等文件。

(1)工程准备文件。工程开工以前,在立项、审批、征地、勘察、设计、招投标等工程准备阶段形成的文件。

(2)竣工验收文件。建设工程项目竣工验收活动中形成的文件。

2. 监理资料

监理单位在工程设计、施工等监理过程中形成的资料。

3. 施工资料

施工单位在工程施工过程中形成的资料。

4. 竣工图

工程竣工验收后,真实反映建设工程项目施工结果的图样。

第二节　工程资料管理职责

一、通用职责

(1)工程资料的形成应符合国家相关的法律、法规、施工质量验收标准和规范、工程合同与设计文件等规定。

(2)工程各参建单位应将工程资料的形成和积累纳入工程建设管理的各个环节和有关人员的职责范围。

(3)工程资料应随工程进度同步收集、整理并按规定移交。

(4)工程资料应实行分级管理,由建设、监理、施工单位主管(技术)负责人组织本单位工程资料的全过程管理工作。建设过程中工程资料的收集、整理工作和审核工作应有专人负责,并按规定取得相应的岗位资格。

(5)工程各参建单位应确保各自文件的真实、有效、完整和齐全,对工程资料进行涂改、伪造、随意抽撤或损毁、丢失等的,应按有关规定予以处罚,情节严重的,应依法追究法律责任。

二、工程各参建单位职责

1. 建设单位职责

(1)应负责基建文件的管理工作,并设专人对基建文件进行收集、整理和归档。

(2)在工程招标及与参建各方签订合同或协议时,应对工程资料和工程档案的编制责任、套数、费用、质量和移交期限等提出明确要求。

(3)必须向参与工程建设的勘察、设计、施工、监理等单位提供与建设工程有关的资料。

(4)由建设单位采购的建筑材料、构配件和设备,建设单位应保证建筑材料、构配件和设备符合设计文件和合同要求,并保证相关物资文件的完整、真实和有效。

(5)应负责监督和检查各参建单位工程资料的形成、积累和立卷工作,也可委托监理单位检查工程资料的形成、积累和立卷工作。

(6)对须建设单位签认的工程资料应签署意见。

(7)应收集和汇总勘察、设计、监理和施工等单位立卷归档的工程档案。

(8)应负责组织竣工图的绘制工作,也可委托施工单位、监理单位或设计单位,并按相关文件规定承担费用。

(9)列入城建档案馆接收范围的工程档案,建设单位应在组织工程竣工验收前,提请城建档案馆对工程档案进行预验收,未取得《建设工程竣工档案预验收意见》的,不得组织工程竣工验收。

(10)建设单位应在工程竣工验收后三个月内将工程档案移交城建档案馆。

2. 勘察、设计单位职责

(1)应按合同和规范要求提供勘察、设计文件。

(2)对须勘察、设计单位签认的工程资料应签署意见。

(3)工程竣工验收,应出具工程质量检查报告。

3. 监理单位职责

(1)应负责监理资料的管理工作,并设专人对监理资料进行收集、整理和归档。

(2)应按照合同约定,在勘察、设计阶段,对勘察、设计文件的形成、积累、组卷和归档进行监督、检查;在施工阶段,应对施工资料的形成、积累、组卷和归档进行监督、检查,使工程资料的完整性、准确性符合有关要求。

(3)列入城建档案馆接收范围的监理资料,监理单位应在工程竣工验收后两个月内移交建设单位。

4. 施工单位职责

(1)应负责施工资料的管理工作,实行技术负责人负责制,逐级建立健全施工资料管理岗位责任制。

(2)应负责汇总各分包单位编制的施工资料,分包单位应负责其分包范围内施工资料的收集和整理,并对施工资料的真实性、完整性和有效性负责。

(3)应在工程竣工验收前,将工程的施工资料整理、汇总完成。

(4)应负责编制两套施工资料,其中移交建设单位一套,自行保存一套。

三、城建档案馆职责

(1)应负责接收、收集、保管和利用城建档案的日常管理工作。

（2）应负责对城建档案的编制、整理、归档工作进行监督、检查、指导,对国家和省市重点、大型工程项目的工程档案编制、整理、归档工作应指派专业人员进行指导。

（3）在工程竣工验收前,应对列入城建档案馆接收范围的工程档案进行预验收,并出具《建设工程竣工档案预验收意见》。

第三节　工程资料管理基本要求

（1）建设、勘察、设计、施工、监理等单位应将工程文件的形成和积累纳入工程建设管理的各个环节和有关人员的职责范围。

（2）在工程文件与档案的整理立卷、验收移交工作中进行的工程资料管理应符合以下基本要求:

1）在工程招标及勘察、设计、施工、监理等单位签订协议、合同时,应对工程文件的套数、费用、质量、移交时间等提出明确要求;

2）收集和整理工程准备阶段、竣工验收阶段形成的文件,并应进行立卷归档;

3）负责组织、监督和检查勘察、设计、施工、监理等单位的工程文件的形成、积累和立卷归档工作;也可委托监理单位监督、检查工程文件的形成、积累和立卷归档工作;

4）收集和汇总勘察、设计、施工、监理等单位立卷归档的工程档案;

5）在组织工程竣工验收前,应提请当地的城建档案管理机构对工程档案进行预验收;未取得工程档案验收认可文件,不得组织工程竣工验收;

6）对列入城建档案馆（室）接收范围的工程,工程竣工验收后 3 个月内,向当地城建档案馆（室）移交一套符合规定的工程档案。

（3）勘察、设计、施工、监理等单位应将本单位形成的工程文件立卷后向建设单位移交。

（4）建设工程项目实行总承包的,总包单位负责收集、汇总各分包单位形成的工程档案,并应及时向建设单位移交;各分包单位应将本单位形成的工程文件整理、立卷后及时移交总包单位。建设工程项目由几个单位承包的,各承包单位负责收集、整理立卷其承包项目的工程文件,并应及时向建设单位移交。

（5）城建档案管理针对工程文件的立卷归档工作进行监督、检查、指导。在工程竣工验收前,应对工程档案进行预验收,验收合格后,须出具工程档案认可文件。

第四节　工程资料管理规定与流程

一、基建文件管理规定与流程

1. 基建文件管理规定

（1）基建文件必须按有关行政主管部门的规定和要求进行申报、审批,并保证开、竣工手续和文件完整、齐全。

（2）工程竣工验收应由建设单位组织勘察、设计、监理、施工等有关单位进行,并形成竣工验收文件。

（3）工程竣工后,建设单位应负责工程竣工备案工作。按照关于竣工备案的有关规定,提交完整的竣工备案文件,报竣工备案管理部门备案。

2. 基建文件管理流程

基建文件管理流程如图 1-2 所示。

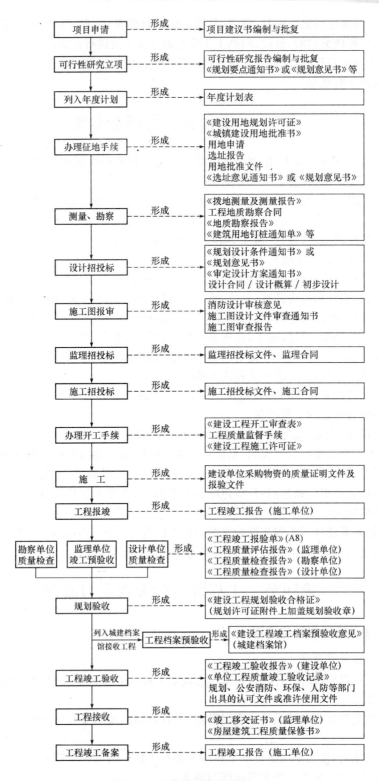

	形成	
项目申请		项目建议书编制与批复
可行性研究立项	形成	可行性研究报告编制与批复 《规划要点通知书》或《规划意见书》等
列入年度计划	形成	年度计划表
办理征地手续	形成	《建设用地规划许可证》 《城镇建设用地批准书》 用地申请 选址报告 用地批准文件 《选址意见通知书》或《规划意见书》
测量、勘察	形成	《拨地测量及测量报告》 工程地质勘察合同 《地质勘察报告》 《建筑用地钉桩通知单》等
设计招投标	形成	《规划设计条件通知书》或 《规划意见书》 《审定设计方案通知书》 设计合同 / 设计概算 / 初步设计
施工图报审	形成	消防设计审核意见 施工图设计文件审查通知书 施工图审查报告
监理招投标	形成	监理招投标文件、监理合同
施工招投标	形成	施工招投标文件、施工合同
办理开工手续	形成	《建设工程开工审查表》 工程质量监督手续 《建设工程施工许可证》
施 工	形成	建设单位采购物资的质量证明文件及 报验文件
工程报竣	形成	工程竣工报告（施工单位）
勘察单位质量检查 / 监理单位竣工预验收 / 设计单位质量检查	形成	《工程竣工报验单》(A8) 《工程质量评估报告》（监理单位） 《工程质量检查报告》（勘察单位） 《工程质量检查报告》（设计单位）
规划验收	形成	《建设工程规划验收合格证》 （规划许可证附件上加盖规划验收章）
列入城建档案馆接收工程 / 工程档案预验收	形成	《建设工程竣工档案预验收意见》 （城建档案馆）
工程竣工验收	形成	《工程竣工验收报告》（建设单位） 《单位工程质量竣工验收记录》 规划、公安消防、环保、人防等部门 出具的认可文件或准许使用文件
工程接收	形成	《竣工移交证书》（监理单位） 《房屋建筑工程质量保修书》
工程竣工备案	形成	工程竣工报告（施工单位）

图 1-2 基建文件管理流程

二、监理资料管理规定与流程

1. 监理资料管理规定

(1)应按照合同约定审核勘察、设计文件。

(2)应对施工单位报送的施工资料进行审查,使施工资料完整、准确,合格后予以签认。

2. 监理资料管理流程

监理资料管理流程如图 1-3 所示。

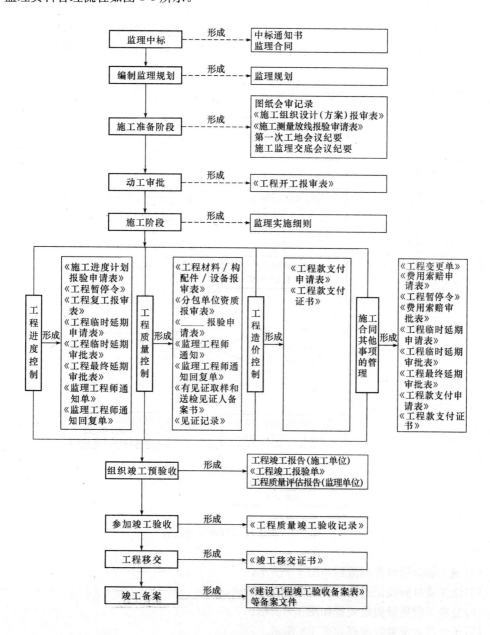

图 1-3 监理资料管理流程

三、施工资料管理规定与流程

1. 施工资料管理规定

(1)施工资料应实行报验、报审管理。施工过程中形成的资料应按报验、报审程序,通过相关施工单位审核后,方可报建设(监理)单位。

(2)施工资料的报验、报审应有时限性要求。工程相关各单位宜在合同中约定报验、报审资料的申报时间及审批时间,并约定应承担的责任。当无约定时,施工资料的申报、审批不得影响正常施工。

(3)建筑工程实行总承包的,应在与分包单位签订施工合同中明确施工资料的移交套数、移交时间、质量要求及验收标准等。分包工程完工后,应将有关施工资料按约定移交。

2. 施工资料管理流程

(1)施工技术资料管理流程如图 1-4 所示。

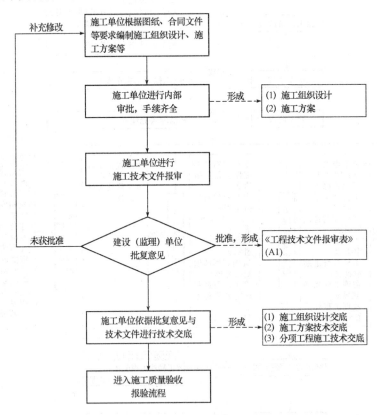

图 1-4 施工技术资料管理流程

(2)施工物资资料管理流程如图 1-5 所示。

(3)施工质量验收记录管理流程如图 1-6 所示。

(4)分项工程质量验收流程如图 1-7 所示。

(5)子分部质量验收流程如图 1-8 所示。

(6)分部工程质量验收流程如图 1-9 所示。

(7)工程验收资料管理流程如图 1-10 所示。

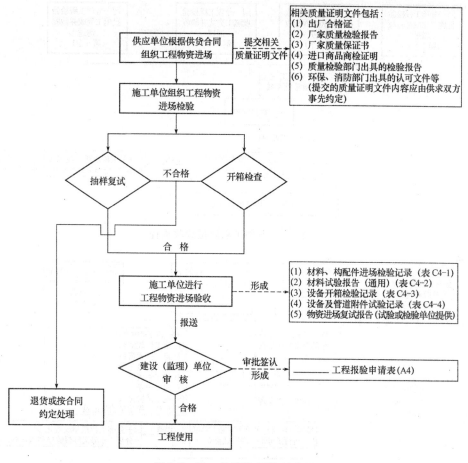

图 1-5　施工物资资料管理流程

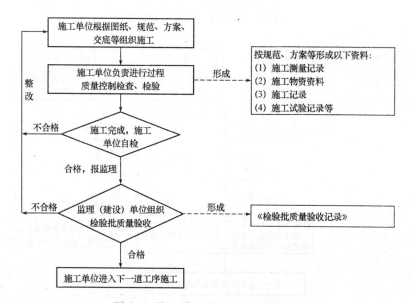

图 1-6　施工质量验收记录管理流程

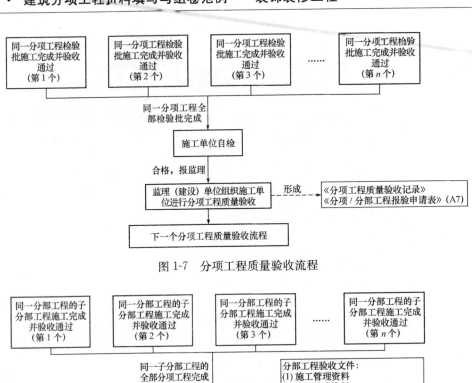

图 1-7　分项工程质量验收流程

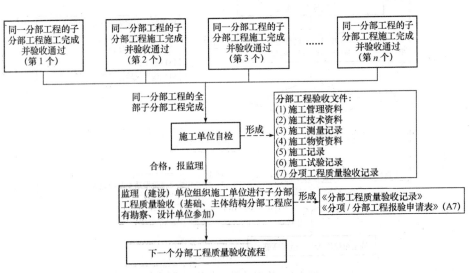

图 1-8　子分部工程质量验收流程

图 1-9　分部工程质量验收流程

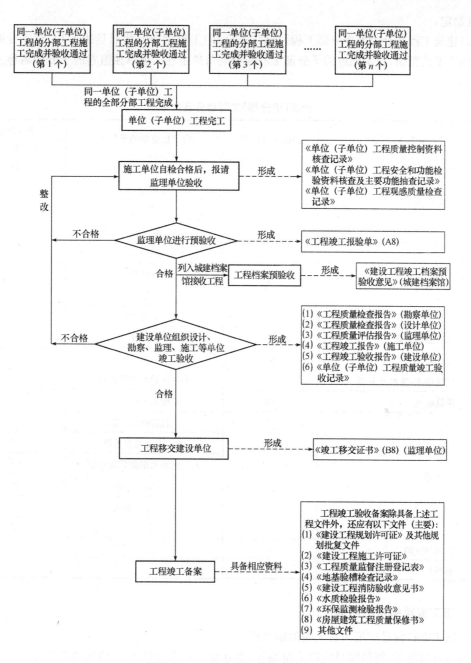

图 1-10　工程验收资料管理流程

第五节　工程资料编号管理

一、分部(子分部)工程划分及代号规定

(1)分部(子分部)工程代号规定应参考《建筑工程施工质量验收统一标准》(GB 50300—2001)的分部(子分部)工程划分原则与国家质量验收推荐表格编码要求,并结合施工资料分类编号特点制定。

(2)建筑工程共分为九个分部工程,分部(子分部)工程划分及代号见表1-1。对于专业化程度高、施工工艺复杂、技术先进的子分部工程应分别单独组卷。须单独组卷的子分部名称及代号见表1-1。

表 1-1 　　　　　　　　　　分部(子分部)工程划分及代号

序号	分部工程名称	分部工程代号	应单独组卷的子分部	应单独组卷的子分部代号
1	地基与基础	01	有支护土方	02
			地基(复合)	03
			桩　基	04
			钢结构	09
2	主体结构	02	预应力	01
			钢结构	04
			木结构	05
			网架与索膜	06
3	建筑装饰装修	03	幕　墙	07
4	建筑屋面	04	—	—
5	建筑给水、排水及采暖	05	供热锅炉及辅助设备	10
6	建筑电气	06	变配电室(高压)	02
7	智能建筑	07	通信网络系统	01
			建筑设备监控系统	03
			火灾报警及消防联动系统	04
			安全防范系统	05
			综合布线系统	06
			环境	09
8	通风与空调	08	—	—
9	电梯	09	—	—

二、施工资料编号的组成

(1)施工资料编号应填入右上角的编号栏。

(2)通常情况下,资料编号应以7位编号,由分部工程代号(2位)、资料类别编号(2位)和顺序号(3位)组成,每部分之间用横线隔开。

编号形式如下:

××—××—×××　　　　　　　　　　　　　
①　　②　　③　　　　　　　　　　　→　共7位编号

①为分部工程代号(共2位),应根据资料所属的分部工程,按表1-1规定的代号填写。

②为资料的类别编号(共2位),应根据资料所属类别,按表1-2规定的类别编号填写。

③为顺序号(共3位),应根据相同表格、相同检查项目,按时间自然形成的先后顺序号填写。

举例如下:

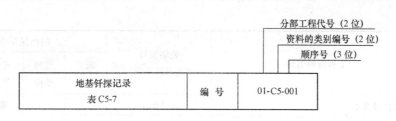

地基钎探记录 表 C5-7		编 号	01-C5-001

分部工程代号（2 位）
资料的类别编号（2 位）
顺序号（3 位）

表 1-2　　　　　　　　　　　　　　工程资料分类表

类别编号	工程资料名称	表格编号（或资料来源）	归档保存单位			
			施工单位	监理单位	建设单位	城建档案馆
A 类	**基建文件**					
A1	**决策立项文件**					
A1-1	项目建议书	建设单位			●	●
A1-2	项目建议书的批复文件	建设主管部门			●	●
A1-3	可行性研究报告	工程咨询单位			●	●
A1-4	可行性报告的批复文件	有关主管部门			●	●
A1-5	关于立项的会议纪要、领导批示	组织单位			●	●
A1-6	专家对项目的有关建议文件	建设单位			●	●
A1-7	项目评估研究资料	建设单位			●	●
A2	**建设用地、征地、拆迁文件**					
A2-1	征占用地的批准文件和对使用国有土地的批准意见	政府有关部门			●	●
A2-2	规划意见书及附图	规划部门			●	●
A2-3	建设用地规划许可证、许可证附件及附图	规划部门		●	●	●
A2-4	国有土地使用证	国有土地管理部门			●	●
A3	**勘察、测绘、设计文件**					
A3-1	工程地质勘察报告	勘察单位	●	●	●	●
A3-2	水文地质勘察报告	勘察单位	●	●	●	●
A3-3	建筑用地钉桩通知单	规划部门	●	●	●	●
A3-4	验线通知单	规划部门	●	●	●	●
A3-5	规划设计条件通知书及附图	规划部门			●	●
A3-6	审定设计方案通知书及附图	规划部门			●	●
A3-7	审定设计方案通知书要求，征求有关人防、环保、消防、交通、园林、市政、文物、通讯、保密、河湖、教育等部门的审查意见和要求取得的有关协议	有关部门			●	●
A3-8	初步设计图及说明	设计单位			●	
A3-9	施工图设计及说明	设计单位		●	●	

类别编号	工程资料名称	表格编号（或资料来源）	归档保存单位			
			施工单位	监理单位	建设单位	城建档案馆
A3-10	设计计算书	设计单位			●	
A3-11	消防设计审核意见	消防局		●	●	●
A3-12	施工图设计文件审查通知书及施工图审查报告	规划部门		●	●	●
A4	**工程招投标及承包合同文件**					
A4-1	勘察招投标文件	建设、勘察单位			●	
A4-2	设计招投标文件	建设、设计单位			●	
A4-3	施工招投标文件	建设、施工单位	●	●	●	
A4-4	监理招投标文件	建设、监理单位		●	●	
A4-5	勘察合同	建设、勘察单位			●	
A4-6	设计合同	建设、设计单位			●	
A4-7	施工合同	建设、施工单位	●	●	●	
A4-8	监理合同	建设、监理单位		●	●	
A5	**工程开工文件**					
A5-1	年度施工任务批准文件	建设主管部门			●	●
A5-2	修改工程施工图通知书	规划部门			●	
A5-3	建设工程规划许可证、附件及附图	规划部门	●	●	●	●
A5-4	建设工程施工许可证	规划部门	●	●	●	●
A5-5	工程质量监督手续	质量监督机构	●	●	●	●
A6	**商务文件**					
A6-1	工程投资估算文件	工程造价咨询单位			●	
A6-2	工程设计概算	工程造价咨询单位			●	
A6-3	施工图预算	工程造价咨询单位	●	●	●	
A6-4	施工预算	施工单位	●	●	●	
A6-5	工程结（决）算	合同双方	●	●	●	●
A6-6	交付使用固定资产清单	建设单位			●	
A6-7	建设工程概况				●	●
A7	**工程竣工验收及备案文件**					
A7-1	建设工程竣工验收备案表	建设单位	●	●	●	●
A7-2	工程竣工验收报告	建设单位	●	●	●	●
A7-3	由规划、公安消防、人防、环保等部门出具的认可文件或准许使用文件	主管部门	●	●	●	●
A7-4	《房屋建筑工程质量保修书》	建设与施工单位	●	●	●	
A7-5	《住宅质量保证书》、《住宅使用说明书》	建设单位			●	
A7-6	建设工程规划验收合格证	规划部门	●	●	●	●

类别编号	工程资料名称	表格编号（或资料来源）	归档保存单位			
			施工单位	监理单位	建设单位	城建档案馆
A7-7	建设工程竣工档案预验收意见	城建档案馆		●	●	
A8	**其他文件**					
A8-1	合同约定由建设单位采购的材料、构配件和设备的质量证明文件及进场报验文件	建设单位	●	●	●	
A8-2	工程竣工总结	建设单位			●	●
A8-3	工程未开工前的原貌、竣工新貌照片	建设单位			●	●
A8-4	工程开工、施工、竣工的录音录像资料	建设单位			●	●
B类	**监理资料**					
B1	**监理管理资料**					
	监理规划、监理实施细则	监理单位		●	●	●
	监理月报	监理单位		●	●	
	监理会议纪要	监理单位	●	●		
	监理工作日志	监理单位		●		
	监理工作总结（专题、阶段和竣工总结）	监理单位		●	●	●
B2	**监理工作记录**					
	施工组织设计（方案）报审表	表A2	●	●	●	
	施工测量放线报验申请表	表A4	●	●	●	
	施工进度计划报验申请表	表A4	●	●	●	
	工程材料/构配件/设备报审表	表A9	●	●	●	
	工程开工报审表	表A1	●	●	●	
	分包单位资格报审表	表A3	●	●	●	
	分项/分部工程报验申请表	表A4	●	●	●	
	工程复工报审表	表A1	●	●	●	
	工程变更费用报审表		●	●	●	
	费用索赔申请表	表A8	●	●	●	
	工程款支付申请表	表A5	●	●	●	
	工程临时延期申请表	表A7	●	●	●	
	监理工程师通知回复单	表A6	●	●	●	
	监理工程师通知单	表B1	●	●		
	不合格项处置记录		●	●	●	
	工程暂停令	表B2	●	●	●	
	工程临时延期审批表	表B4	●	●	●	
	工程最终延期审批表	表B5	●	●	●	

续表

类别编号	工程资料名称	表格编号（或资料来源）	归档保存单位			
			施工单位	监理单位	建设单位	城建档案馆
B2	费用索赔审批表	表B6	●	●	●	
	工程款支付证书	表B3	●	●	●	
	旁站监理记录		●	●	●	
	质量事故报告及处理资料	责任单位	●	●	●	●
	见证取样备案文件	监理单位	●			
B3	竣工验收资料					
	工程竣工报验单	表A10	●	●	●	
	竣工移交证书		●	●	●	●
	工程质量评估报告	监理单位	●	●	●	●
B4	其他资料					
	监理工作联系单	表C1	●	●	●	
	工程变更单	表C2		●	●	
C类	施工资料					
C0	工程管理与验收资料					
	工程概况表	表C0-1	●			●
	建设工程质量事故调(勘)察笔录	表C0-2	●	●	●	●
	建设工程质量事故报告书	表C0-3	●	●	●	●
	单位(子单位)工程质量竣工验收记录		●	●	●	●
	单位(子单位)工程质量控制资料核查记录		●	●	●	●
	单位(子单位)工程安全和功能检查资料核查及主要功能抽查记录		●	●	●	
	单位(子单位)工程观感质量检查记录		●		●	
	室内环境检测报告	检测单位提供	●		●	
	施工总结	施工单位编制	●		●	●
	工程竣工报告	施工单位编制	●	●	●	●
C1	施工管理资料					
	施工现场质量管理检查记录	表C1-1	●	●		
	企业资质证书及相关专业人员岗位证书	施工单位提供	●			
	见证记录	监理单位提供	●	●		
	施工日志	表C1-2	●			
C2	施工技术资料					
	施工组织设计及施工方案	施工单位编制	●			
	技术交底记录	表C2-1	●			
	图纸会审记录	表C202	●	●	●	●
	设计变更通知单	表C2-3	●	●	●	●
	工程洽商记录	表C2-4	●	●	●	●

类别编号	工程资料名称	表格编号（或资料来源）	归档保存单位			
			施工单位	监理单位	建设单位	城建档案馆
C3	**施工测量记录**					
	工程定位测量记录	表 C3-1	●	●	●	●
	基槽验线记录	表 C3-2	●		●	●
	楼层平面放线记录	表 C3-3	●			
	楼层标高抄测记录	表 C3-4	●			
	建筑物垂直度、标高测量记录	表 C3-5	●		●	
	沉降观测记录	测量单位提供	●	●	●	●
C4	**施工物资资料**					
	通用表格					
	材料、构配件进场检验记录	表 C4-1	●			
	材料试验报告（通用）	表 C4-2	●		●	
	设备开箱检验记录（机电通用）	表 C4-3	●			
	设备及管道附件试验记录（机电通用）	表 C4-4	●		●	
	建筑与结构工程					
	出厂质量证明文件					
	各种物资出厂合格证、质量保证书和商检证等	供应单位提供	●		●	
	半成品钢筋出厂合格证	表 C4-5	●		●	
	预制混凝土构件出厂合格证	表 C4-6	●		●	
	钢构件出厂合格证	表 C4-7	●		●	
	预拌混凝土出厂合格证	表 C4-8	●		●	●
	检测报告					
	钢材性能检测报告	供应单位提供	●		●	●
	水泥性能检测报告	供应单位提供	●		●	
	外加剂性能检测报告	供应单位提供	●		●	
	防水材料性能检测报告	供应单位提供	●		●	
	砖（砌块）性能检测报告	供应单位提供	●		●	
	门、窗性能检测报告（建筑外窗应有三性检测报告）	供应单位提供	●		●	
	吊顶饰面材料性能检测报告	供应单位提供	●		●	
	饰面板材性能检测报告	供应单位提供	●		●	
	饰面石材性能检测报告	供应单位提供	●		●	
	饰面砖性能检测报告	供应单位提供	●		●	
	涂料性能检测报告	供应单位提供			●	
	玻璃性能检测报告（安全玻璃应有安全检测报告）	供应单位提供	●		●	
	壁纸、墙布防火、阻燃性能检测报告	供应单位提供	●		●	

续表

类别编号	工程资料名称	表格编号（或资料来源）	归档保存单位			
			施工单位	监理单位	建设单位	城建档案馆
C4	装修用粘结剂性能检测报告	供应单位提供	●		●	
	防火涂料性能检测报告	供应单位提供	●		●	
	隔声/隔热/阻燃/防潮材料特殊性能检测报告	供应单位提供	●		●	
	钢结构用焊接材料检测报告	供应单位提供	●		●	
	高强度大六角头螺栓连接副扭矩系数检测报告	供应单位提供	●		●	
	扭剪型高强螺栓连接副预拉力检测报告	供应单位提供	●		●	
	木结构材料检测报告（含水率、木构件、钢件）	供应单位提供	●		●	
	幕墙性能检测报告（三性试验）	供应单位提供	●		●	●
	幕墙用硅酮结构胶检测报告	供应单位提供	●		●	
	幕墙用玻璃性能检测报告	供应单位提供	●		●	
	幕墙用石材性能检测报告	供应单位提供	●		●	●
	幕墙用金属板性能检测报告	供应单位提供	●		●	
	材料污染物含量检测报告（执行GB 50325—2001）	供应单位提供	●		●	
	复试报告					
	钢材试验报告	表C4-9	●		●	●
	水泥试验报告	表C4-10	●		●	●
	砂试验报告	表C4-11	●		●	●
	碎（卵）石试验报告	表C4-12	●		●	●
	外加剂试验报告	表C4-13	●		●	●
	掺合料试验报告	表C4-14	●		●	
	防水涂料试验报告	表C4-15	●		●	
	防水卷材试验报告	表C4-16	●		●	
	砖（砌块）试验报告	表C4-17	●		●	
	轻集料试验报告	表C4-18	●		●	
	预应力筋复试报告	检测单位提供	●		●	●
	预应力锚具、夹具和连接器复试报告	检测单位提供	●		●	
	装饰装修用门窗复试报告	检测单位提供	●		●	
	装饰装修用人造木板复试报告	检测单位提供	●		●	
	装饰装修用花岗石复试报告	检测单位提供	●		●	
	装饰装修用安全玻璃复试报告	检测单位提供	●		●	

续表

类别编号	工程资料名称	表格编号(或资料来源)	归档保存单位			
			施工单位	监理单位	建设单位	城建档案馆
C4	装饰装修用外墙面砖复试报告	检测单位提供	●		●	
	钢结构金相试验报告	检测单位提供	●		●	●
	钢结构用钢材复试报告	检测单位提供	●		●	●
	钢结构用焊接材料复试报告	检测单位提供	●		●	
	钢结构用高强度大六角头螺栓连接副复试报告	检测单位提供	●		●	
	钢结构用扭剪型高强螺栓连接副复试报告	检测单位提供	●		●	
	木结构材料复试报告	检测单位提供	●		●	
	幕墙用铝塑板复试报告	检测单位提供	●		●	●
	幕墙用石材复试报告	检测单位提供	●		●	
	幕墙用安全玻璃复试报告	检测单位提供	●		●	
	幕墙用结构胶复试报告	检测单位提供	●		●	●
	建筑给水、排水及采暖工程					
	管材的产品质量证明文件	供应单位提供	●		●	
	主要材料、设备等的产品质量合格证及检测报告	供应单位提供	●		●	
	绝热材料的产品质量合格证、检测报告	供应单位提供	●		●	
	给水管道材料卫生检测报告	供应单位提供	●		●	
	成品补偿器预拉伸证明书	供应单位提供	●		●	
	卫生洁具环保检测报告	供应单位提供	●		●	
	锅炉(承压设备)焊缝无损探伤检测报告	供应单位提供	●		●	
	水表、热量表的计量检定证书	供应单位提供	●		●	
	安全阀、减压阀的调试报告及定压合格证书	分别由试验单位及供应单位提供	●		●	
	主要器具和设备安装使用说明书	供应单位提供	●		●	
	建筑电气工程					
	低压成套配电柜、动力、照明配电箱(盘柜)出厂合格证、生产许可证、试验记录、CCC认证及证书复印件	供应单位提供	●		●	
	电力变压器、柴油发电机组、高压成套配电柜、蓄电池柜、不间断电源柜、控制柜(屏、台)出厂合格证、生产许可证和试验记录	供应单位提供	●		●	

类别编号	工程资料名称	表格编号（或资料来源）	归档保存单位			
			施工单位	监理单位	建设单位	城建档案馆
C4	电动机、电加热器、电动执行机构和低压开关设备合格证、生产许可证、CCC 认证及证书复印件	供应单位提供	●		●	
	照明灯具、开关、插座、风扇及附件出厂合格证、CCC 认证及证书复印件	供应单位提供	●		●	
	电线、电缆出厂合格证、生产许可证、CCC 认证及证书复印件	供应单位提供	●		●	
	导管、电缆桥架和线槽出厂合格证	供应单位提供	●		●	
	型钢和电焊条合格证和材质证明书	供应单位提供	●		●	
	镀锌制品（支架、横担、接地极、避雷用型钢等）和外线金具合格证和镀锌质量证明书	供应单位提供	●		●	
	封闭母线、插接母线合格证、安装技术文件、CCC 认证及证书复印件	供应单位提供	●		●	
	裸母线、裸导线、电缆头部件及接线端子、钢制灯柱、混凝土电杆和其他混凝土制品合格证	供应单位提供	●		●	
	主要设备安装技术文件	供应单位提供	●		●	
	智能建筑系统工程（执行现行标准、规范）	专业施工单位提供	●		●	
	通风与空调工程					
	制冷机组等主要设备和部件的产品合格证、质量证明文件	供应单位提供	●		●	
	阀门、疏水器、水箱、分集水器、减震器、储冷罐、集气罐、仪表、绝热材料等出厂合格证、质量证明及检测报告	供应单位提供	●		●	
	板材、管材等质量证明文件	供应单位提供	●		●	
	主要设备安装使用说明书	供应单位提供	●		●	
	电梯工程					
	电梯设备开箱检验记录	表 C4-19	●		●	
	电梯主要设备、材料及附件出厂合格证、产品说明书、安装技术文件	供应单位提供	●		●	
C5	**施工记录**					
	通用表格					
	隐蔽工程检查记录	表 C5-1	●		●	●
	预检记录	表 C5-2	●			

续表

类别编号	工程资料名称	表格编号（或资料来源）	归档保存单位			
			施工单位	监理单位	建设单位	城建档案馆
C5	施工检查记录（通用）	表 C5-3	●			
	交接检查记录	表 C5-4	●	●		
	建筑与结构工程					
	基坑支护变形监测记录	专业施工单位提供	●			
	桩（地）基施工记录	专业施工单位提供	●		●	●
	地基验槽检查记录	表 C5-5	●		●	●
	地基处理记录	表 C5-6	●		●	
	地基钎探记录（应附图）	表 C5-7	●		●	●
	混凝土浇灌申请书	表 C5-8	●	●		
	预拌混凝土运输单	表 C5-9	●			
	混凝土开盘鉴定	表 C5-10	●			
	混凝土拆模申请单	表 C5-11	●			
	混凝土搅拌测温记录表	表 C5-12	●			
	混凝土养护测温记录表（应附图）	表 C5-13	●			
	大体积混凝土养护测温记录（应附图）	表 C5-14	●			
	构件吊装记录	表 C5-15	●			
	焊接材料烘焙记录	表 C5-16	●			
	地下工程防水效果检查记录	表 C5-17	●		●	
	防水工程试水检查记录	表 C5-18	●		●	
	通风（烟）道、垃圾道检查记录	表 C5-19	●			
	预应力筋张拉记录（一）	表 C5-20	●		●	●
	预应力筋张拉记录（二）	表 C5-21	●			●
	有粘结预应力结构灌浆记录	表 C5-22	●			●
	钢结构施工记录	专业施工单位提供	●		●	
	网架（索膜）施工记录	专业施工单位提供	●		●	
	木结构施工记录	专业施工单位提供	●		●	
	幕墙注胶检查记录	专业施工单位提供	●			
	电梯工程					
	电梯承重梁、起重吊环埋设隐蔽工程检查记录	表 C5-23	●		●	●
	电梯钢丝绳头灌注隐蔽工程检查记录	表 C5-24	●		●	●
	电梯导轨、层门的支架、螺栓埋设隐蔽工程检查记录	表 C5-25	●		●	●
	电梯电气装置安装检查记录（一）、（二）、（三）	表 C5-26	●		●	

类别编号	工程资料名称	表格编号（或资料来源）	归档保存单位			
			施工单位	监理单位	建设单位	城建档案馆
C5	电梯机房、井道预检记录	表 C5-27	●		●	
	自动扶梯、自动人行道安装与土建交接预检记录	表 C5-28	●		●	
	自动扶梯、自动人行道的相邻区域检查记录	表 C5-29	●		●	
	自动扶梯、自动人行道电气装置检查记录（一）、（二）	表 C5-30	●		●	
	自动扶梯、自动人行道整机安装质量检查记录	表 C5-31	●		●	
C6	施工试验记录					
	通用表格					
	施工试验记录（通用）	表 C6-1	●		●	
	设备单机试运转记录（机电通用）	表 C6-2	●		●	●
	系统试运转调试记录（机电通用）	表 C6-3	●		●	●
	建筑与结构工程					
	锚杆、土钉锁定力（抗拔力）试验报告	检测单位提供	●		●	
	地基承载力检验报告	检测单位提供	●		●	●
	桩检测报告	检测单位提供	●		●	●
	土工击实试验报告	表 C6-4	●		●	●
	回填土试验报告（应附图）	表 C6-5	●		●	●
	钢筋机械连接型式检验报告	技术提供单位提交	●		●	
	钢筋连接工艺检验（评定）报告	检测单位提供	●		●	
	钢筋连接试验报告	表 C6-6	●		●	●
	砂浆配合比申请单、通知单	表 C6-7	●		●	
	砂浆抗压强度试验报告	表 C6-8	●		●	
	砌筑砂浆试块强度统计、评定记录	表 C6-9	●		●	
	混凝土配合比申请单、通知单	表 C6-10	●			
	混凝土抗压强度试验报告	表 C6-11	●		●	
	混凝土试块强度统计、评定记录	表 C6-12	●		●	●
	混凝土抗渗试验报告	表 C6-13	●		●	●
	混凝土碱总量计算书	混凝土供应单位提供	●		●	
	饰面砖粘结强度试验报告	表 C6-14	●		●	
	后置埋件拉拔试验报告	检测单位提供	●		●	
	超声波探伤报告	表 C6-15	●		●	●
	超声波探伤记录	表 C6-16	●		●	
	钢构件射线探伤报告	表 C6-17	●		●	●

续表

类别编号	工程资料名称	表格编号（或资料来源）	归档保存单位			
			施工单位	监理单位	建设单位	城建档案馆
C6	磁粉探伤报告	检测单位提供	●		●	●
	高强螺栓抗滑移系数检测报告	检测单位提供	●		●	
	钢结构焊接工艺评定	检测单位提供	●		●	
	网架节点承载力试验报告	检测单位提供	●		●	
	钢结构涂料厚度检测报告	检测单位提供	●		●	
	木结构胶缝试验报告	检测单位提供	●		●	
	木结构构件力学性能试验报告	检测单位提供	●		●	
	木结构防护剂试验报告	检测单位提供	●		●	
	幕墙双组分硅酮结构胶混匀性及拉断试验报告	检测单位提供	●		●	
	给排水及采暖工程					
	灌（满）水试验记录	表 C6-18	●			
	强度严密性试验记录	表 C6-19	●		●	●
	通水试验记录	表 C6-20	●			
	吹（冲）洗（脱脂）试验记录	表 C6-21	●			
	通球试验记录	表 C6-22	●		●	
	补偿器安装记录	表 C6-23	●			
	消火栓试射记录	表 C6-24	●		●	●
	安全附件安装检查记录	表 C6-25	●		●	●
	锅炉封闭及烘炉（烘干）记录	表 C6-26	●		●	
	锅炉煮炉试验记录	表 C6-27	●		●	
	锅炉试运行记录	表 C6-28	●		●	
	安全阀调试记录	试验单位提供	●		●	●
	建筑电气工程					
	电气接地电阻测试记录	表 C6-29	●		●	●
	电气防雷接地装置隐检与平面示意图	表 C6-30	●		●	
	电气绝缘电阻测试记录	表 C6-31	●		●	
	电气器具通电安全检查记录	表 C6-32	●		●	
	电气设备空载试运行记录	表 C6-33	●		●	
	建筑物照明通电试运行记录	表 C6-34	●		●	
	大型照明灯具承载试验记录	表 C6-35	●		●	
	高压部分试验记录	检测单位提供	●		●	●
	漏电开关模拟试验记录	表 C6-36	●		●	
	电度表检定记录	检定单位提供	●		●	
	大容量电气线路结点测温记录	表 C6-37	●		●	

类别编号	工程资料名称	表格编号（或资料来源）	归档保存单位			
			施工单位	监理单位	建设单位	城建档案馆
C6	避雷带支架拉力测试记录	表 C6-38	●		●	
	智能建筑工程（执行现行标准、规范）	专业施工单位提供	●		●	
	通风与空调工程					
	风管漏光检测记录	表 C6-39	●			
	风管漏风检测记录	表 C6-40	●			
	现场组装除尘器、空调机漏风检测记录	表 C6-41	●			
	各房间室内风量温度测量记录	表 C6-42	●			
	管网风量平衡记录	表 C6-43	●			
	空调系统试运转调试记录	表 C6-44	●		●	●
	空调水系统试运转调试记录	表 C6-45	●		●	●
	制冷系统气密性试验记录	表 C6-46	●		●	●
	净化空调系统测试记录	表 C6-47	●		●	●
	防排烟系统联合试运行记录	表 C6-48	●		●	●
	电梯工程					
	轿厢平层准确度测量记录	表 C6-49	●		●	
	电梯层门安全装置检验记录	表 C6-50	●		●	
	电梯电气安全装置检验记录	表 C6-51	●		●	
	电梯整机功能检验记录	表 C6-52	●		●	
	电梯主要功能检验记录	表 C6-53	●		●	
	电梯负荷运行试验记录	表 C6-54	●		●	●
	电梯负荷运行试验曲线图	表 C6-55	●		●	
	电梯噪声测试记录	表 C6-56	●		●	
	自动扶梯、自动人行道安全装置检验记录（一）、（二）	表 C6-57	●		●	
	自动扶梯、自动人行道整机性能、运行试验记录	表 C6-58	●		●	●
C7	**施工质量验收记录**					
	结构实体同条件混凝土强度试验报告	采用表 C6-11	●	●	●	
	钢筋保护层厚度试验记录	表 C7-1	●	●		
	检验批质量验收记录	执行 GB 50300 和专业施工质量验收规范	●	●		
	分项工程质量验收记录表		●	●		
	分部（子分部）工程验收记录表		●	●	●	●
D 类	**竣工图**	编制单位提供	●		●	●

注：本表的归档保存单位是指竣工后有关单位对工程资料的归档保存，施工过程中工程资料的留存应按有关程序和约定执行。

(3)应单独组卷的子分部工程(表1-1),资料编号应为9位编号,由分部工程代号(2位)、子分部工程代号(2位)、资料的类别编号(2位)和顺序号(3位)组成,每部分之间用横线隔开。

编号形式如下:

①为分部工程代号(2位),应根据资料所属的分部工程,按表1-1规定的代号填写。

②为子分部工程代号(2位),应根据资料所属的子分部工程,按表1-1规定的代号填写。

③为资料的类别编号,(2位),应根据资料所属类别,按表1-2规定的类别编号填写。

④为顺序号(共3位),应根据相同表格、相同检查项目,按时间自然形成的先后顺序号填写。

举例如下:

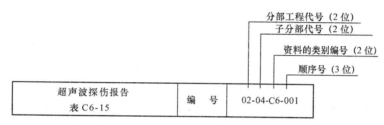

三、顺序号填写原则

(1)对于施工专用表格,顺序号应按时间先后顺序,用阿拉伯数字从001开始连续标注。

(2)对于同一施工表格(如隐蔽工程检查记录、预检记录等)涉及多个(子)分部工程时,顺序号应根据(子)分部工程的不同,按(子)分部工程的各检查项目分别从001开始连续标注。举例如下:

表 C5-1　　　　　　　　　　　隐蔽工程检查记录

编号:03-C5-001

工程名称			
隐检项目	门窗安装(预埋件、锚固件或螺栓)	隐检日期	

表 C5-1　　　　　　　　　　　隐蔽工程检查记录

编号:03-C5-002

工程名称			
隐检项目	吊顶安装(龙骨、吊件)	隐检日期	

表 C5-1　　　　　　　　　　　隐蔽工程检查记录

编号:03-C5-003

工程名称			
隐检项目	轻质隔墙安装(预埋件、连接件或拉结筋)	隐检日期	

无统一表格或外部提供的施工资料,应根据表1-2,在资料的右上角注明编号,填写要求按照本节前三项规定。

四、监理资料编号

(1)监理资料编号应填入右上角的编号栏。

(2)对于相同的表格或相同的文件材料,应分别按时间自然形成的先后顺序从 001 开始,连续标注。

(3)监理资料中的施工测量放线报验申请表、工程材料/构配件/设备报审表应根据报验项目编号,对于相同的报验项目,应分别按时间自然形成的先后顺序从 001 开始,连续标注。

第二章　装饰装修工程管理与技术资料

第一节　装饰装修工程管理资料

一、工程概况表

表 C0-1　　　　　　　　　　　　工程概况表

编号：＿×××＿

一般情况	工程名称	××工程	建设单位	××房地产开发公司
	建设用途	公共建筑	设计单位	××建筑设计院
	建设地点	××区×路××号	监理单位	××监理公司
	总建筑面积	5840m²	施工单位	××建筑工程公司
	开工日期	××年×月×日	竣工日期	××年×月×日
	结构类型	框架	基础类型	筏式
	层　数	地下一层、地上三层	建筑檐高	12.6m
	地上面积	4755m²	地下室面积	1185m²
	人防等级		抗震等级	二级，设防烈度8度
构造特征	地基与基础	基础为筏式基础，设有地梁		
	柱、内外墙	柱为C30混凝土，围护墙为陶粒砌块和红机砖		
	梁、板、楼盖	梁板为C30混凝土		
	外墙装饰	浮雕涂料		
	内墙装饰	耐擦洗涂料		
	楼地面装饰	大部分为现制水磨石，部分为细石混凝土地面和防静电地板		
	屋面构造	保温层、找平层、SBS改性沥青防水卷材层		
	防火设备	各层均设消火栓箱		
机电系统名称	本工程含动力，照明为直流电源，火灾报警为集中报警装置，本站380/220V电源采用TN－S系统供电。			
其他				

《工程概况表》填表说明：

(1)资料流程：本表由施工单位填写，城建档案馆与施工单位各存一份。

(2)相关规定与要求：工程概况表是对工程基本情况的简述，应包括单位工程的一般情况、构造特征、机电系统等。

(3)注意事项：

1)"一般情况"栏内，工程名称应填写全称，与建设工程规划许可证、施工许可证及施工图纸中的工程名称一致。

2)"构造特征"栏内，应结合工程设计要求，做到重点突出。

3)"机电系统"栏内应简要描述工程机电各系统名称及主要设备参数、容量、电压等级等。

4)"其他"栏内可填写工程的独特特征，或采用的新技术、新产品、新工艺等。

二、工程质量事故报告

1. 建设工程质量事故调（勘）查记录

表 C0-2 建设工程质量事故调（勘）查记录

工程名称	××综合楼		日期	××年×月×日	
调（勘）查时间	××年×月×日×时×分至×时×分				
调（勘）查地点	××区××（工程项目所在地）				
参加人员	单位		姓名	职务	电话
被调查人	××建筑装饰装修工程公司		×××	项目经理	××××××××
陪同调查（勘）查人员	×××		×××	质检员	××××××××
	×××		×××	质检员	××××××××
调（勘）查笔录	××年×月×日在六层瓷砖墙面施工时,发现外墙670m² 面砖空鼓,脱落,造成局部外墙面不合格。				
现场证物照片	☑有 □无 共5张 共4页				
事故证据资料	☑有 □无 共8张 共5页				
被调查人签字	×××		调（勘）查人	×××	

《建设工程质量事故调(勘)查记录表》填表说明：

(1)资料流程：本表由调查人填写,各有关单位保存。

(2)相关规定与要求：建设工程质量事故调(勘)查记录是当工程发生质量事故后,调查人员对工程质量事故进行初步调查了解和现场勘察所形成的记录。

(3)注意事项：

1)填写时应注明工程名称、调查时间、地点、参加人员及所属单位、联系方式等。

2)"调(勘)查笔录"栏应填写工程质量事故发生时间、具体部位、原因等,并初步估计造成的损失。

3)应采用影像的形式真实记录现场情况,作为分析事故的依据。

4)本表应本着实事求是的原则填写,严禁弄虚作假。

2. 建设工程质量事故报告书

表 C0-3　　　　　　　　　　建设工程质量事故报告书

编号：×××

工程名称	××综合楼	建设地点	××区××路××号
建设单位	××大学	设计单位	××建筑设计院
施工单位	××建筑工程公司	建筑面积(m²) 工作量(元)	6321.00m² 631.00万元
结构类型	框架结构	事故发生时间	××年×月×日×时×分
上报时间	××年×月×日	经济损失(元)	20000.00元

事故经过、后果与原因分析：

事故经过、后果：××年×月在六层瓷砖墙面施工时，发现外墙 670m² 面墙空鼓、脱落质量缺陷。

原因分析：

(1)饰面砖自重大，找平层与基层有较大剪应力，粘结层与找平层间也有剪应力，基层面不平整，找平层过厚使各层粘结不良。

(2)加气混凝土基面未作处理，不同结构的接合处未作处理。

(3)砂浆配合比不准，稠度控制不好，砂子含泥量过大，在同一施工面上采用几种不同的配合比砂浆，因而产生不同的干缩。

(4)因冬季气温低，砂浆受冻，解冻后容易发生脱落。

(5)砖背砂浆不饱满，面砖勾缝不严，雨水渗入受冻膨胀引起脱落。

事故发生后采取的措施：

(1)找平层与基层应作严格处理，光面凿毛，凸面剔平，尘土油渍清洗干净，找平层抹灰时湿水，再分层抹灰，提高各层的粘结力。

(2)加气块不得泡水，抹灰前湿水后满刷水泥浆一道，采用 1∶1∶4 水泥石灰砂浆找底层，厚 4～5mm，中层用 1∶0.3∶3 水泥石灰砂浆抹 8～10mm 厚，结合层采用聚缩砂浆。不同结构结合部铺钉金属网绷紧钉牢，金属网与基层搭接宽度不少于 100mm，再做找平层。

(3)砂浆中，水泥必须合格，砂过筛，宜用中砂、含泥量不大于 3%，砂浆配合比计量配料，搅拌均匀。在同一墙面不换配合比，或在砂浆中掺入水泥重量 5% 的 108 胶，改善砂浆的和易性，提高粘结度。

(4)在贴面砖操作时应保持正温，不在冬期施工。

(5)面砖泡水后必须阴干，背面刮满砂浆，采用挤浆法铺贴，认真勾缝分次成活，勾凹缝，凹入砖内 3mm，形成嵌固效果。

事故责任单位、责任人及处理意见：

事故责任单位：抹灰施工班组

责任人：抹灰工

处理意见：

(1)对直接责任人进行质量意识教育，切实加强抹灰土操作规程培训学习及贯彻执行，持证上岗，并处以适当经济处罚。

(2)对所在班组提出批评，切实加强过程控制。

负责人	×××	报告人	×××	日期	××年×月×日

《建设工程质量事故报告书》填表说明：

(1)资料流程：本表由调查人填写，各有关单位保存。

(2)相关规定与要求：凡工程发生重大质量事故，应按表C0-2～表C0-3的要求进行记载。其中发生事故时间应记载年、月、日、时、分；估计造成损失，指因质量事故导致的返工、加固等费用，包括人工费、材料费和一定数额的管理费；事故情况，包括倒塌情况(整体倒塌或局部倒塌的部位)、损失情况(伤亡人数、损失程度、倒塌面积等)；事故原因，包括设计原因(计算错误、构造不合理等)、施工原因(施工粗制滥造、材料、构配件或设备质量低劣等)、设计与施工的共同问题、不可抗力等；处理意见，包括现场处理情况、设计和施工的技术措施、主要责任者及处理结果。

(3)注意事项：本表应本着实事求是的原则填写，严禁弄虚作假。

三、施工现场质量管理检查记录

表 C1-1 施工现场质量管理检查记录

编号：×××

工程名称	×× 大厦			
开工日期	××年×月×日	施工许可证(开工证)	×××	
建设单位	××集团公司	项目负责人	×××	
设计单位	××建筑设计院	项目负责人	×××	
监理单位	××监理公司	总监理工程师	×××	
施工单位	××建筑工程公司	项目经理	×××	项目技术负责人	×××

序号	项　目	内　容
1	现场质量管理制度	质量例会制度；月评比及奖罚制度；三检及交接检制度；质量与经济挂钩制度
2	质量责任制	岗位责任制；设计交底会制；技术交底制；挂牌制度。
3	主要专业工种操作上岗证书	抹灰工、木工、混凝土工、电焊工、架子工等主要专业工程有证
4	分包方资质与分包单位的管理制度	资质合格，分包单位有管理制度
5	施工图审查情况	审查报告及审查批准书××设××号
6	地质勘察资料	地质勘探报告
7	施工组织设计、施工方案及审批	施工组织设计编制、审核、批准齐全
8	施工技术标准	企业自定标准 5 项，其余采用国家行业标准
9	工程质量检验制度	有原材料及施工检验制度；抽测项目的检验计划
10	搅拌站及计量设置	有管理制度和计量设施精确度及控制措施
11	现场材料、设备存放与管理	钢材、砂石、水泥及玻璃、地面砖的管理办法
12		

检查结论：

　　施工现场质量管理制度完整，符合要求，工程质量有保障。

总监理工程师：×××
（建设单位项目负责人）

××年×月×日

《施工现场质量管理检查记录表》填表说明：

(1)资料流程：本表由施工单位填写，施工单位、监理单位各保存一份。

(2)相关规定与要求：

1)建筑工程项目经理部应建立质量责任制度及现场管理制度；健全质量管理体系；制定施工技术标准；审查资质证书、施工图、地质勘察资料和施工技术文件等。

2)施工单位应按规定填写《施工现场质量管理检查记录》(表C1-1)，报项目总监理工程师(或建设单位项目负责人)检查，并做出检查结论。

3)当项目管理有重大调整时，应重新填写。

(3)注意事项：

1)表中各单位名称应填写全称，与合同或协议书中名称一致。

2)检查结论应明确，不应采用模糊用语。

四、施工日志

表 C1-2　　　　　　　　　　　施工日志

编号：×××

时间	天气状况	风力	最高/最低温度	备注
白天	晴	2～3 级	24℃/19℃	
夜间	晴	1～2 级	17℃/8℃	

生产情况记录：(施工部位、施工内容、机械作业、班组工作、生产存在问题等)

　地上四层至六层

(1)四层 401～410 办公室内墙乳胶漆粉刷，装饰共 18 人。

(2)五层走廊石膏板吊顶施工，用电锤(型号××)4 把，木工班组 8 人。

(3)六层卫生间楼面砖面层铺贴，切割机(型号××)一台，瓦工班组 14 人。

(4)东立面外墙①～⊗轴涂料涂饰，吊栏(型号××)两台，班组施工共 6 人。

(5)发现问题：四层 405 办公室内墙涂饰时，基层清理不干净，基层腻子局部有不平整现象。

已责令装饰班组整改完成，达到规范要求。

技术质量安全工作记录：(技术质量安全活动、检查评定验收、技术质量安全问题等)

(1)建设单位、设计、监理、施工单位在现场召开技术质量安全工作会议，参加人员：×××(职务)等。

会议决定：

1)卫生间墙砖地砖粘贴工程于×月×日前完成。

2)西立面外墙涂料涂饰工程于×月×日前完成、外墙高与架子×月×日拆除。

3)对施工中发现的问题，应立即返修并整改复查，必须符合设计规范要求。

(2)安全生产方面：由安全员巡视检查，重点检查现场用电安全、机械安全和防火问题，要求杜绝安全隐患。

(3)检查评定验收：各施工班组施工工序合理、科学，上述部位施工质量检查结果均符合设计要求和质量验收规范规定，实测误差达到规范要求。

参加验收人员

监理单位：×××(职务)等

施工单位：×××(职务)等

记录人	×××	日期	××年×月×日　　星期×

《施工日志》填表说明：

(1)资料流程：本表由施工单位填写并保存。

(2)相关规定与要求：

1)施工日志是施工活动的原始记录，是编制施工文件、积累资料、总结施工经验的重要依据，由项目技术负责人具体负责。

2)施工日志应以单位工程为记载对象。从工程开工起至工程竣工止，按专业指定专人负责逐日记载，并保证内容真实、连续和完整。

3)施工日志可以采用计算机录入、打印，也可按规定样式手工填写，并装订成册，必须保证字迹清晰、内容齐全，由各专业负责人签字。

(3)注意事项：施工日志填写内容应根据工程实际情况确定，一般应含工程概况、当日生产情况、技术质量安全情况、施工中发生的问题及处理情况、各专业配合情况、安全生产情况等。

五、见证取样和送检管理资料

1. 有见证取样和送检见证人备案书

有见证取样和送检见证人备案书

　　　　　××市建设工程　　　　　质量监督站：

　　　　　××建筑工程检测中心　　　　试验室：

　　我单位决定，由　　　**×××**　　同志担任　　　**××大厦**　　工程有见证取样和送检见证人。有关的印章和签字如下，请查收备案。

有见证取样和送检印章	见证人签字
××监理公司 有见证取样和送检印章	××× ×××

建设单位名称(盖章)：**××集团公司**　　　　　　　　　　××年×月×日

监理单位名称(盖章)：**××监理公司**　　　　　　　　　　××年×月×日

施工项目负责人签字：×××　　　　　　　　　　　　　　××年×月×日

《有见证取样和送检见证人备案书》填写说明：

(1)相关规定与要求：

1)见证人一般由施工现场监理人员担任，施工和材料、设备供应单位人员不得担任。

2)工程见证人确定后，由建设单位向该工程的监督机构递交备案书进行备案，如见证人更换须办理变更备案手续。

3)所取试样必须送到有相应资质的检测单位。

(2)注意事项：见证人员必须由责任心强、工作认真的人担任。

2. 见证记录

见 证 记 录

编号： ×××

工程名称： ××大厦

取样部位： 地上四层②～③/ⓒ～ⓓ轴顶板

样品名称： 混凝土标养试块　　　　取样数量： 一组

取样地点： 施工现场　　　　取样日期： ××年×月×日

见证记录：

见证取样取自 06 号罐车。试块上已作明标识。

××监理公司
有见证取样和送检印章：

有见证取样和送检印章：

取 样 人 签 字： ×××

见 证 人 签 字： ×××

《见证记录》填写说明：

(1)相关规定与要求：

1)施工过程中,见证人应按照事先编写的见证取样和送检计划进行取样及送检。

2)试样上应做好样品名称、取样部位、取样日期等标识。

3)单位工程有见证取样和送检次数不得少于试验总数的30％,试验总次数在10次以下的不得少于2次。

4)送检试样应在施工现场随机抽取,不得另外制作。

(2)注意事项:见证人员及检测人员必须对所取试样实事求是,不许弄虚作假,否则应承担相应的法律责任。

3. 有见证试验汇总表

有见证试验汇总表

工程名称： ＸＸ大厦

施工单位： ＸＸ建筑工程公司

建设单位： ＸＸ集团公司

监理单位： ＸＸ监理公司

见 证 人： ＸＸＸ

试验室名称： ＸＸ建筑工程试验室

试验项目	应送试总次数	有见证试验次数	不合格次数	备注
SBS 防水卷材	65	27	0	
天然花岗岩石材	20	8	0	
人造木板	42	15	0	
石膏板材	20	8	0	

施工单位:ＸＸ建筑工程公司　　　　　　　　制表人:ＸＸＸ

填制日期:ＸＸ年Ｘ月Ｘ日

《有见证试验汇总表》填写说明：

(1)相关规定与要求：

1)本表由施工单位填写，并纳入工程档案。

2)见证取样及送检资料必须真实、完整，符合规定，不得伪造、涂改或丢失。

3)如试验不合格，应加倍取样复试。

(2)注意事项：

1)"试验项目"指规范规定的应进行见证取样的某一项目。

2)"应送试总次数"指该项目按照设计、规范、相关标准要求及试验计划应送检的总次数。

3)"有见证试验次数"指该项目按见证取样要求的实际试验次数。

第二节 装饰装修工程施工技术资料

一、技术交底记录

1. 一般抹灰施工技术交底记录

表 C2-1   技术交底记录

编号：×××

工程名称	××工程	交底日期	××年×月×日
施工单位	××装饰装修工程公司	分项工程名称	一般抹灰
交底提要		一般抹灰施工技术交底	

交底内容：

一、适用范围

本施工技术交底适用于一般抹灰分项工程。

二、施工准备

1. 材料质量要求

(1)水泥：水泥必须有出厂合格证，标明进场批量，并按品种、强度等级、出厂日期分别堆放，保持干燥。如遇水泥强度等级不明或出厂日期超过 3 个月及受潮变质等情况，应经试验鉴定，按试验结果确定使用与否。不同品种的水泥不得混合使用。

(2)石灰：抹灰用石灰，一般用块状石灰熟化成石灰膏后使用，熟化时应用小于等于 3mm 筛孔的网筛过滤。石灰在池内熟化时间一般不少于 15 天，用于罩面时，不宜少于 30 天。严禁使用风化、冻结、脱水和污染的石灰膏。

(3)砂：抹灰宜采用中砂，或粗砂与中砂混合掺用，尽可能少用细砂，不宜使用特细砂。砂在使用前必须过筛，不得含有杂质。含泥量应符合标准。

(4)麻刀：以均匀、坚韧、干燥、不含杂质为好。其长度宜为 20~30mm，随用随敲打松散。每 100kg 石灰膏约掺 1kg 麻刀即成麻刀灰。

(5)纸筋：将纸筋撕碎，用清水浸透，每 100kg 石灰膏掺 2.75kg 的纸筋入淋灰池，搅拌均匀。使用时用小钢磨碾细，即为纸筋灰。

(6)石膏：常用的建筑石膏是由天然二水石膏在温度 107~170℃ 下煅烧磨细而成，密度为2.6~2.75g/cm³，堆积密度为 800~1000kg/m³。加水后凝结硬化很快，规范规定，初凝不得早于 4min，终凝不得超过 30min。

(7)膨胀珍珠岩：抹灰用膨胀珍珠岩具有密度小、导热系数低、承压能力高的优点，宜用Ⅱ类粒径混合级配，即密度为 80~150kg/m³，粒径小于 0.16mm 的不大于 8%，常温导热系数0.052~0.064W/m·K，含水率<2%。

2. 主要施工机具

麻刀机、砂浆搅拌机、纸筋灰拌合机、窄手推车、铁锹、筛子、水桶(大小)、灰槽、灰勺、刮杠(大 2.5m,中 1.5m)、靠尺板(2m)、线坠、钢卷尺、方尺、托灰板、铁抹子、木抹子、塑料抹子、八字靠尺、方口尺、阴阳角抹子、长舌铁抹子、金属水平尺、捋角器、软水管、长毛刷、鸡腿刷、钢丝刷、茅草帚、喷壶、小线、钻子(尖、扁)、粉线袋、铁锤、钳子、钉子、托线板等。

3. 作业条件

(1)主体结构必须经过相关单位检验合格。

(2)抹灰前应检查门窗框安装位置是否正确，需埋设的接线盒、电箱、管线、管道套管是否固定牢固。连接处缝隙应用 1:3 水泥砂浆或 1:1:6 水泥混合砂浆分层嵌塞密实，若缝隙较大时，应在砂浆中掺少量麻刀嵌塞，将其填塞密实，并用塑料帖膜或铁皮将门窗框加以保护。

(3)将混凝土过梁、梁垫、圈梁、混凝土柱、梁等表面凸出部分剔平，将蜂窝、麻面、露筋、疏松部分剔到实处，并刷胶黏性素水泥浆或界面剂。然后用 1:3 的水泥砂浆分层抹平。脚手眼和废弃的孔洞应堵严，外露钢筋头、铅丝头及木头等要剔除，窗台砖补齐，墙与楼板、梁底等交接处应用斜砖砌严补齐。

审核人	×××	交底人	×××	接受交底人	×××

表 C2-1

技术交底记录

编号：××××

工程名称	××工程	交底日期	××年×月×日
施工单位	××装饰装修工程公司	分项工程名称	一般抹灰
交底提要		一般抹灰施工技术交底	

交底内容：

(4)对抹灰基层表面的油渍、灰尘、污垢等应清除干净,对抹灰墙面结构应提前浇水均匀湿透。

(5)抹灰前屋面防水及上一层地面最好已完成,如没完成防水及上一层地面需进行抹灰时,必须有防水措施。

(6)抹灰前应熟悉图纸、设计说明及其他设计文件,制定方案,做好样板间,经检验达到要求标准后方可正式施工。

三、施工工艺

1. 内墙一般抹灰

(1)工艺流程。所谓操作流程,即指工作(操作)步骤,是操作时必须遵循的先后顺序。内墙的一般抹灰操作流程包括下面几个主要环节:

1)做标志块。先用托线板全面检查墙体表面的垂直平整程度,根据检查的实际情况并兼顾抹灰总的平均厚度规定,决定墙面抹灰厚度。接着在 2m 左右高度,距墙两边阴角 10~20cm 处,用底层抹灰砂浆(也可用 1:3 水泥砂浆或 1:3:9 混合砂浆)各做一个标准标志块(灰饼),厚度为抹灰层厚度(一般为 1~1.5cm),大小为 5cm×5cm。以这两个标准标志块为依据,再用托线板靠、吊垂直确定墙下部对应的两个标志块厚度,其位置在踢脚板上口,使上下两个标志块在一条垂直线上。标准标志块做好后,再在标志块附近墙面钉上钉子,拴上小线拉水平通线(注意小线要离开标志块 1mm),然后按间距 1.2~1.5m 左右加做若干标志块,见图 1,凡窗口、垛角处必须做标志块。

2)标筋。标筋也叫冲筋、出柱头,就是在上下两个标志块之间先抹出一条长梯形灰埂,其宽度为 10cm 左右,厚度与标志块相平,作为墙面抹灰子灰填平的标准。做法是在两个标志块中间先抹一层,再抹第二遍凸出成八字形,要比灰饼凸出 1cm 左右,然后用木杠紧贴灰饼上上下下来回搓,直至把标筋搓得与标志块一样平为止。同时要将标筋的两边用刮尺修成斜面,使其与抹灰层接槎顺平。标筋用砂浆,应与抹灰底层砂浆相同,标筋做法见图 1。操作时应先检查木杠是否受潮变形,如果有变形应及时修理,以防止标筋不平。

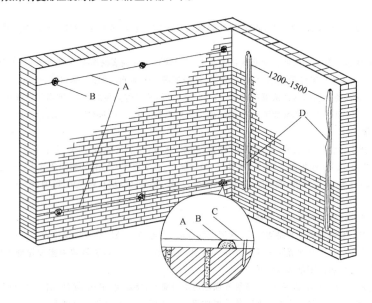

图 1　挂线做标志块及标筋

A—引线;B—灰饼(标志块);C—钉子;D—冲筋

审核人	×××	交底人	×××	接受交底人	×××

表 C2-1   技术交底记录

编号：×××

工程名称	××工程	交底日期	××年×月×日
施工单位	××装饰装修工程公司	分项工程名称	一般抹灰
交底提要		一般抹灰施工技术交底	

交底内容：

3）阴阳角找方。中级抹灰要求阳角找方。对于除门窗口外，还有阳角的房间，则首先要将房间大致规方。方法是先在阳角一侧墙做基线，用方尺将阳角先规方，然后在墙角弹出抹灰准线，并在准线上下两端挂通线做标志块。

高级抹灰要求阴阳角都要找方，阴阳角两边都要弹基线，为了便于做角和保证阴阳角方正垂直，必须在阴阳角两边都要做标志块和标筋。

4）门窗洞口做护角。室内墙面、柱面的阳角和门窗洞口的阳角抹灰要求线条清晰、挺直，并防止碰坏。因此，不论设计有无规定，都需要做护角。护角做好后，也起到标筋作用。

护角应抹 1：2 水泥砂浆，一般高度不应低于 2m，护角每侧宽度不小于 50mm，见图 2。

抹护角时，以墙面标志块为依据，首先要将阳角用方尺规方，靠门框一边，以门框离墙面的空隙为准，另一边以标志块厚度为据。最好在地面上画好准线，按准线粘好靠尺板，并用托线吊直，方尺找方。然后，在靠尺板的另一边墙面分层抹 1：2 水泥砂浆，护角线的外角与靠尺板外口平齐，一边抹好后，再把靠尺板移到已抹好护角的一边，用钢筋卡子稳住，用线垂吊直靠尺板，把护角的另一面分层抹好。然后，轻轻地将靠尺板拿下，待护角的棱角稍干时，用阳角抹子和水泥浆捋出小圆角。最后在墙面用靠尺板按要求尺寸沿角留出 5cm，将多余砂浆以 40°斜面切掉（切斜面的目的是为墙面抹灰时，便于与护角接槎），墙面和门框等落地灰应清理干净。窗洞口一般虽不要求做护角，但同样也要方正一致，棱角分明，平整光滑。操作方法与做护角相同。窗口正面应按大墙面标志块抹灰，侧面应根据窗框所留灰口确定抹灰厚度，同样应使用八字靠尺找方吊正，分层涂抹。阳角处也应用阳角抹子捋出小圆角。

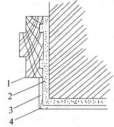

图 2　护角
1—窗口；2—墙面抹灰；
3—面层；4—水泥护角

5）抹灰。抹灰环节包括三项主要工作，即抹底层、抹中层和抹面层。面层抹灰俗称罩面。一般室内砖墙面层抹灰常用纸筋石灰、麻刀石灰、石灰砂浆及刮大白腻子等。面层抹灰应在底灰稍干后进行，底灰太湿会影响抹灰面平整，还可能"咬色"；底灰太干，则容易使面层脱水太快而影响粘结，造成面层空鼓。

（2）内墙抹灰一般操作工艺。底层、中层和面层抹灰是内墙抹灰的三个主要内容，在这里，我们分成两步加以说明。

1）底层和中层抹灰。底层与中层抹灰在标志块、标筋及门窗口做好护角后即可进行。这道工序也叫装档或乱糙。方法是将砂浆抹于墙面两标筋之间，底层要低于标筋，待收水后再进行中层抹灰，其厚度以垫平标筋为准，并使其略高于标筋。中层砂浆抹后，即用中、短木杠按标筋刮平。使用木杠时，人站成骑马式，双手紧握木杠，均匀用力，由下往上移动，并使木杠前进方向的一边略微翘起，手腕要活。局部凹陷处应补抹砂浆，然后再刮，直至普遍平直为止。紧接着用木抹子搓磨一遍，使表面平整密实。

墙的阴角，先用方尺上下核对方正，然后用阴角器上下抽动扯平，使室内四角方正，如图 3 所示。

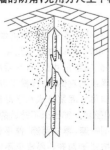

图 3　阴角的扯平找直

抹底子灰的时间应掌握好，不要过早也不要过迟。一般情况下，标筋抹完就可以装档刮平。但要注意如果筋软，则容易将标筋刮坏产生凸凹现象；也不宜在标筋有强度时再装档刮平，因为待墙面砂浆收缩后，会出现标筋高于墙面的现象，由此产生抹灰面不平等质量通病。

当层高小于 3.2m 时，一般先抹下面一步架，然后搭架子再抹上一步架。抹上一步架可不做标筋，而是在用木杠刮平时，紧贴下面已经抹好的砂浆上作为刮平的依据。当层高大于 3.2m 时，一般是从上往下抹。如果后做地面、墙裙和踢脚板时，要将墙裙、踢脚板准线上口 5cm 处的砂浆切成直槎。墙面要清理干净，并及时清除落地灰。

审核人	×××	交底人	×××	接受交底人	×××

表 C2-1　　　　　　　　　　　　　技术交底记录

编号：×××

工程名称	××工程	交底日期	××年×月×日
施工单位	××装饰装修工程公司	分项工程名称	一般抹灰
交底提要	一般抹灰施工技术交底		

交底内容：

2) 面层抹灰。室内常用的面层材料有麻刀石灰、纸筋石灰、石膏灰等。应分层涂抹，每遍厚度为 1~2mm，经赶平压实后，面层总厚度对于麻刀石灰不得大于 3mm；对于纸筋石灰、石膏灰不得大于 2mm。罩面时应待底子灰五至六成干后进行。如底子灰过干应先浇水湿润。分纵、横两遍涂抹，最后一遍用钢抹子压光，不得留抹纹。

① 纸筋石灰或麻刀石灰抹面层。纸筋石灰面层，一般应在中层砂浆六至七成干后进行（手按不软，但有指印）。如底层砂浆过于干燥，应先洒水湿润，再抹面层。抹灰操作一般使用钢抹子或塑料抹子，两遍成活，厚度 2~3mm。一般由阴角或阳角开始，自左向右进行，两人配合操作。一人先竖向（或横向）薄薄抹一层，要使纸筋石灰与中层紧密结合，另一人横向（或竖向）抹第二层（两人抹灰的方向应垂直），抹平并要压光溜平。压平后，如用排笔或茅柴帚蘸水横刷一遍，使表面色泽一致，用钢皮抹子再压实、揉平，抹光一次，则面层更为细腻光滑。阴阳角分别用阴阳角抹子捋光，随手用毛刷子蘸水将门窗边口阳角、墙裙和踢脚板上口刷净。纸筋石灰罩面的另一种做法是：两遍抹完，稍干就用压子式塑料抹子顺抹子纹压光。经过一段时间，再进行检查，起泡处重新压平。麻刀石灰面层抹灰的操作方法与纸筋石灰抹面层的操作方法相同。但麻刀与纸筋纤维的粗细有很大区别，纸筋容易捣烂，能形成纸浆状，故制成的纸筋石灰比较细腻，用它做罩面灰厚度可达到不超过 2mm 的要求。而麻刀的纤维比较粗，且不易捣烂，用它制成的麻刀石灰抹面，厚度按要求不得大于 3mm 比较困难，如果厚了，则面层易产生收缩裂缝，影响工程质量，为此采取上述两人操作的方法。

② 石灰砂浆面层。石灰砂浆面层，应在中层砂浆五至六成干时进行。如中层较干时，需洒水湿润后再进行。操作时，先用钢抹子抹实，再用刮尺由下向上刮平，然后用木抹子搓平，最后用钢抹子压光成活。

③ 刮大白腻子。内墙面面层可不抹罩面灰，而采用刮大白腻子。其优点是操作简单，节约技工。面层刮大白腻子，一般应在中层砂浆干透，表面坚硬呈灰白色，且没有水迹及潮湿痕迹，用铲刀刻划显白印时进行。大白腻子配比是，大白粉：滑石粉：聚醋酸乙烯乳液：羧甲基纤维素溶液（浓度 5%）＝60：40：(2~4)：75（重量比）。调配时，大白粉、滑石粉、羧甲基纤维素溶液应提前按配合比搅匀浸泡。面层刮大白腻子一般不少于两遍，总厚度 1mm 左右。操作时，使用钢片或胶皮刮板，每遍按同一方向往返刮。

头道腻子刮后，在基层已修补过的部位应进行复补找平，待腻子干后，用 0 号砂纸磨平，扫净浮灰。待头遍腻子干燥后，再进行第二遍。要求表面平整，纹理质感均匀一致。阴阳角找直的方法是在角的两侧平面满刮找平后，再用直尺检查，当两个相邻的面刮平并相互垂直后，角也就找直了。

2. 外墙一般抹灰

(1) 工艺流程。

1) 挂线、做灰饼、冲筋。外墙面抹灰与内墙抹灰一样要挂线做标志块、标筋。但因外墙面由檐口到地面，抹灰看面大，门窗、阳台、明柱、腰线等看面都要横平竖直，而抹灰操作则必须一步架一步架往下抹。因此，外墙抹灰找规矩要在四角先挂好自上至下垂直通线（多层及高层楼房应用钢丝线垂下），然后根据大致决定的抹灰厚度，每步架大角两侧弹上控制线，再拉水平通线，对弹水平线做标志块，然后做标筋。

2) 粘分格条。在室外抹灰时，为了增加墙面美观，避免罩面砂浆收缩后产生裂缝，一般均有分格条分格。具体做法：在底子灰刮完后根据尺寸用粉线包弹出分格线。分格条用前要在水中泡透，防止分格条使用时变形，并便于粘贴。分格条因本身水分蒸发而收缩容易起出，又能使分格条两侧的灰口整齐。根据分格线长度将分格条尺寸分好，然后用钢抹子将素水泥浆抹在分格条的背面，水平分格线宜粘在水平线的下口，垂直分格线粘贴在垂线的左侧，这样易于观察，操作比较方便。粘贴完一条竖线或横线分格条后，应用直尺校正是否平整，并将分格条两侧用水泥浆抹成八字形斜角（若是水平线应先抹下口）。如当天抹面层的分格条，两侧八字形斜角可抹成 45°，如图 4(a) 所示。如当天不抹面的"隔夜条"两侧八字形斜角应抹得陡一些，成 60°，如图 4(b) 所示。罩面时须两遍成活，先薄薄刮一遍，再抹两遍，抹平分格条，然后根据分格厚度刮杠、搓平、压光。当天粘的分格条在压光后即可起出，并用水泥浆把缝子勾齐。隔夜条不能当时起条，须在水泥浆达到强度后再起出。分格线不得有错缝及掉棱掉角，其缝宽和深度应均匀一致。

审核人	×××	交底人	×××	接受交底人	×××

表 C2-1　　　　　　　　　　　　　　　　技术交底记录

编号：＿×××＿

工程名称	××工程	交底日期	××年×月×日
施工单位	××装饰装修工程公司	分项工程名称	一般抹灰
交底提要	一般抹灰施工技术交底		

交底内容：

　　外墙面采取喷涂、滚涂、喷砂等饰面面层时，由于饰面层较薄，墙面分格条可采用粘条法或划缝法。

　　①粘条法。在底层，根据设计尺寸和水平线弹出分格线后，用素水泥浆粘贴胶布条（也可用绝缘塑料布条、砂布条等），然后做饰面层。饰面层初凝时，立即把胶布慢慢撕掉，即露出分格缝，然后修理好分格缝两边的飞边。

　　②划缝法。等做完饰面后，待砂浆初凝时弹出分格线。沿着分格线按贴靠尺板，用划缝工具沿靠尺板边进行划缝，深 4～5mm（或露出垫层）。

　　3）抹灰。外墙的抹灰层要求有一定的防水性能，一般采用水泥混合砂浆（水泥∶石子∶砂＝1∶1∶6）打底和罩面。其底层、中层抹灰及刮尺赶平方法与内墙基本相同。在刮尺赶平，砂浆吸水后，应用木抹子打磨。如果打磨时面层太干，应一手用茅扫帚洒水，一手用木抹子打磨，不得干磨，否则会造成颜色不一致。

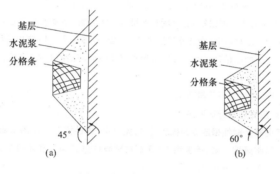

图 4　分格条两侧斜角示意
（a）当日起条者做 45°角；（b）"隔夜条"做 60°角

　　(2)外墙一般抹灰饰面做法。

　　1)抹水泥混合砂浆。外墙的抹灰层要求有一定的防水性能，一般采用水泥混合砂浆（水泥∶石子∶砂子＝1∶1∶6）打底和罩面，或打底用 1∶1∶6，罩面用 1∶0.5∶4。在基层处理四大角（即山墙角）与门窗洞口护角线、墙面的标志块、标筋等完成后即可进行。其底层、中层抹灰方法与内墙面一般抹灰方法基本相同。在刮尺赶平，砂浆收水后，应用木抹子以圆圈形打磨。如面层太干，应一手用茅扫帚洒水，一手用木抹子打磨，不得干磨，否则会造成颜色不一致。经打磨的饰面应做到表面平整、密实，抹纹顺直，色泽均匀。

　　2)抹水泥砂浆。外墙抹水泥砂浆一般配合比为水泥∶砂＝1∶3。抹底层时，必须把砂浆压入灰缝内，并用木抹子压实刮平，然后用笤帚在底层上扫毛，并要浇水养护。底层砂浆抹后第二天，先弹分格线，粘分格条。抹时先用 1∶2.5 水泥砂浆薄薄刮一遍，再抹第二遍，先抹平分格条，然后根据分格条厚度用木杠刮平，再用木抹子搓平，用钢抹子揉实压光，最后用刷子蘸水按同一方向轻刷一遍，目的是要达到颜色一致，然后起出分格条，并用水泥浆把缝勾齐。"隔夜条"须在水泥砂浆达到强度之后再起出来。如底子灰较干，罩面灰纹不易压光，用劲过大又会造成罩面灰与底层分离空鼓，所以应洒水后再压。当底层较干，罩面灰收水较慢，当天不能压光成活时，可撒干水泥砂粘在罩面灰上吸水，待干水泥砂吸水后，把这层水泥砂刮掉再压光。水泥砂浆罩面成活 24 小时后，要浇水养护 3 天。

审核人	×××	交底人	×××	接受交底人	×××

表 C2-1　　　　　　　　　　　技术交底记录

编号：＿＿×××＿＿

工程名称	××工程	交底日期	××年×月×日
施工单位	××装饰装修工程公司	分项工程名称	一般抹灰
交底提要	一般抹灰施工技术交底		

交底内容：

　　3)加气混凝土墙体的抹灰饰面。加气混凝土是一种新型建筑材料，其制品有砌块、屋面板和内外墙板，其材料性质具有容重轻、保温性能好、质轻多孔、便于加工及原材料广泛、价格低廉等特点。其墙体的内外饰面，是加气混凝土应用技术的重要内容之一，是用好、保护好该制品的关键。利用加气混凝土抹灰饰面时，必须对基体表面进行处理，这是由加气混凝土吸水性能决定的。加气混凝土在吸水性能方面有先快后慢、容量大且延续时间长的特点，对基本表面进行相应的处理可保证抹灰层有良好的凝结硬化条件，以保证抹灰层不致在水化(或气化)过程中水分被加气制品吸走而失去预期要求的强度，甚至引起空鼓、开裂；对于室内抹灰可以阻止或减少由于室内外温差所产生的压力(在北方的冬季尤为突出)，使室内水蒸气向墙体内迁移的进程。基层表面处理的方法是多样的，设计和施工者可根据本地材料及施工方法的特点加以选择。如果采用浇水润湿墙面，如前所述，浇水量以渗入砌块内深度 8～10mm 为宜，每遍浇水之间的时间应有间歇，在常温下不得少于 15min。浇水面要均匀，不得漏面(做室内粉刷时应以喷水为宜)。抹灰前最后一遍浇水(或喷水)，宜在抹灰前 1 小时进行，浇水后立即可刷素水泥浆，刷素水泥浆后可立即抹灰，不得在素水泥浆干燥后再进行抹灰。如果采用在基层刷胶，应注意刷胶均匀、全面，不得漏刷。所使用的胶粘剂可根据当地情况采用价廉而对水泥砂浆不起不良反应的胶粘剂即可。如若采用将基体表面刮糙的方法，可用钢抹子在墙面刮成鱼鳞状，表面粗糙，与底面粘结良好，厚度3～5mm。

　　加气混凝土墙体的抹灰操作，应注意下列事项：

　　①在基层表面处理完毕后，应立即进行抹底灰。

　　②底灰材料应选用与加气混凝土材性相适应的抹灰材料，如强度、弹性模量和收缩值等应与加气混凝土材性接近。一般是用 1∶3∶9 水泥混合砂浆薄抹一层，接着用 1∶3 石灰砂浆抹第二遍。底层厚度为 3～5mm，中层厚度为 8～10mm，按照标筋，用大杠刮平，用木抹子搓平。

　　③每层每次抹灰厚度应小于 10mm，如找平有困难需增加厚度，则应分层、分次逐步加厚，每次间隔时间，应待第一次抹灰层终凝后进行，切忌连续流水作业。

　　④大面抹灰前的"冲筋"砂浆，埋设管线、暗线外的修补找平砂浆，应与大面抹灰材料一致，切忌采用高强度等级的砂浆。

　　⑤外墙抹灰应进行养护。

　　⑥外墙抹灰，在寒冷地区不宜冬期施工。

　　⑦底灰与基层表面应粘结良好，不得空鼓、开裂。

　　⑧对各种砂浆与墙面粘结力的要求是：

　　　1∶3 砂子灰(石灰砂浆)≥0.8kg/cm²。

　　　1∶1∶6 水泥石灰砂浆≥2.0kg/cm²。

　　　1∶3∶9 水泥石灰砂浆≥1.5kg/cm²。

　　在加气混凝土表面上抹灰，防止空鼓开裂的措施目前有三种。一是在基层上涂刷一层"界面处理剂"，封闭基层；二是在砂浆中掺入胶结材料，以改善砂浆的粘结性能；三是涂刷"防裂剂"。将基层表面清理干净，提前用水湿润，即可抹底灰，待底层灰修整、压光并收水时，在底灰表面及时刷或喷一道专用的防裂剂，接着抹中层灰，同样方法，在中层表面刷(喷)一道专用防裂剂再抹面层灰。如果在其面层上再罩一道防裂剂，见湿而不流，则效果更佳。

　　3.顶棚一般抹灰。

　　(1)工艺流程。

审核人	×××	交底人	×××	接受交底人	×××

表 C2-1　　　　　　　　　　　　　　　　　技术交底记录

工程名称	××工程	交底日期	××年×月×日
施工单位	××装饰装修工程公司	分项工程名称	一般抹灰
交底提要		一般抹灰施工技术交底	

交底内容：

1)基层处理。混凝土顶棚抹灰的基层处理,除应按一般基层处理要求进行处理外,还要检查楼板有否下沉或裂缝。如为预制混凝土楼板,则应检查其板缝是否已用细石混凝土灌实,若板缝灌不实,顶棚抹灰后会顺板缝产生裂纹。近年来无论是现浇或预制混凝土,都大量采用钢模板,故表面较光滑,如直接抹灰,砂浆粘结不牢,抹灰层易出现空鼓、裂缝等现象,为此在抹灰时,应先在清理干净的混凝土表面用茅扫帚刷水后刮一遍水灰比为 0.37～0.40 的水泥浆进行处理,方可抹灰。

2)找规矩。顶棚抹灰通常不做标志块和标筋,用目测的方法控制其平整度,以无明显高低不平及接槎痕迹为度。先根据顶棚的水平线,确定抹灰的厚度,然后在墙面的四周与顶棚交接处弹出水平线,作为抹灰的水平标准。

3)底、中层抹灰。一般底层砂浆采用配合比为水泥：石灰膏：砂＝1：0.5：1 的水泥混合砂浆,底层抹灰厚度为 2mm。抹中层砂浆的配合比一般采用水泥：石灰膏：砂＝1：3：9 的混合砂浆,抹灰厚度为 6mm 左右,抹后用软刮尺刮平赶匀,随刮随用长毛刷子把抹印顺平,再用木抹子搓平,顶棚管道周围用小工具顺平。抹灰的顺序一般是由前往后退,并注意其方向必须同基体的缝隙(混凝土板缝)成垂直方向,这样容易使砂浆挤入缝隙牢固结合。抹灰时,厚薄应掌握适度,随后用软刮尺赶平。如平整度欠佳,应再补抹和赶平,但不宜多次补修,否则容易搅动底灰而引起掉灰。如底层砂浆吸水快,应及时洒水,以保证与底层粘结牢固。在顶棚与墙面的交接处,一般是在墙面抹灰完成后再补做;也可在抹顶棚时,先将距顶棚 20～30cm 的墙面同时完成抹灰,方法是用钢抹子在墙面与顶棚交角处添上砂浆,然后用木阴角器抽平压直即可。

4)面层抹灰。待中层抹灰到六至七成干,即用手按不软但有指印时,再开始面层抹灰。如使用纸筋石灰或麻刀石灰时,一般分两遍成活。其涂抹方法及抹灰厚度与内墙面抹灰相同,第一遍抹得越薄越好,随之抹第二遍。抹第二遍时,抹子要稍平,抹完后待浆稍干,再用塑料抹子或压子顺着抹纹压实压光。

(2)顶棚抹灰分层做法。顶棚抹灰一般分 3～4 遍(层)成活,根据抹灰等级(分普通、中级、高级抹灰三个档次)定,每遍抹灰厚度和使用灰浆材料及配合比均有所不同。抹灰层平均总厚度不得大于下列规定:当为板条抹灰及在现浇钢筋混凝土基体下直接抹灰时为 15mm;当在预制钢筋混凝土基体下直接抹灰时为 18mm;当为钢板网抹灰时(包括板条钢板网)为 20mm,越薄越好。

四、质量标准

1. 主控项目检验

一般抹灰工程主控项目检验标准见表 1。

表 1　　　　　　　　　　　　主控项目检验标准

序号	项　　目	合格质量标准	检验方法	检查数量
1	基层表面	抹灰前基层表面的尘土、污垢、油渍等应清除干净,并应洒水润湿	检查施工记录	(1)室内每个检验批应至少抽查 10%,并不得少于 3 间;不足 3 间时应全数检查。 (2)室外每个检验批每 100m² 应至少抽查一处,每处不得小于 10m²
2	材料品种和性能	一般抹灰所用材料的品种和性能应符合设计要求。水泥的凝结时间和安定性复验应合格。砂浆的配合比应符合设计要求	检查产品合格证书、进场验收记录、复验报告和施工记录	
3	操作要求	抹灰工程应分层进行。当抹灰总厚度大于或等于 35mm 时,应采取加强措施。不同材料基体交接处表面的抹灰,应采取防止开裂的加强措施,当采用加强网时,加强网与各基体的搭接宽度应不小于 100mm	检查隐蔽工程验收记录和施工记录	
4	层粘结及面层质量	抹灰层与基层之间及各抹灰层之间必须粘结牢固,抹灰层应无脱层、空鼓,面层应无爆灰和裂缝	观察;用小锤轻击检查;检查施工记录	

审核人	×××	交底人	×××	接受交底人	×××

表 C2-1　　　　　　　　　　技术交底记录

工程名称	××工程	交底日期	××年×月×日
施工单位	××装饰装修工程公司	分项工程名称	一般抹灰
交底提要	一般抹灰施工技术交底		

交底内容：

2. 一般项目检验

一般抹灰工程一般项目检验标准见表2。

表 2　　　　　　　　一般项目检验标准

序号	项　目	合格质量标准	检验方法	检查数量
1	表面质量	一般抹灰工程的表面质量应符合下列规定： (1)普通抹灰表面应光滑、洁净、接槎平整，分格缝应清晰。 (2)高级抹灰表面应光滑、洁净、颜色均匀、无抹纹，分格缝和灰线应清晰、美观	观察；手摸检查	同主控项目
2	细部质量	护角、孔洞、槽、盒周围的抹灰表面应整齐、光滑；管道后面的抹灰表面应平整	观察	
3	层总厚度及层间材料	抹灰层的总厚度应符合设计要求；水泥砂浆不得抹在石灰砂浆层上；罩面石膏灰不得抹在水泥砂浆层上	检查施工记录	
4	分格缝	抹灰分格缝的设置应符合设计要求，宽度和深度应均匀，表面应光滑，棱角应整齐	观察；尺量检查	
5	滴水线(槽)	有排水要求的部位应做滴水线(槽)。滴水线(槽)应整齐顺直，滴水线应内高外低，滴水槽的宽度和深度均应不小于10mm	观察；尺量检查	
6	允许偏差	一般抹灰工程质量的允许偏差和检验方法应符合表3的规定	见表3	

3. 允许偏差

一般抹灰的允许偏差及检验方法见表3。

表 3　　　　　　　　一般抹灰的允许偏差和检验方法

序号	项　目	允许偏差(mm)		检验方法
		普通抹灰	高级抹灰	
1	立面垂直度	4	3	用2m垂直检测尺检查
2	表面平整度	4	3	用2m靠尺和塞尺检查
3	阴阳角方正	4	3	用直角检测尺检查
4	分格条(缝)直线度	4	3	拉5m线，不足5m拉通线，用钢直尺检查
5	墙裙、勒脚上口直线度	4	3	拉5m线，不足5m拉通线，用钢直尺检查

注：1. 普通抹灰，本表第3项阴角方正可不检查。
　　2. 顶棚抹灰，本表第2项表面平整度可不检查，但应平顺。
　　3. 本表摘自《建筑装饰装修工程质量验收规范》(GB 50210—2001)。

审核人	×××	交底人	×××	接受交底人	×××

表 C2-1 技术交底记录

编号: ×××

工程名称	××工程	交底日期	××年×月×日
施工单位	××装饰装修工程公司	分项工程名称	一般抹灰
交底提要		一般抹灰施工技术交底	

交底内容:

五、应注意的质量问题

(1)抹灰基体表面应彻底清理干净,对于表面光滑的基体应进行毛化处理。

(2)抹灰前应将基体充分浇水均匀润透,防止基体浇水不透造成抹灰砂浆中的水分很快被基体吸收,造成质量问题。

(3)严格各层抹灰厚度,防止一次抹灰过厚,造成干缩率增大,造成空鼓、开裂等质量问题。

(4)抹灰砂浆中使用材料应充分水化,防止影响粘结力。

六、成品保护

(1)抹灰前必须将门、窗口与墙间的缝隙按工艺要求将其嵌塞密实,对木制门、窗口应采用铁皮、木板或木架进行保护,对塑钢或金属门、窗口应采用贴膜保护。

(2)抹灰完成后应对墙面及门、窗口加以清洁保护,门、窗口原有保护层如有损坏的应及时修补,确保完整,直至竣工交验。

(3)在施工过程中,搬运材料、机具以及使用小手推车时,要特别小心,防止碰、撞、磕划墙面、门、窗口等。后期施工操作人员严禁蹬踩门、窗口、窗台,以防损坏棱角。

(4)抹灰时墙上的预埋件、线槽、盒、通风箅子、预留孔洞应采取保护措施,防止施工时灰浆漏入或堵塞。

(5)拆除脚手架。跳板、高马凳时要加倍小心,轻拿轻放,集中堆放整齐,以免撞坏门、窗口、墙面或棱角等。

(6)当抹灰层未充分凝结硬化前,防止快干、水冲、撞击、振动和挤压,以保证灰层不受损伤和有足够的强度。

(7)施工时不得在楼地面上和休息平台上拌合灰浆,对休息平台、地面和楼梯踏步要采取保护措施,以免搬运材料或运输过程中造成损坏。

七、质量验收文件

(1)抹灰工程设计施工图、设计说明及其他设计文件。

(2)材料的产品合格证书、性能检测报告、进场验收记录。

(3)隐蔽工程验收记录。

(4)工程检验批检验记录。

(5)分项工程检验记录。

(6)施工记录。

审核人	×××	交底人	×××	接受交底人	×××

2. 木门窗制作与安装施工技术交底记录

表 C2-1　　　　　　　　　　　　技术交底记录

编号：×××

工程名称	××工程	交底日期	××年×月×日
施工单位	××装饰装修工程公司	分项工程名称	木门窗制作与安装
交底提要	木门窗制作与安装施工技术交底		

交底内容：

一、适用范围

本施工技术交底适用于木门窗制作与安装分项工程的质量验收。

二、施工准备

1. 材料质量要求

(1)木门窗的材料或框和扇的规格型号、木材类别、选材等级、含水率及制作质量均须符合设计要求,并且必须有出厂合格证。

(2)防腐剂、油漆、木螺丝、合页、插销、挺钩、门锁等各种小五金必须符合设计要求。

2. 主要施工机具

粗刨、细刨、裁口刨、单线刨、锯、锤子、斧子、改锥、线勒子、扁铲、塞尺、线坠、红线包、墨斗、木钻、小电锯、担子板、笤帚等。

3. 作业条件

(1)门窗框和扇进场后,及时组织油工将框靠墙靠地的一面涂刷防腐涂料。然后分类水平堆放平整,底层应搁置在垫木上,在仓库中垫木离地面高度不小于 200mm,临时的敞棚垫木地面高度应不小于 400mm,每层间垫木板,使其能自然通风。木门窗严禁露天堆放。

(2)安装前先检查门窗框和扇有无翘扭、弯曲、窜角、劈裂、榫槽间结合处松散等情况,如有则应进行修理。

(3)预先安装的门窗框,应在楼、地面基层标高或墙砌到窗台标高时安装。后装的门窗框,应在主体工程验收合格、门窗洞口防腐木砖埋设齐备后进行。

(4)门窗扇的安装应在饰面完成后进行。没有木门框的门扇,应在墙侧处安装预埋件。

三、施工工艺

(1)放样。放样是根据施工图纸上设计好的木制品,按照足尺 1∶1 将木制品构造画出来,做成样板(或样棒),样板采用松木制作,双面刨光,厚约25cm,宽等于门窗樘子框的断面宽,长比门窗高度大 200mm 左右,经过仔细校核后才能使用,放样是配料和截料、划线的依据,在使用的过程中,注意保持其划线的清晰,不要使其弯曲或折断。

(2)配料、截料。

1)配料前要熟悉图纸,了解门窗的构造、各部分尺寸、制作数量和质量要求,计算出各部分的尺寸和数量,列出配料单,按配料单进行配料。

2)配料时,要先配长料后配短料,先配框料后配扇料,使木料得到充分合理的使用。

3)门窗制作时,需要大量刨削,接装时会有损耗,因此配料须加大尺寸。具体加大量可参考如下：

断面尺寸：单面刨光加大 1～1.5mm,双面刨光加大 2～3mm。机械加工时单面刨光加大 3mm,双面刨光加大 5mm。门窗构件长度方向的加工余量见表 1。

表 1　　　　　　　　　　　　门窗构件长度加工余量

构 件 名 称	加 工 余 量
门窗立框	按图纸规格放长 7cm
门窗樘冒头	按图纸放长 10cm,无走头时放长 4cm
门窗樘中冒头、窗樘中竖框	按图纸规格放长 1cm
门窗扇框	按图纸规格放长 4cm
门窗扇冒头、玻璃棂子	按图纸规格放长 1cm
门扇中冒头	在五根以上者,有一根可考虑做半榫
门芯板	按图纸冒头及扇框内净距放长各 2cm

审核人	×××	交底人	×××	接受交底人	×××

表 C2-1 　　　　　　　　　　　　　　　技术交底记录

工程名称	××工程	交底日期	××年×月×日
施工单位	××装饰装修工程公司	分项工程名称	木门窗制作与安装
交底提要	木门窗制作与安装施工技术交底		

交底内容：

4)门窗料的长度，因门窗框的冒头有走头(加长端)，冒头(门框的上冒头、窗框的上、下冒头)两端各需加长 120mm，以便砌入墙的锚固。无走头时，冒头两端各加长 20mm，安装时，再根据门洞或窗洞尺寸决定取舍，须埋入地坪 60mm，以便入地坪以下使门框牢固。在楼层上的门框只加长 20～30mm。一般窗框的梃、门窗冒头、窗榄等可加长 10～15mm，门窗扇的框加长 30～50mm。

5)在选配的木料上按毛料尺寸划分出截断，锯开线，考虑到锯解木料时的损耗，一般留出 2～3mm 的损耗量。锯切时，要注意锯线直，端面平，并注意不要锯锚线，以免造成浪费。

(3)刨料。

1)刨料前，宜选择纹理清晰，无节疤和毛病较少的材面作为正面。对于框梁，任选一个窄面为正面。对于扇料，任选一个宽面为正面。

2)刨料时，应当顺着木纹刨削，以免戗槎。刨削中常用尺寸量测部件的尺寸是否满足要求，不要刨过量，以免影响门窗的质量。

3)正面刨平直以后，要打上记号，再刨垂直的一面，两个面的夹角必须是 90°，一面刨料，一面用角尺测量。然后，以这两个面为准，用勒子在料上画出所需要的厚度和宽度线。整根料刨好，这两根线也不能刨掉。

4)门窗的框料靠墙的面可以不刨光，但要刨出两道灰线。扇料必须四面刨光，划线时才能准确。料刨好后，应按框、扇分别码好，上下对齐，放料的场地要求平整、坚实。

(4)划线。划线是根据门窗的构造要求，在各根刨好的木料上划出榫头线、打眼线等。

划线前，先要弄清楚榫、眼的尺寸和形式，什么地方做榫，什么地方凿眼，弄清图纸要求和样板式样，尺寸、规格必须一致，并先做样品，经审查合格后再正式划线。

门窗樘无特殊要求时，可用平肩插。樘梃宽超过 80mm 时，要画双实榫；门扇框厚度超过 60mm 时，要画双头榫。60mm 以下画单榫。冒头料宽度大于 180mm 者，一般画上下双榫。榫眼厚度一般为料厚的 1/4～1/3。半榫眼深度一般不大于料断面的 1/4，冒头拉肩应和榫吻合。

成批画线应在画线架上进行。把门窗料叠放在架子上，将螺钉拧紧固定，然后用丁字尺一次画下来，既准确又迅速，并标识出门窗料的正面或看面。所有榫、眼注明是全眼还是半眼，透榫还是半榫。正面眼线画好后，要将眼线画到背面，并画好倒棱、裁口线，这样所有的线就画好了，要求线要画得清楚、准确、齐全。

(5)打眼。

1)凿眼时，要选择与眼的宽度相等的凿子，凿刃要锋利，刃口须磨齐平，中间不能突起成弧形。先凿透眼，后凿半眼，凿透眼时先凿背面，凿到 1/2 眼深，把木料翻过来凿正面，直到把眼凿透。另外，眼的正面边线要凿去半条线，留下半条线，榫头开榫时也留半线，榫、眼合起来为一整线，这样的榫、眼结合才紧密。眼的背面按线凿，不留线，使眼比面略宽，这样的眼状榫头时，可避免挤裂眼口四周。

2)凿好的眼，要求方正，两边要平直，眼内清洁，无木渣。

3)成批生产时，要经常核对，检查眼的位置尺寸，以免发生误差。

(6)开榫、拉肩。开榫又称倒卵，就是按榫头线纵向锯开。拉肩就是锯掉榫头两旁的肩头，通过开榫和拉肩操作就制成了榫头。

拉肩、开榫要留半个墨线。锯出的榫要方正、平直，榫眼处要完整无损，没有被拉肩操作面锯伤。半榫的长度应比半眼的深度少 2～3mm。锯成的榫要求方、正，不能伤榫根。楔头倒棱，以防装楔头时将眼背面顶裂。

(7)裁口和倒棱。倒棱和裁口是在门框梃上做出，倒棱起装饰作用，裁口是对门扇在关闭时起限位作用。倒棱要平直，宽度要均匀；裁口要方正、平直，不能有戗槎起毛，凹凸不平的现象，严禁裁口的角上木料未刨净。

审核人	×××	交底人	×××	接受交底人	×××

表 C2-1   技术交底记录

工程名称	××工程	交底日期	××年×月×日
施工单位	××装饰装修工程公司	分项工程名称	木门窗制作与安装
交底提要		木门窗制作与安装施工技术交底	

交底内容：

(8)拼装。

1)组装门窗框、扇前，应选出各部件的正面，使组装后正面在同一面，把组装后刨不到的面上的线用砂纸打掉。门框组装前，先在两根框桯上量出门高，用细锯锯出一道锯口，或用记号笔划出一道线。这就是室内地坪线，作为立框的标记。

2)门窗框的组装，是把一根边框的眼里，再装上另一边的桯；用锤轻轻敲打拼合，敲打时要垫木块防止打坏榫头或留下敲打的痕迹。待整个拼好归方以后，再将所有榫头敲实，锯断露出的榫头。拼装先将楔子沾抹上胶再用锤轻轻敲拼合。

3)门窗扇的组装方法与门窗框基本相同。但木扇有门芯板，须先把门芯板按尺寸裁好，一般门芯板应比门扇边上量得的尺寸小3～5mm，门芯板的四边去棱，刨光净好。然后，先把一根门桯平放，将冒头逐个装入，门芯板嵌入冒头与门桯的凹槽内，再将另一根门桯的眼对准榫装入，并用锤垫木块敲紧。

4)门窗框、扇组装好后，为使其成为一个结实的整体，必须在眼中加木楔，将榫在眼中挤紧。木楔长度与榫头一样长，宽度比眼宽窄2～3mm，楔子头用扁铲顺木纹铲尖。加楔时，应先检查门框、扇的方正，掌握其歪扭情况，以便再加楔时调整、纠正。

5)一般每个榫头内必须加两个楔子。加楔子时，用凿子或斧子把榫头凿出一道缝，将楔子两面抹上胶插进缝内，敲打楔子要先轻后重，逐步搡入，不要用力太猛。当楔子已打不动，孔眼已卡紧饱满时，就不要再敲，以免将木料搡裂。在加楔过程中，对框、肩要随时用角尺或尺杆卡窜角找方正，并校正框、扇的不平处，加楔时注意纠正。

6)组装好的门窗框、扇细刨后用砂纸修平修光。双扇门窗要配好对，对缝的裁口刨好。安装前，门窗框靠墙的一面，均要刷一道沥青，以增加防腐能力。

7)为了防止在运输过程中门窗框变形，在门框下端钉上拉杆，拉杆下皮正好是锯口。大的门窗框，在中贯档与桯间要钉八字撑杆，外面四个角也要钉八字撑杆。

8)门窗框组装、净面后，应按房间编号，按规格分别码放整齐，堆垛下面要垫木块。不准在露天堆放，要用油布盖好，以防止日晒雨淋。门窗框进场后应尽快刷一道底油防止风裂和污染。

(9)门窗框安装。

1)主体结构完工后，复查洞口标高、尺寸及木砖位置。

2)将门窗框用木楔临时固定在门窗洞口内相应位置。

3)用吊线坠校正框的正、侧面垂直度，用水平尺校正框冒头的水平度。

4)用砸扁钉帽的钉子钉牢在木砖上。钉帽要冲入木框内1～2mm，每块木砖要钉两处。

5)高档硬木门框应用钻打孔木螺丝拧固并拧进木框5mm用同等木补孔。

(10)门窗扇安装。

1)安装门、窗扇前，先要检查门窗框上、中、下三部分是否一样宽，如果相差超过5mm，就必须修整。核对门、窗扇的开启方向，并打记号，以免把扇安错。安装扇前，预先量出门窗框口的净尺寸，考虑风缝(松动)的大小，再好进一步确定扇的宽度和高度，并进行修刨。应将门扇固定于门窗框中，并检查与门窗框配合的松紧度。由于木材有干缩湿胀的性质，而且门窗扇、门窗框上都需要有油漆及打底层的厚度，所以安装时要留封。一般门扇对口处竖缝留1.5～2.5mm，窗扇竖缝为2mm。并按此尺寸进行修刨。

2)将修刨好的门窗扇，用木楔临时立于门窗框中，排好缝隙后画出铰链位置。铰链位置距上、下边的距离是门扇宽度的1/10，这个位置对铰链受力比较有利，又可避开头。然后把扇取下来，用扇铲剔出铰链页槽。铰链页槽应外边浅，里边深，其深度应当是把铰链合上后与框、扇平正位准。剔好铰链槽后，将铰链放入，上下铰链各拧一颗螺丝钉把扇挂上，检查缝隙是否符合要求，扇与框是否齐平，扇能否关住。检查合格后，再把螺丝钉全部上齐。

3)门窗扇安装好后要试开，其标准是：以开到哪里就能停到哪里为好，不能有自开或自关的现象。如果发现门窗扇在高、宽上有短缺的情况，高度上，应将补钉的板条钉在下冒头下面；宽度上，在安装铰链一边的桯上补钉板条。

审核人	×××	交底人	×××	接受交底人	×××

表 C2-1　　　　　　　　　　　　技术交底记录

编号：＿×××＿

工程名称	××工程	交底日期	××年×月×日
施工单位	××装饰装修工程公司	分项工程名称	木门窗制作与安装
交底提要		木门窗制作与安装施工技术交底	

交底内容：

(11)门窗小五金安装。

1)所有小五金必须用木螺丝固定安装,严禁用钉子代替。使用木螺丝时,先用手锤钉入全长的 1/3,接着用螺丝刀拧入。当木门窗为硬木时,先钻孔径为木螺丝直径 0.9 倍的孔,孔深为木螺丝全长的 2/3,然后再拧入木螺丝。

2)铰链距门窗扇上下两端的距离为扇高的 1/10,且避开上下冒头。安好后必须灵活。

3)门锁距地面约高 0.9～1.05m,应错开中冒头和边框的榫头。

4)门窗拉手应位于门窗扇中线以下,窗拉手距地面 1.5～1.6m。

5)窗风钩应装在窗框上冒头与窗扇下冒头夹角处,使窗开启后成 90°角,并使上下各层窗扇开启后整齐划一。

6)门插销位于门拉手下边。装窗插销时应先固定插销底板,再关窗打插销压痕,凿孔,打入插销。

7)门扇开启后易碰墙的门,为固定门扇应安装门吸。

8)小五金应安装齐全,位置适宜,固定可靠。

四、质量标准

1. 木门窗制作工程质量标准

(1)木门窗制作工程主控项目检验标准见表 2。

表 2　　　　　　　　　　　　主控项目检验标准

序号	项　目	合格质量标准	检验方法	检查数量
1	材料质量	木门窗的木材品种、材质等级、规格、尺寸、框扇的线型及人造木板的甲醛含量应符合设计要求。设计未规定材质等级时,所用木材的质量应符合表 5、表 6 的规定	观察;检查材料进场验收记录和复验报告	每个检验批应至少抽查 5%,并不得少于 3 樘,不足 3 樘时应全数检查;高层建筑外窗,每个检验批应至少抽查 10%,并不得少于 6 樘,不足 6 樘时应全数检查
2	木材含水率	木门窗应采用烘干的木材,含水率应符合《建筑木门、木窗》(JG/T 122)的规定	检查材料进场验收记录	
3	木材防护	木门窗的防火、防腐、防虫处理应符合设计要求	观察;检查材料进场验收记录	
4	木节及虫眼	木门窗的结合处和安装配件处不得有木节或已填补的木节。木门窗如有允许限值以内的死节及直径较大的虫眼时,应用同一材质的木塞加胶填补。对于清漆制品,木塞的木纹和色泽应与制品一致	观察	
5	榫槽连接	门框和厚度大于 50mm 的门窗扇应用双榫连接。榫槽应采用胶料严密嵌合,并应用胶楔加紧	观察;手扳检查	
6	胶合板门、纤维板门、压模质量	胶合板门、纤维板门和模压门不得脱胶。胶合板不得刨透表层单板,不得有戗槎。制作胶合板门、纤维板门时,边框和横棱应在同一平面上,面层、边框及横棱应加压胶结。横棱和上、下冒头应各钻两个以上的透气孔,透气孔应通畅	观察	

审核人	×××	交底人	×××	接受交底人	×××

表 C2-1 技术交底记录

工程名称	××工程	交底日期	××年×月×日
施工单位	××装饰装修工程公司	分项工程名称	木门窗制作与安装
交底提要	木门窗制作与安装施工技术交底		

交底内容：

(2)木门窗制作工程一般项目检验标准见表3。

表 3 一般项目检验标准

序号	项 目	合格质量标准	检验方法	检查数量
1	木门窗表面质量	木门窗表面应洁净，不得有刨痕、锤印	观察	同主控项目
2	木门窗割角拼缝	木门窗的割角、拼缝应严密平整。门窗框、扇裁口应顺直，刨面应平整	观察	
3	木门窗槽、孔	木门窗上的槽、孔应边缘整齐，无毛刺	观察	
4	制作允许偏差	木门窗制作的允许偏差和检验方法应符合表7-12的规定		

(3)允许偏差。木门窗制作的允许偏差和检验方法见表4。

表 4 木门窗制作的允许偏差和检验方法

序号	项 目	构件名称	允许偏差(mm) 普通	允许偏差(mm) 高级	检 验 方 法
1	翘曲	框	3	2	将框、扇平放在检查平台上，用塞尺检查
		扇	2	2	
2	对角线长度差	框、扇	3	2	用钢尺检查，框量裁口里角，扇量外角
3	表面平整度	扇	2	2	用1m靠尺和塞尺检查
4	高度、宽度	框	0；—2	0；—1	用钢尺检查，框量裁口里角，扇量外角
		扇	＋2；0	＋1；0	
5	裁门、线条结合处高低差	框、扇	1	0.5	用钢直尺和塞尺检查
6	相邻梃子两端间距	扇	2	1	用钢直尺检查

注：表中允许偏差栏中所列数值，凡注明正负号的，表示《建设装饰装修工程质量验收规范》(GB 50210—2001)对此偏差的不同方向有不同要求，应严格遵守。凡没有注明正负号的，即使其偏差可能具有方向性，但《建设装饰装修工程质量验收规范》(GB 50210—2001)并未对这类偏差的方向性作出规定，故检查时对这些偏差可以不考虑方向性要求。

(4)木门窗用木材的质量要求〔摘自《建筑装饰装修工程质量验收规范》(GB 50210—2001)〕。

1)制作普通木门窗所用木材的质量应符合表5的规定。

审核人	×××	交底人	×××	接受交底人	×××

表 C2-1　　　　　　　　　　　　　　　　技术交底记录

工程名称	××工程	交底日期	××年×月×日
施工单位	××装饰装修工程公司	分项工程名称	木门窗制作与安装
交底提要		木门窗制作与安装施工技术交底	

交底内容：

表 5　　　　　　　　　　　　普通木门窗用木材的质量要求

<table>
<tr><td colspan="2">木材缺陷</td><td>门窗扇的立框、冒头,中冒头</td><td>窗棂、压条、门窗及气窗的线脚、通风窗立框</td><td>门芯板</td><td>门窗框</td></tr>
<tr><td rowspan="3">活节</td><td>不计个数,直径(mm)</td><td>＜15</td><td>＜5</td><td>＜15</td><td>＜15</td></tr>
<tr><td>计算个数,直径</td><td>≤材宽的 1/3</td><td>≤材宽的 1/3</td><td>≤30mm</td><td>≤材宽的 1/3</td></tr>
<tr><td>任一延米个数</td><td>≤3</td><td>≤2</td><td>≤3</td><td>≤5</td></tr>
<tr><td colspan="2">死节</td><td>允许,计入活节总数</td><td>不允许</td><td colspan="2">允许,计入活节总数</td></tr>
<tr><td colspan="2">髓心</td><td>不露出表面的,允许</td><td>不允许</td><td colspan="2">不露出表面的,允许</td></tr>
<tr><td colspan="2">裂缝</td><td>深度及长度≤厚度及材长的 1/5</td><td>不允许</td><td>允许可见裂缝</td><td>深度及长度≤厚度及材长的 1/4</td></tr>
<tr><td colspan="2">斜纹的斜率(%)</td><td>≤7</td><td>≤5</td><td>不限</td><td>≤12</td></tr>
<tr><td colspan="2">油眼</td><td colspan="4">非正面,允许</td></tr>
<tr><td colspan="2">其他</td><td colspan="4">浪形纹理、圆形纹理、偏心及化学变色,允许</td></tr>
</table>

2)制作高级木门窗所用木材的质量应符合表 6 的规定。

表 6　　　　　　　　　　　　高级木门窗用木材的质量要求

<table>
<tr><td colspan="2">木材缺陷</td><td>木门扇的立框、冒头,中冒头</td><td>窗棂、压条、门窗及气窗的线脚、通风窗立框</td><td>门芯板</td><td>门窗框</td></tr>
<tr><td rowspan="3">活节</td><td>不计个数,直径(mm)</td><td>＜10</td><td>＜5</td><td>＜10</td><td>＜10</td></tr>
<tr><td>计算个数,直径</td><td>≤材宽的 1/4</td><td>≤材宽的 1/4</td><td>≤20mm</td><td>≤材宽的 1/3</td></tr>
<tr><td>任一延米个数</td><td>≤2</td><td>≤0</td><td>≤2</td><td>≤3</td></tr>
<tr><td colspan="2">死节</td><td>允许,包括在活节总数中</td><td>不允许</td><td>允许,包括在活节总数中</td><td>不允许</td></tr>
<tr><td colspan="2">髓芯</td><td>不露出表面的,允许</td><td>不允许</td><td colspan="2">不露出表面的,允许</td></tr>
<tr><td colspan="2">裂缝</td><td>深度及长度≤厚度及材长的 1/6</td><td>不允许</td><td>允许可见裂缝</td><td>深度及长度≤厚度及材长的 1/5</td></tr>
<tr><td colspan="2">斜纹的斜率(%)</td><td>≤6</td><td>≤4</td><td>≤15</td><td>≤10</td></tr>
<tr><td colspan="2">油眼</td><td colspan="4">非正面,允许</td></tr>
<tr><td colspan="2">其他</td><td colspan="4">浪形纹理、圆形纹理、偏心及化学变色,允许</td></tr>
</table>

审核人	×××	交底人	×××	接受交底人	×××

表 C2-1   技术交底记录

编号：×××

工程名称	××工程	交底日期	××年×月×日
施工单位	××装饰装修工程公司	分项工程名称	木门窗制作与安装
交底提要		木门窗制作与安装施工技术交底	

交底内容：

2. 木门窗安装工程质量标准

(1)木门窗安装工程主控项目检验标准见表7。

表7   主控项目检验标准

序号	项　目	合格质量标准	检验方法	检查数量
1	木门窗品种、规格、安装方向位置	木门窗的品种、类形、规格、开启方向、安装位置及连接方式应符合设计要求	观察；尺量检查；检查成品门的产品合格证书	每个检验批应至少抽查5%，并不得少于3樘，不足3樘时应全数检查；高层建筑外窗，每个检验批应至少抽查10%，并不得少于6樘，不足6樘时应全数检查
2	木门窗安装牢固	木门窗框的安装必须牢固。预埋木砖的防腐处理、木门窗框固定点的数量、位置及固定方法应符合设计要求	观察；手扳检查；检查隐蔽工程验收记录和施工记录	
3	木门窗扇安装	木门窗扇必须安装牢固，并应开关灵活，关闭严密，无倒翘	观察；开启和关闭检查；手扳检查	
4	门窗配件安装	木门窗配件的型号、规格、数量应符合设计要求，安装应牢固，位置应正确，功能应满足使用要求	观察；开启和关闭检查；手扳检查	

(2)木门窗安装工程一般项目检验标准见表8。

表8   一般项目检验标准

序号	项　目	合格质量标准	检验方法	检查数量
1	缝隙嵌填材料	木门窗与墙体间缝隙的填嵌材料应符合设计要求，填嵌应饱满。寒冷地区外门窗(或门窗框)与砌体间的空隙应填充保温材料	轻敲门窗框检查；检查隐蔽工程验收记录和施工记录	同主控项目
2	批水、盖口条等细部	木门窗批水、盖口条、压缝条、密封条的安装应顺直，与门窗结合应牢固、严密	观察；手扳检查	
3	安装留缝限值及允许偏差	木门窗安装的留缝限值、允许偏差和检验方法应符合表9的规定	见表9	

审核人	×××	交底人	×××	接受交底人	×××

表 C2-1   技术交底记录

编号：×××

工程名称	××工程	交底日期	××年×月×日
施工单位	××装饰装修工程公司	分项工程名称	木门窗制作与安装
交底提要		木门窗制作与安装施工技术交底	

交底内容：

（3）允许偏差。木门窗安装的留缝限值、允许偏差和检验方法见表9。

表 9   木门窗安装的留缝限值、允许偏差和检验方法

序号	项　　目	留缝限值（mm）		允许偏差（mm）		检验方法
		普通	高级	普通	高级	
1	门窗槽口对角线长度差	—	—	3	2	用钢尺检查
2	门窗框的正、侧面垂直度	—	—	2	1	用1m垂直检测尺检查
3	框与扇、扇与扇接缝高低差	—	—	2	1	用钢直尺和塞尺检查
4	门窗扇对口缝	1～2.5	1.5～2	—	—	用塞尺检查
5	工业厂房双扇大门对口缝	2～5	—	—	—	
6	门窗扇与上框间留缝	1～2	1～1.5	—	—	
7	门窗扇与侧框间留缝	1～2.5	1～1.5	—	—	
8	窗扇与下框间留缝	2～3	2～2.5	—	—	
9	门扇与下框间留缝	3～5	3～4	—	—	
10	双层门窗内外框间距	—	—	4	3	用钢尺检查
11	无下框时门扇与地面间留缝	外门 4～7	5～6	—	—	用塞尺检查
		内门 5～8	6～7	—	—	
		卫生间门 8～12	8～10	—	—	
		厂房大门 10～20	—	—	—	

注：1. 表中除给出允许偏差外，对留缝尺寸等给出了尺寸限值。考虑到所给尺寸限值是一个范围，故不再给出允许偏差。

2. 表中允许偏差栏中所列数值，凡注明正负号的，表示《建筑装饰装修工程质量验收规范》（GB 50210—2001）对此偏差的不同方向有不同要求，应严格遵守。凡没有注明正负号的，即使其偏差可能具有方向性，但《建筑装饰装修工程质量验收规范》（GB 50210—2001）并未对这类偏差的方向性作出规定，故检查时对这些偏差可以不考虑方向性要求。

3. 本表摘自《建筑装饰装修工程质量验收规范》（GB 50210—2001）。

五、应注意的质量问题

（1）有贴脸的门框安装后与抹灰面不平：主要原因是立口时没掌握好抹灰层的厚度。

（2）门窗洞口预留尺寸不准：安装门框、窗框后四周的缝子过大或过小，主要原因是砌筑时门窗洞口尺寸留设不准，留的余量大小不均，或砌筑时拉线找规矩差，偏位较多。一般情况下安装门窗框上皮应低于门窗过梁10～15mm，窗框下皮应比窗台上皮高5mm。

（3）门窗框安装不牢：主要原因是砌筑时预留的木砖数量少或木砖砌的不牢；砌半砖墙或轻质墙未设置带木砖的混凝土块，而是直接使用木砖，灰干后木砖收缩活动；预制混凝土墙或预制混凝土隔板，应在预制时将其木砖与钢筋骨架固定在一起，使木砖牢固地固定在预制混凝土内。木砖的设置一定要满足数量和间距的要求。

审核人	×××	交底人	×××	接受交底人	×××

表 C2-1   技术交底记录

编号：×××

工程名称	××工程	交底日期	××年×月×日
施工单位	××装饰装修工程公司	分项工程名称	木门窗制作与安装
交底提要	木门窗制作与安装施工技术交底		

交底内容：

　　(4)合页不平,螺丝松动,螺帽斜露,缺少螺丝:合页槽深浅不一,安装时螺丝钉入太长,或倾斜拧入。要求安装时螺丝应钉入 1/3、拧入 2/3,拧时不能倾斜;安装时如遇木节,应在木节处钻眼,重新塞入木塞后再拧螺丝,同时应注意每个孔眼都拧好螺丝,不可遗漏。

　　(5)上下层门窗不顺直,左右安装不符线:洞口预留偏位,安装前没按规定的要求先弹线找规矩,没吊好垂直立线,没找好窗上下水平线。为解决此问题,要求施工人员必须按施工技术交底操作,安装前必须要弹线找规矩,做好准备工作后再干。

　　(6)门扇开关不灵、自行开关:主要原因是门扇安装的两个合页轴不在一条直线上;安合页的一边门框立梃不垂直;合页进框较多,扇和梃产生碰撞,造成开关不灵活,要求掩扇前先检查门框立梃是否垂直,如有问题应及时调整,使装扇的上下两个合页轴在一垂直线上,选用五金合适,螺丝安装要平直。

　　(7)扇下坠:主要原因合页松动;安装玻璃后,加大扇的自重;合页选用过小。要求选用合适的合页,并将固定合页的螺丝全部拧上,并使其牢固。

六、成品保护

(1)安装过程中,须采取防水防潮措施。在雨季或湿度大的地区应及时油漆门窗。

(2)调整修理门窗时不能硬撬,以免损坏门窗和小五金。

(3)安装工具应轻拿轻放,以免损坏成品。

(4)已装门窗框的洞口,不得再做运料通道,如必须用作运料通道时,必须做好保护措施。

七、质量验收文件

(1)木门窗出厂合格证。

(2)门窗五金的出厂合格证,或产品的合格证明。

(3)隐蔽工程验收记录。

(4)检验批验收记录。

(5)施工记录。

审核人	×××	交底人	×××	接受交底人	×××

3. 金属幕墙工程施工技术交底记录

表 C2-1　　　　　　　　　　　　　技术交底记录

编号：×××

工程名称	××工程	交底日期	××年×月×日
施工单位	××装饰装修工程公司	分项工程名称	金属幕墙工程
交底提要	金属幕墙工程施工技术交底		

交底内容：

一、适用范围

本施工技术交底适用于建筑高度不大于 150m 的金属幕墙工程的质量验收。

二、施工准备

1. 材料质量要求

(1)铝合金材料及钢材。

1)幕墙采用的不锈钢宜采用奥氏体不锈钢材,其技术要求应符合现行国家标准的规定。

2)幕墙采用的铝合金钢材的表面处理层厚度及材质应符合现行行业标准《建筑幕墙》(GB/T 21086—2007)的有关规定。

3)铝合金幕墙用板材有铝合金单板、铝塑复合板、铝合金蜂窝板,应根据设计要求选用。铝合金板材应达到国家相关标准及设计的要求,并有出厂合格证。

4)铝合金板材表面进行氟碳树脂处理应符合下列规定:

①氟碳树脂含量不应低于 75%,其涂层厚度有＞25μm 和＞40μm,根据设计选用。

②氟碳树脂涂层应无起泡、裂纹、剥落等现象。

5)单层铝板应符合现行国家标准的规定,幕墙用单层铝板厚度不应小于 2.5mm。

6)铝塑复合板应符合下列规定:

①铝塑复合板的上下两层铝合金板的厚度均应为 0.5mm,其性能应符合现行国家标准《建筑幕墙用铝塑复合板》(GB/T 17748)规定的外墙板的技术要求;铝合金板与夹心层的剥离强度标准值应大于 7N/mm。

②幕墙选用普通型聚乙烯铝塑复合板时,必须符合现行国家标准《建筑设计防火规范》(GB 50016—2006)和《高层民用建筑设计防火规范》(GB 50045)的规定。

7)蜂窝铝板应符合下列规定:

①蜂窝铝板的厚度,根据设计要求分别选用厚度为 10mm、12mm、15mm、20mm 和 25mm 的蜂窝铝板。

②厚度为 10mm 的蜂窝铝板应由 1mm 厚的正面铝合金板、0.5～0.8mm 厚的背面铝合金板及铝蜂窝粘结而成;厚度在 10mm 以上的蜂窝铝板,其正背面铝合金板厚度均应为 1mm。

③钢构件采用冷弯薄壁型钢时,除应符合现行国家标准《冷弯薄壁型钢结构技术规范》(GB 50018—2002)的有关规定外,其壁厚不得小于 3.5mm,表面处理应符合现行国家标准《钢结构工程施工质量验收规范》(GB 50205—2001)。

(2)建筑密封材料。幕墙采用的橡胶制品宜采用三元乙丙橡胶、氯丁橡胶;密封胶条应为挤出成型,橡胶块应为压模成型。

(3)硅酮结构密封胶。

1)幕墙应采用中性硅酮结构密封胶;硅酮结构密封胶分单组分和双组分,其性能应符合现行国家标准《建筑用硅酮结构密封胶》(GB 16776—2005)的规定。

2)同一幕墙工程应采用同一品牌的单组分或双组分的硅酮结构密封胶,并应有保质年限的质量证书。

3)同一幕墙工程应采用同一品牌的硅酮结构密封胶和硅酮耐候密封胶配套使用。

4)硅酮结构密封胶和硅酮耐候密封胶应在有效期内使用。

2. 主要施工机具

双头切割机、单头切割机、冲床、铣床、钻床、锣榫机、组角机、打胶机、玻璃磨边机、空压机、吊篮、卷扬机、电焊机、水准仪、经纬仪、胶枪、玻璃吸盘等。

审核人	×××	交底人	×××	接受交底人	×××

表 C2-1　　　　　　　　　　　技术交底记录

编号：＿＿×××

工程名称	××工程	交底日期	××年×月×日
施工单位	××装饰装修工程公司	分项工程名称	金属幕墙工程
交底提要	金属幕墙工程施工技术交底		

交底内容：

3. 作业条件

(1)主体结构完工，并达到施工验收规范的要求，现场清理干净，幕墙安装应在二次装修之前进行。可能对幕墙施工环境造成严重污染的分项工程应安排在幕墙施工前进行。

(2)应有土建移交的控制线和基准线。

(3)幕墙与主体结构连接的预埋件，应在主体结构施工时按设计要求埋设。

(4)吊篮等垂直运输设备安设就位，脚手架等操作平台搭设就位。

三、施工工艺

1. 幕墙构件、金属板加工制作

(1)构件加工制作。

1)幕墙的金属构件加工制作应符合下列规定：

①幕墙结构杆件截料前应进行校正调整。

②幕墙横梁长度的允许偏差应为±0.5mm，立柱长度的允许偏差应为±1.0mm，端头斜度的允许偏差应为−15′。

③截料端头不得因加工而变形，并不应有毛刺。

④孔位的允许偏差应为±0.5mm，孔距的允许偏差应为±0.5mm，累计偏差不得大于±1.0mm。

⑤铆钉的通孔尺寸偏差应符合现行国家标准《铆钉用通孔》(GB 152.1)的规定。

⑥沉头螺钉的沉孔尺寸偏差应符合现行国家标准《沉头螺钉用沉孔》(GB 152.2)的规定。

⑦圆柱头、螺栓的沉孔尺寸应符合现行国家标准《圆柱头、螺栓用沉孔》(GB 152.3)的规定；螺丝孔的加工应符合设计要求。

2)幕墙构件中槽、豁、榫的加工应符合下列规定：

①构件铣槽尺寸允许偏差应符合表 1 的规定。

表 1　　　　　　　　　铣槽尺寸允许偏差　　　　　　　　　(mm)

项　目	a	b	c
允许偏差	＋0.5 0.0	＋0.5 0.0	±0.5

②构件铣豁尺寸允许偏差应符合表 2 的规定。

表 2　　　　　　　　　铣豁尺寸允许偏差　　　　　　　　　(mm)

项　目	a	b	c
允许偏差	＋0.5 0.0	＋0.5 0.0	±0.5

③构件铣榫尺寸允许偏差应符合表 3 的规定。

表 3　　　　　　　　　铣榫尺寸允许偏差　　　　　　　　　(mm)

项　目	a	b	c
允许偏差	0.0 −0.5	0.0 −0.5	±0.5

审核人	×××	交底人	×××	接受交底人	×××

表 C2-1 　　　　　　　　　　　　技术交底记录

编号：＿×××＿

工程名称	××工程	交底日期	××年×月×日
施工单位	××装饰装修工程公司	分项工程名称	金属幕墙工程
交底提要		金属幕墙工程施工技术交底	

交底内容：

④幕墙构件装配尺寸允许偏差应符合表4的规定。

表 4 　　　　　　　　　　　构件装配尺寸允许偏差　　　　　　　　　　　　（mm）

项　　　目	构件长度	允许偏差
槽口尺寸	≤2000	±2.0
	>2000	±2.5
构件对边尺寸差	≤2000	≤2.0
	>2000	≤3.0
构件对角尺寸差	≤2000	≤3.0
	>2000	≤3.5

3）钢构件应符合现行国家标准《钢结构工程施工质量验收规范》（GB 50205—2001）的有关规定，钢构件表面防锈处理应符合现行国家标准《钢结构工程施工质量验收规范》（GB 50205—2001）的有关规定。

4）钢构件焊接、螺栓连接应符合国家现行标准《钢结构设计规范》（GB 50017—2003）及《建筑钢结构焊接技术规程》（JGJ 81—2002）的有关规定。

（2）金属板加工制作。

1）金属板材的品种、规格及色泽应符合设计要求；铝合金板材表面氟碳树脂涂层厚度应符合设计要求。

2）金属板材加工允许偏差应符合表5的规定。

表 5 　　　　　　　　　　　金属板材加工允许偏差　　　　　　　　　　　　（mm）

项　　　目		允许偏差
边　　长	≤2000	±2.0
	>2000	±2.5
对边尺寸	≤2000	≤2.5
	>2000	≤3.0
对角线长度	≤2000	2.5
	>2000	≤3.0
弯折高度		≤1.0
平面度		≤2/1000
孔的中心距		±1.5

3）单层铝板的加工应符合下列规定：

①单层铝板弯折加工时，弯折外圆弧半径不应小于板厚的1.5倍。

②单层铝板加颈肋的固定可采用电栓钉，但应确保铝板外表面不应变形、褪色，固定应牢固。

审核人	×××	交底人	×××	接受交底人	×××

表 C2-1   技术交底记录

编号：　×××

工程名称	××工程	交底日期	××年×月×日
施工单位	××装饰装修工程公司	分项工程名称	金属幕墙工程
交底提要	金属幕墙工程施工技术交底		

交底内容：

　　③单层铝板的固定耳子应符合设计要求，固定耳子可采用焊接、铆接或铝板上直接冲压而成，并应位置准确、调整方便、固定牢固。

　　④单层铝板构件周边应采用铆接、螺栓或胶粘与机械连接相结合的形式固定，并应做到构件刚性好，固定牢固。

　　4)铝塑板的加工应符合下列规定：

　　①在切割铝塑复合板内层铝板和聚乙烯塑料时，应保留不小于 0.3mm 厚的聚乙烯塑料，并不得划伤外层铝板的内表面。

　　②打孔、切口等外露的聚乙烯塑料及角缝，应采用中性硅酮耐候密封胶密封。

　　③在加工过程中铝塑复合板严禁与水接触。

　　5)蜂窝铝板的加工应符合下列规定：

　　①应根据组装要求决定切口的尺寸和形状，在切除铝芯时不得划伤蜂窝铝板外层铝板的内表面；各部位外层铝板上，应保留 0.3～0.5mm 的铝芯。

　　②直角构件的加工，折角应弯成圆弧状，角缝应采用硅酮耐候密封胶密封。

　　③大圆弧角构件的加工，圆弧部位应填充防火材料。

　　④边缘的加工，应将外层铝板折成 180°，并将铝芯包封。

　　6)金属幕墙的女儿墙部分，应用单层铝板或不锈钢板加工成向内倾斜的盖顶。

　　7)金属幕墙吊挂件、安装件应符合下列规定：

　　①单元金属幕墙使用的吊挂件、支撑件，宜采用铝合金件或不锈钢件，并应具备可调整范围。

　　②单元幕墙的吊挂件与预埋件的连接，应用穿透螺栓。

　　③铝合金立柱的连接部位的局部壁厚不得小于 5mm。

　　2. 金属幕墙安装

　　(1)金属幕墙立柱安装。

　　1)立柱安装标高偏差不应大于 3mm，轴线前后偏差不应大于 2mm，左右偏差不应大于 3mm。

　　2)相邻两根立柱安装标高偏差不应大于 3mm，同层立柱的最大标高偏差不应大于 5mm，相邻两根立柱的距离偏差不应大于 2mm。

　　(2)金属幕墙横梁安装。

　　1)应将横梁两端的连接件及垫片安装在立柱的预定位置，并应安装牢固，其接缝应严密。

　　2)相邻两根横梁的水平标高偏差不应大于 1mm。同层标高偏差：当一幅幕墙宽度小于或等于 35m 时，不应大于 5mm；当一幅幕墙宽度大于 35m 时，不应大于 7mm。

　　(3)金属板安装。

　　1)应对横竖连接件进行检查、测量、调整。

　　2)金属板安装时，左右、上下的偏差不应大于 1.5mm。

　　3)金属板宽缝安装时，必须有防水措施，并应有符合设计要求的排水出口。

　　4)填充硅酮耐候密封胶时，金属板缝的宽度、厚度应根据硅酮耐候密封胶的技术参数，经计算确定。

　　四、质量标准

　　1. 主控项目检验

　　金属幕墙工程主控项目检验标准见表 6。

审核人	×××	交底人	×××	接受交底人	×××

表 C2-1 技术交底记录

工程名称	××工程	交底日期	××年×月×日
施工单位	××装饰装修工程公司	分项工程名称	金属幕墙工程
交底提要	金属幕墙工程施工技术交底		

交底内容：

表 6 主控项目检验标准

序号	项　目	合格质量标准	检验方法	检查数量
1	材料、配件质量	金属幕墙工程所使用的各种材料和配件，应符合设计要求及国家现行产品标准和工程技术规范的规定	检查产品合格证书、性能检测报告、材料进场验收记录和复验报告	每个检验批每 100m² 应至少抽查一处，每处不得小于 10m²。对于异型或有特殊要求的幕墙工程，应根据幕墙的结构和工艺特点，由监理单位（或建设单位）和施工单位协商确定
2	造型和立面分格	金属幕墙的造型和立面分格应符合设计要求	观察；尺量检查	
3	金属面板质量	金属面板的品种、规格、颜色、光泽及安装方向应符合设计要求	观察；检查进场验收记录	
4	预埋件、后置件	金属幕墙主体结构上的预埋件、后置埋件的数量、位置及后置埋件的拉拔力必须符合设计要求	检查拉拔力检测报告和隐蔽工程验收记录	
5	连接与安装	金属幕墙的金属框架立柱与主体结构预埋件的连接、立柱与横梁的连接、金属面板的安装必须符合设计要求，安装必须牢固	手扳检查；检查隐蔽工程验收记录	
6	防火、保温、防潮材料	金属幕墙的防火、保温、防潮材料的设置应符合设计要求，并应密实、均匀、厚度一致	检查隐蔽工程验收记录	
7	框架及连接件防腐	金属框架及连接件的防腐处理应符合设计要求	检查隐蔽工程验收记录和施工记录	
8	防雷装置	金属幕墙的防雷装置必须与主体结构的防雷装置可靠连接	检查隐蔽工程验收记录	
9	连接节点	各种变形缝、墙角的连接节点应符合设计要求和技术标准的规定	观察；检查隐蔽工程验收记录	
10	板缝注胶	金属幕墙的板缝注胶应饱满、密实、连续、均匀、无气泡，宽度和厚度应符合设计要求和技术标准的规定	观察；尺量检查；检查施工记录	
11	防水	金属幕墙应无渗漏	在易渗漏部位进行淋水检查	

审核人	×××	交底人	×××	接受交底人	×××

表 C2-1   技术交底记录

编号：＿＿×××＿＿

工程名称	××工程	交底日期	××年×月×日
施工单位	××装饰装修工程公司	分项工程名称	金属幕墙工程
交底提要	金属幕墙工程施工技术交底		

交底内容：

2. 一般项目检验

金属幕墙工程一般项目检验标准见表7。

表7   一般项目检验标准

序号	项 目	合格质量标准	检验方法	检查数量
1	表面质量	金属板表面应平整、洁净、色泽一致	观察	同主控项目
2	压条安装	金属幕墙的压条应平直、洁净、接口严密、安装牢固	观察；手扳检查	
3	密封胶缝	金属幕墙的密封胶缝应横平竖直、深浅一致、宽窄均匀、光滑顺直	观察	
4	滴水线、流水坡	金属幕墙上的滴水线、流水坡向应正确、顺直	观察；用水平尺检查	
5	表面质量	每平方米金属板的表面质量和检验方法应符合表8的规定	见表8	
6	安装允许偏差	金属幕墙安装的允许偏差和检验方法应符合表9的规定	见表9	

表8   每平方米金属板的表面质量和检验方法

序号	项 目	质量要求	检验方法
1	明显划伤和长度大于100mm的轻微划伤	不允许	观察
2	长度小于等于100mm的轻微划伤	≤8 条	用钢尺检查
3	擦伤总面积	≤500mm²	用钢尺检查

注：本表摘自《建筑装饰装修工程质量验收规范》(GB 50210—2001)。

3. 允许偏差

金属幕墙安装的允许偏差和检验方法见表9。

表9   金属幕墙安装的允许偏差和检验方法

序号	项 目		允许偏差 (mm)	检验方法
1	幕墙垂直度	幕墙高度≤30m	10	用经纬仪检查
		30m＜幕墙高度≤60m	15	
		60m＜幕墙高度≤90m	20	
		幕墙高度＞90m	25	

审核人	×××	交底人	×××	接受交底人	×××

表 C2-1　　　　　　　　　　　　技术交底记录

编号：×××

工程名称	××工程	交底日期	××年×月×日
施工单位	××装饰装修工程公司	分项工程名称	金属幕墙工程
交底提要	金属幕墙工程施工技术交底		

交底内容：

续表

序号	项　目		允许偏差 （mm）	检验方法
2	幕墙水平度	层高≤3m	3	用水平仪检查
		层高＞3m	5	
3	幕墙表面平整度		2	用2m靠尺和塞尺检查
4	板材立面垂直度		3	用垂直检测尺检查
5	板材上沿水平度		2	用1m水平尺和钢直尺检查
6	相邻板材板角错位		1	用钢直尺检查
7	阳角方正		2	用直角检测尺检查
8	接缝直线度		3	拉5m线，不足5m拉通线，用钢直尺检查
9	接缝高低差		1	用钢直尺和塞尺检查
10	接缝宽度		1	用钢直尺检查

注：本表摘自《建筑装饰装修工程质量验收规范》（GB 50210—2001）。

五、应注意的质量问题

（1）幕墙分格轴线的测量应与主体结构的测量配合，其误差应及时调整不得积累。

（2）应将立柱与连接件连接，然后连接件再与主体预埋件连接，并进行调整和固定，立柱安装标高偏差不应大于3mm。轴线前后偏差不应大于2mm，左右偏差不应大于3mm。

（3）应将横梁两端的连接件及弹性橡胶垫安装在立柱的预定位置，并应安装牢固，其接缝应严密。

（4）同一层横梁安装应由下向上进行。当安装完一层刚度时，应进行检、调整、校正、固定，使其符合质量要求。

（5）有热工要求的幕墙，保温部分从内向外安装，当采用内衬板时，四周应套装弹性橡胶密封条，内衬板与构件接缝应严密；内衬板就位后，应进行密封处理。

（6）固定防火保温材料应锚钉牢固，防火保温层应平整，拼接处不应留缝隙。

（7）冷凝水排出管及附件应与水平构件预留孔连接严密，与内衬板出水孔连接处应设橡胶密封条。

（8）幕墙立柱安装就位、调整后应及时紧固。幕墙安装的临时螺栓等在构成件安装就位、调整、紧固后应及时拆除。

（9）现场焊接或高强螺栓紧固的构件固定后，应及时进行防锈处理。幕墙中与铝合金接触的螺栓及金属配件应采用不锈钢或轻金属制品。

（10）不同金属的接触面应采用垫片作隔离处理。

（11）金属板空缝安装时，必须要防水措施，并有符合设计要求的排水出口。

六、成品保护

（1）加工与安装过程中，应特别注意轻拿、轻放，不能碰伤、划伤，加工好的铝材应贴好保护膜和标签。

（2）安装铝合金框架过程中，注意对铝框外膜的保护，不得划伤。搭设外架子时注意对玻璃的保护，防止撞破玻璃。

（3）铝合金横、竖龙骨与各附件结合所用的螺栓孔，要预先用机械打好孔，不得用电焊烧孔。

（4）加强半成品、成品的保护工作，保持与土建单位的联系，防止已安装好的幕墙受划伤。

审核人	×××	交底人	×××	接受交底人	×××

表 C2-1　　　　　　　　　　　　　　技术交底记录

编号：　×××　

工程名称	××工程	交底日期	××年×月×日
施工单位	××装饰装修工程公司	分项工程名称	金属幕墙工程
交底提要	金属幕墙工程施工技术交底		

交底内容：

七、质量验收文件

(1)幕墙工程的施工图、结构计算书、设计说明及其他设计文件。

(2)建筑设计单位对幕墙工程设计的确认文件。

(3)幕墙工程所用各种材料、五金配件、构件及组件和产品合格证书、性能检测报告、进场验收记录和复验报告。

(4)幕墙工程所用硅酮结构胶的认定证书和抽查合格证明；进口硅酮结构胶的商检证；国家指定检测机构出具的硅酮结构胶相容性和剥离粘结性试验报告；石材用密封胶的耐污染性试验报告。

(5)后置进件的现场拉拔强度检测报告。

(6)幕墙的抗风压性能、空气渗透性能、雨水渗漏性能及平面变形性能检测报告。

(7)打胶、养护环境的温度、湿度记录；双组分硅酮结构胶的混匀性试验记录及拉断试验记录。

(8)防雷装置测度记录。

(9)隐蔽工程验收记录。

(10)幕墙构件和组件的加工制作记录，幕墙安装施工记录。

审核人	×××	交底人	×××	接受交底人	×××

《技术交底记录》填表说明：

（1）附件收集：必要的图纸、图片、"四新"（新材料、新工艺、新产品、新技术）的相关文件。

（2）资料流程：本表由施工单位填写，交底单位与接收交底单位各存一份，也应报送监理（建设）单位。

（3）相关规定与要求：

1）技术交底记录应包括施工组织设计交底、专项施工方案技术交底、分项工程施工技术交底、"四新"技术交底和设计变更技术交底。各项交底应有文字记录，交底双方签认应齐全。

2）重点和大型工程施工组织设计交底应由施工企业的技术负责人把主要设计要求、施工措施以及重要事项对项目主要管理人员进行交底。其他工程施工组织设计交底应由项目技术负责人进行交底。

3）专项施工方案技术交底应由项目专业技术负责人负责，根据专项施工方案对专业工长进行交底。

4）分项工程施工技术交底应由专业工长对专业施工班组（或专业分包）进行交底。

5）"四新"技术交底应由项目技术负责人组织有关专业人员编制。

6）设计变更技术交底应由项目技术部门根据变更要求，并结合具体施工步骤、措施及注意事项等对专业工长进行交底。

（4）注意事项：交底内容应有可操作性和针对性，能够切实地指导施工，不允许出现"详见×
×规程"之类的语言。技术交底记录应对安全事项重点、单独说明。

（5）其他：当作分项工程施工技术交底时，应填写"分项工程名称"栏，其他技术交底可不填写。

二、图纸会审记录

表 C2-2　　　　　　　　　　　图纸会审记录

编号：　×××

工程名称		××工程	日期	××年×月×日
地点		现场甲方办公室	专业名称	装饰装修工程
序号	图号	图纸问题		图纸问题交底
1	建施—1	大堂地坪石材与西侧走道石材之间有一条线,是否代表使用过渡石材。		无需过渡,两石材直接对接,缝要贯通。
2	建施—3	所有门未见详图,是否采用带门套的装饰门,门的颜色为何种		门均带有门套,深棕褐色,送样板后再确定
3	建施—26	盥洗室地坪与外侧地坪同一标高,盥洗室地坪是否应降低一些		降低 1cm
签字栏	建设单位	监理单位	设计单位	施工单位
	×××	×××	×××	×××

《图纸会审记录》填表说明：

（1）资料流程：由施工单位整理、汇总后转签，建设单位、监理单位、施工单位、城建档案馆各保存一份。

（2）相关规定与要求：

1）监理、施工单位应将各自提出的图纸问题及意见，按专业整理、汇总后报建设单位，由建设单位提交设计单位做交底准备。

2）图纸会审应由建设单位组织设计、监理和施工单位技术负责人及有关人员参加。设计单位对各专业问题进行交底，施工单位负责将设计交底内容按专业汇总、整理，形成图纸会审记录。

3）图纸会审记录应由建设、设计、监理和施工单位的项目相关负责人签认，形成正式图纸会审记录。不得擅自在会审记录上涂改或变更其内容。

（3）注意事项：图纸会审记录应根据专业（建筑、结构、给排水及采暖、电气、通风空调、智能系统等）汇总、整理。图纸会审记录一经各方签字确认后即成为设计文件的一部分，是现场施工的依据。

三、设计变更通知单

表 C2-3   设计变更通知单

编号： ×××

工程名称		××工程	专业名称	装饰装修工程
设计单位名称		××建筑设计院	日期	××年×月×日
序号	图号		变更内容	
1	建施—1		所有电气面板由奇胜牌改为 TCL 牌	
2	建施—14		客厅靠近主卧室门上方增加石英射灯一盏。	
3				
4				
5				
签字栏	建设(监理)单位		设计单位	施工单位
	×××		×××	×××

《设计变更通知单》填表说明：

（1）附件收集：所附的图纸及说明文件等。

（2）资料流程：由设计单位发出，转签后建设单位、监理单位、施工单位、城建档案馆各保存一份。

（3）相关规定与要求：设计单位应及时下达设计变更通知单，内容详实，必要时应附图，并逐条注明应修改图纸的图号。设计变更通知单应由设计专业负责人以及建设（监理）和施工单位的相关负责人签认。

（4）注意事项：设计变更是施工图纸的补充和修改的记载，是现场施工的依据。由建设单位提出设计变更时，必须经设计单位同意。不同专业的设计变更应分别办理，不得办理在同一份设计变更通知单上。

（5）其他："专业名称"栏应按专业填写，如建筑、结构、给排水、电气、通风空调等。

四、工程洽商记录

表 C2-4 工程洽商记录

编号：　×××　

工程名称	××110kV 变电站工程		专业名称	装饰装修工程
提出单位名称	××装饰装修工程公司		日期	××年×月×日
内容摘要		关于主变间、地下电缆夹层装修做法		

序号	图号	洽商内容
1	建施一1	主变间、主变间夹层、地下电缆夹层,原设计顶棚为喷大白浆,现改为耐擦洗涂料。
2	建施一1	主变间内墙、地下电缆夹层墙面,原设计为 1：3 石灰膏砂浆打底,纸筋灰罩面,现改为水泥砂浆打底、压光。
3	建施一1	主变间内墙、地下电缆夹层内墙,面层原设计为喷大白浆,现改为耐擦洗涂料。

签字栏	建设单位	监理单位	设计单位	施工单位
	×××	×××	×××	×××

《工程洽商记录》填表说明：

（1）附件收集：所附的图纸及说明文件等。

（2）资料流程：由施工单位、建设单位或监理单位其中一方发出，经各方签认后存档。

（3）相关规定与要求：

1）工程洽商记录应分专业办理，内容详实，必要时应附图，并逐条注明应修改图纸的图号。工程洽商记录应由设计专业负责人以及建设、监理和施工单位的相关负责人签认。

2）设计单位如委托建设（监理）单位办理签认，应办理委托手续。

（4）注意事项：不同专业的洽商应分别办理，不得办理在一份上。签字应齐全，签字栏内只能填写人员姓名，不得另写其他意见。

（5）其他：

1）本表由建设单位、监理单位、施工单位、城建档案馆各保存一份。

2）"专业名称"栏应按专业填写，如建筑、结构、给排水、电气、通风空调等。

第三章 建筑地面工程资料

第一节 建筑地面工程资料分类

建筑地面工程资料分类见表 3-1。

表 3-1 建筑地面工程资料分类

类别及编号	表格编号（或资料来源）	资料名称		备 注
施工技术资料(C2)	施工单位编制	施工组织设计及施工方案		
	C2-1	技术交底记录	基土工程技术交底	具体样式可参照本书第二章第二节相关内容
			灰土垫层技术交底	
			砂土垫层和砂石垫层技术交底	
			碎石垫层和碎砖垫层技术交底	
			三合土垫层技术交底	
			炉渣垫层技术交底	
			水泥混凝土垫层技术交底	
			找平层技术交底	
			隔离层技术交底	
			填充层技术交底	
			水泥混凝土面层技术交底	
			水泥砂浆面层技术交底	
			水磨石面层技术交底	
			水泥钢(铁)屑面层技术交底	
			防油渗面层技术交底	
			不发火(防爆)面层技术交底	
			砖面层技术交底	
			大理石和花岗石面层技术交底	
			预制板面层技术交底	
			料石面层技术交底	
			塑料板面层技术交底	
			活动地板面层技术交底	
			地毯面层技术交底	
			实木地板面层技术交底	
			实木复合地板面层技术交底	
			中密度(强化)复合地板面层技术交底	
			竹地板面层技术交底	

续表

类别及编号	表格编号 （或资料来源）	资料名称	备　注
施工技术 资料（C2）	C2-2	图纸会审记录	见本书第二章
	C2-3	设计变更通知单	见本书第二章
	C2-4	工程洽商记录	见本书第二章
施工物资 资料（C4）	C4-1	材料、构配件进场检验记录	
	C4-10	水泥试验报告	
	C4-11	砂试验报告	
	C4-15	防水涂料试验报告	
	C4-16	防水卷材试验报告	
施工记录 （C5）	C5-1	隐蔽工程检查记录	
	C5-2	预检记录	
	C5-3	施工检查记录（通用）	
	C5-4	交接检查记录	
	C5-18	防水工程试验检查记录	
施工试验 记录（C6）	C6-4	土工击实试验报告	
	C6-5	回填土试验报告	
	C6-10	混凝土配合比申请单、通知单	
	C6-11	混凝土抗压强度试验报告	
施工质量 验收记录 （C7）	030101	基土垫层检验批质量验收记录（Ⅰ）	
	030101	灰土垫层检验批质量验收记录（Ⅱ）	
	030101	砂垫层和砂石检验批质量验收记录（Ⅲ）	
	030101	碎石垫层和碎砖垫层检验批质量验收记录（Ⅳ）	
	030101	三合土垫层检验批质量验收记录（Ⅴ）	
	030101	炉渣垫层检验批质量验收记录（Ⅵ）	
	030101	水泥混凝土垫层检验批质量验收记录（Ⅶ）	
	030101	找平层检验批质量验收记录（Ⅷ）	
	030101	隔离层检验批质量验收记录（Ⅸ）	
	030101	填充层检验批质量验收记录（Ⅹ）	
	030102	水泥混凝土面层检验批质量验收记录	
	030103	水磨石面层检验批质量验收记录	
	030104	水泥钢（铁）屑面层检验批质量验收记录	
	030105	防油渗面层检验批质量验收记录	
	030106	不发火（防爆）面层检验批质量验收记录	
	030107	砖面层检验批质量验收记录	
	030108	大理石和花岗石面层检验批质量验收记录	
	030109	预制板块面层检验批质量验收记录	

续表

类别及编号	表格编号 （或资料来源）	资料名称	备 注
施工质量 验收记录 （C7）	030110	料石面层检验批质量验收记录	
	030111	塑料板面层检验批质量验收记录	
	030112	活动地板面层检验批质量验收记录	
	030113	地毯面层检验批质量验收记录	
	030114	实木地板面层检验批质量验收记录	
	030115	实木复合地板面层检验批质量验收记录	
	030116	中密度（强化）复合地板面层检验批质量验收记录	
	030117	竹地板面层检验批质量验收记录	

第二节　建筑地面工程施工物资资料

一、材料、构配件进场检验记录

表 C4-1　　　　　　　　　　材料、构配件进场检验记录

编号：×××

工程名称		××工程			检验日期		××年×月×日		
序号	名称	规格 型号	进场 数量	生产厂家		检验项目	检验结果	备注	
				合格证号					
1	石灰	Ⅱ级	××（t）	××建材有限公司		外观、质量 证明文件	合格		
				×××					
2									
3									
4									

检验结论：

经检查，符合设计、规范要求，产品质量证明文件齐全，同意验收。

签字栏	建设（监理）单位	施工单位	×××建筑装饰装修工程有限公司	
		专业质检员	专业工长	检验员
	×××	×××	×××	×××

《材料、构配件进场检验记录表》填表说明：

（1）附件收集：

1）物资进场报验须附资料应根据具体情况（合同、规范、施工方案等要求）由监理、施工单位和物资供应单位预先协商确定。

2）由施工单位负责收集附件（包括产品出厂合格证、性能检测报告、出厂试验报告、进场复试报告、材料构配件进场检验记录、产品备案文件、进口产品的中文说明和商检证等）。

（2）资料流程：由直接使用所检查的材料及配件的施工单位填写，作为工程物资进场报验表填表进入资料流程。

（3）相关规定与要求：工程物资进场后，施工单位应及时组织相关人员检查外观、数量及供货单位提供的质量证明文件等，合格后填写本表。

（4）注意事项：

1）工程名称填写应准确、统一，日期应准确。

2）物资名称、规格、数量、检验项目和结果等填写应规范、准确。

3）检验结论及相关人员签字应清晰可辨认，严禁其他人代签。

4）按规定应进场复试的工程物资，必须在进场检查验收合格后取样复试。

（5）本表由施工单位填写并保存。

二、水泥试验报告

表 C4-10　　　　　　　　　　　**水泥试验报告**

编号：　×××　
试验编号：××—0666
委托编号：××—06379

工程名称	××工程		试样编号		×××	
委托单位	××建筑装饰装修工程公司		试验委托人		×××	
品种及强度等级	P·S 32.5	出厂编号及日期	××年×月×日	厂别牌号	×××	
代表数量(t)	200	来样日期	××年×月×日	试验日期	××年×月×日	

试验结果	一、细度	1.80μm方孔筛余量	/ %
		2. 比表面积	/ m³/kg
	二、标准稠度用水量(P)		25.4 %
	三、凝结时间	初凝　03 h 30 min	终凝　05 h 25 min
	四、安定性	雷氏法　/mm	饼法　/
	五、其他	/　　/	/　　/

六、强度(MPa)

	抗折强度				抗压强度			
	3 天		28 天		3 天		28 天	
	单块值	平均值	单块值	平均值	单块值	平均值	单块值	平均值
	4.5		8.7		23.0		52.5	
					23.8		53.2	
	4.3	4.4	8.8	8.7	23.2	23.5	52.7	53.1
					24.1		53.8	
	4.3		8.7		23.8		53.2	
					22.9		53.1	

结论：

依据《通用硅酸盐水泥》(GB 175—2007)标准，符合 P·S 32.5 水泥强度要求，安定性合格，凝结时间合格。

批准	×××	审核	×××	试验	×××
试验单位	××建筑公司试验室				
报告日期	××年×月×日				

注：本表由试验单位提供，建设单位、施工单位、城建档案馆各保存一份。

三、砂试验报告

表 C4-11 砂试验报告

编号：×××
试验编号：××—0018
委托编号：××—01480

工程名称	××工程		试样编号	012
委托单位	××建筑装饰装修工程公司		试验委托人	×××
种类	中砂		产地	×××
代表数量	600t	来样日期 ××年×月×日	试验日期	××年×月×日

试验结果	一、筛分析	1. 细度模数（μf）	2.7	
		2. 级配区域	Ⅱ 区	
	二、含泥量	2.6		%
	三、泥块含量	0.5		%
	四、表观密度	/		kg/m³
	五、堆积密度	1460		kg/m³
	六、碱活性指标	· /		
	七、其他	含水率/有机质含量/云母含量/碱活性/孔隙率/坚固性/轻物质含量/氯离子含量/紧密密度		

结论：

依据《普通混凝土用砂、石质量及检验方法标准》(JGJ 52—2006)标准,含泥量合格,泥块含量合格,属Ⅱ区中砂。

批准	×××	审核	×××	试验	×××
试验单位	××建筑工程公司试验室				
报告日期	××年×月×日				

注：本表由试验单位提供,建设单位、施工单位、城建档案馆各保存一份。

四、防水涂料试验报告

表 C4-15 　　　　　　　　　　防水涂料试验报告

编号：　×××　

试验编号：××－0144

委托编号：××－01756

工程名称及部位	××工程　1—4层厕浴间		试件编号	001
委托单位	××建筑装饰装修工程公司		试验委托人	×××
种类、型号	聚氨酯防水涂料1∶1.5		生产厂	××防水材料厂
代表数量	300kg	来样日期　××年×月×日	试验日期	××年×月×日

试验结果	一、延伸性	/			mm
	二、拉伸强度	3.83			MPa
	三、断裂伸长率	556			%
	四、粘结性	0.7			MPa
	五、耐热度	温度(℃)	110	评定	合格
	六、不透水性	1. 压力0.3MPa;2. 恒压时间30min,不透水;3. 评定:合格			
	七、柔韧性(低温)	温度(℃)	－30	评定	2h无裂纹,合格
	八、固体含量	95.5			%
	九、其他	有见证试验			

结论：

依据《聚氨酯防水涂料》(GB/T 19250—2003)标准,符合聚氨酯防水涂料合格品要求。

批准	×××	审核	×××	试验	×××
试验单位	××建筑工程公司试验室				
报告日期	××年×月×日				

注:本表由试验单位提供,建设单位、施工单位各保存一份。

五、防水卷材试验报告

表 C4-16　　　　　　　　　　　　　防水卷材试验报告

编号：×××
试验编号：××—0096
委托编号：××—10476

工程名称及部位	××工程　地下室底板			试件编号		004
委托单位	××建筑装饰装修工程公司			试验委托人		×××
种类、等级、牌号	弹性体沥青防水卷材Ⅰ类复合胎			生产厂		××防水材料有限公司
代表数量	**250 卷**	来样日期	××年×月×日	试验日期		××年×月×日

试验结果	一、拉力试验		1. 拉力	纵	**536.0N**	横	**510.0N**
			2. 拉伸强度	纵	**7MPa**	横	**7MPa**
	二、断裂伸长率（延伸率）			纵	**9.6%**	横	**9.4%**
	三、耐热度		温度（℃）			评定	
	四、不透水性		1. 压力 0.2MPa；2. 恒压时间 30min；3. 评定：合格				
	五、柔韧性（低温柔性、低温弯折性）		温度（℃）	**—15**		评定	合格
	六、其他		有见证试验				

结论：

依据《弹性体改性沥青防水卷材》（GB 18242—2008）标准，符合Ⅰ类复合胎弹性体沥青防水卷材质量标准。

批准	×××	审核	×××	试验	×××
试验单位	××建筑工程公司试验室				
报告日期	××年×月×日				

注：本表由试验单位提供，建设单位、施工单位各保存一份。

《材料试验报告相关表格》填表说明：

（1）资料流程：材料试验报告由具备相应资质等级的检测单位出具，作为各种相关材料的附件进入资料流程。

（2）相关规定与要求：

1）对于不需要进场复试的物资，由供货单位直接提供。

2）对于需要进场复试的物资，由施工单位及时取样后送至规定的检测单位，检测单位根据相关标准进行试验后填写材料试验报告并返还施工单位。

（3）注意事项：

1）工程名称、使用部位及代表数量应准确并符合规范要求（应对检测单位告之准确内容）。

2）返还的试验报告应重点保存。

3）本书仅列数种材料试验的专用表格，凡按规范要求须做进场复试的物资，应按其相应专用复试表格填写，未规定专用复试表格的，应按《材料试验报告（通用）》填写。

第三节 建筑地面工程施工记录

一、隐蔽工程检查记录

表 C5-1   隐蔽工程检查记录

工程名称	××工程		
隐检项目	地面工程(找平层)	隐检日期	××年×月×日
隐检部位	二层地面 ①～⑫/Ⓐ～Ⓗ轴线 —2.95 标高		

隐检依据:施工图图号 _____建施—3,建施—4,建施—11,建施—12_____ ,设计变更/洽商(编号
_____×××_____)及有关国家现行标准等。

主要材料名称及规格/型号:_____普通水泥 P·O32.5,中砂_____

隐检内容:

  (1)基层已清理干净,结构楼地面上无积水、无灰尘、无杂物、无污染。

  (2)用 1:3 水泥砂浆找平已完成。与基层粘结牢固,表面平整、光滑,无酥松、起砂、起皮现象,符合设计要求。

  (3)交接处和转角处,管根阴阳角已做成圆弧状,符合做防水要求。

隐检内容已施工完成,请予以检查。

申报人:×××

检查意见:

经检查,上述内容均符合设计要求和《建筑地面工程施工质量验收规范》(GB 50209—2010)的规定。

检查结论: ☑同意隐蔽   □不同意,修改后进行复查

复查结论:

复查人: 复查日期:

签字栏	建设(监理)单位	施工单位	××建筑工程公司	
		专业技术负责人	专业质检员	专业工长
	×××	×××	×××	×××

《隐蔽工程检查记录表》填表说明：

(1)附件收集：该隐蔽工程部位所涉及黏土的施工试验报告等。

(2)资料流程：由施工单位填写后随各相应检验批进入资料流程，无对应检验批的直接报送监理单位审批后各相关单位存档。

(3)相关规定与要求：

1)工程名称、隐检项目、隐检部位及日期必须填写准确。

2)隐检依据、主要材料名称及规格型号应准确，尤其对设计变更、洽商等容易遗漏的资料应填写完全。

3)隐检内容应填写规范，必须符合各种规程规范的要求。

4)签字应完整，严禁他人代签。

(4)规范规定的建筑地面工程主要隐检项目及内容有：基层、找平层、保温层、防水层、隔离层情况、材料的品种、规格、厚度、铺贴方式、搭接宽度、接缝处理、粘结情况；附加层、天沟、檐沟、泛水和变形缝细部做法、隔离层设置、密封处理部位等。

(5)注意事项：

1)审核意见应明确，将隐检内容是否符合要求表述清楚。

2)复查结论主要是针对上一次隐检出现的问题进行复查，因此要对质量问题整改的结果描述清楚。

(6)本表由施工单位填报，建设单位、施工单位、城建档案馆各保存一份。

二、预检记录

表 C5-2 预检记录

编号：__×××__

工程名称	××工程	预检项目	地面工程(隔离层)
预检部位	三层厕浴间地面①~⑩/Ⓐ~Ⓗ轴	检查日期	××年×月×日

依据：施工图纸(施工图纸号 __建施-6__)、设计变更/洽商
(编号 __×××__)和有关规范、规程。
主要材料或设备：__单组份聚氨酯防水涂料__
规格/型号：__I型__

预检内容：

(1)单组份聚氨酯涂料有出厂合格证、检测报告、使用说明书,进场复试报告,合格。

(2)涂膜防水层施工前,基层干燥,含水率小于9%。

(3)涂刷底胶,涂刷量为0.3kg/m²,涂刷后干燥3h以上。

(4)细部附加层处理。对管根、阴阳角等细部节点处,做一布二油防水附加层。其宽度和上返高度大于250mm。
预检内容均已做完,请予检查。

检查意见：

经检查,上述各项均符合设计要求与《建筑地面工程施工质量验收规范》(GB 50209—2010)规定,可进行下道工序施工。

复查意见：

复查人： 复查日期：

施工单位	××建筑工程公司		
专业技术负责人	专业质检员		专业工长
×××	×××		×××

《预检记录表》填表说明：

(1)资料流程：由施工单位填写，随相应检验批进入资料流程。

(2)相关规定与要求：依据现行施工规范，对于其他涉及工程结构安全，实体质量、建筑观感及人身安全须做质量预控的重要工序，应做质量预控，填写预检记录。

(3)预检记录是对施工重要工序进行的预先质量控制检查记录，为通用施工记录，适用于各专业。

(4)注意事项：

1)检查意见应明确，一次验收未通过的要注明质量问题，并提出复查要求。

2)复查意见主要是针对上一次验收的问题进行的，因此应把质量问题改正的情况表述清楚。

(5)本表由施工单位保存。

三、施工检查记录

表 C5-3　　　　　　　　　　施工检查记录(通用)

工程名称	××工程		检查项目	地面工程(活动地板)
检查部位	二层楼面①～⑧/Ⓑ～Ⓖ轴线　5.280m标高		检查日期	××年×月×日

检查依据：

(1)施工图纸建—1,建—5。
(2)《建筑地面工程施工质量验收规范》(GB 50209—2010)。

检查内容：

抹灰工班15人铺设二层楼面①～⑧/Ⓑ～Ⓖ轴线　5.280m标高,并于当日全部完成。

检查结论：

经检查,上述内容符合设计及《建筑地面工程施工质量验收规范》(GB 50209—2010)规定。

复查意见：

复查人：　　　　　　　　　　　　　　　　　　复查日期：

施工单位	××建筑工程公司	
专业技术负责人	专业质检员	专业工长
×××	×××	×××

《施工检查记录(通用)》填表说明:

(1)附件收集:附相关图表、图片、照片及说明文件等。

(2)资料流程:由施工单位填写并保存。

(3)相关规定与要求:按照现行规范要求应进行施工检查的重要工序,且无与其相适应的施工记录表格的,施工检查记录(通用)适用于各专业。

(4)注意事项:对隐蔽检查记录和预检记录不适用的其他重要工序,应按照现行规范要求进行施工质量检查,填写《施工检查记录(通用)》,施工检查记录(通用)适用于各专业。

四、交接检查记录

表 C5-4
交接检查记录

工程名称	××大学科技综合楼		
移交单位名称	××装饰工程公司	接收单位名称	××机电安装公司
交接部位	F03～F08 空调机房设备基础	检查日期	××年×月×日

交接内容：

　　按《建筑给水排水及采暖工程施工质量验收规范》(GB 50242—2002)第 4.4.1 条、第 13.2.1 条和《通风与空调工程施工质量验收规范》(GB 50243—2002)第 7.1.4 条规定及施工图纸×× 要求，设备就位前对其基础进行验收。

　　内容包括：混凝土强度等级(C25)、坐标、标高、几何尺寸、螺栓孔位置及防水层施工质量等。

检查结果：

　　经检查，设备基础混凝土强度等级达到设计强度等级的 132％，坐标、标高、螺栓孔位置准确，几何尺寸偏差最大值－1mm，符合设计和《建筑给水排水及采暖工程施工质量验收规范》(GB 50242—2002)、《通风与空调工程施工质量验收规范》(GB 50243—2002)要求，防水层通过隐蔽工程检查，同意进行设备安装。

复查意见：

复查人：　　　　　　　　　　　　　　　　　　　　　复查日期：

见证单位意见：

　　符合设计及《建筑给水排水及采暖工程施工质量验收规范》(GB 50242—2002)、《通风与空调工程施工质量验收规范》(GB 50243—2002)要求，同意交接。

见证单位名称	××工程公司××工程项目质量部		

签字栏	移交单位	接收单位	见证单位
	×××	×××	×××

《交接检查记录》填表说明：

(1)资料流程：由施工单位填写，移交、接收和见证单位各存一份。

(2)相关规定与要求：分项(分部)工程完成，在不同专业施工单位之间应进行工程交接，并应进行专业交接检查，填写《交接检查记录》。移交单位、接收单位和见证单位共同对移交工程进行验收，并对质量情况、遗留问题、工序要求、注意事项、成品保护、注意事项等进行记录，填写《专业交接检查记录》。

(3)注意事项："见证单位"栏内应填写施工总承包单位质量技术部门，参与移交及接收的部门不得作为见证单位。

(4)其他：见证单位应根据实际检查情况，并汇总移交和接收单位意见形成见证单位意见。

五、防水工程试水检查记录

表 C5-18   防水工程试水检查记录

编号：×××

工程名称		××工程		
检查部位	地上三层厕浴间		检查日期	××年×月×日
检查方式	☑第一次蓄水　□第二次蓄水		蓄水日期	从　××年×月×日　　8时 至　××年×月×日　　8时
	□淋水　　　　□雨期观察			

检查方法及内容：

　　厕浴间一次蓄水试验，在门口处用水泥砂浆做挡水墙，地漏周围挡高 5cm，用球塞（或棉丝）把地漏堵严密且不影响试水，蓄水最浅水位为 20mm，蓄水时间为 24h。

检查结果：

　　经检查，厕浴间一次蓄水试验，蓄水最前水位高出地面最高点 20mm，经 24h 无渗漏现象，检查合格，符合标准。

复查意见：

复查人：　　　　　　　　　　　　复查日期：

签字栏	建设（监理）单位	施工单位	××建筑工程公司	
		专业技术负责人	专业质检员	专业工长
	××监理公司	×××	×××	×××

《防水工程试水检查记录》填表说明：

(1)附件收集：相关的图片、照片及文字说明等。

(2)资料流程：由施工单位填写后报送建设单位及监理单位存档。

(3)相关规定与要求：

1)凡有防水要求的房间应有防水层及装修后的蓄水检查记录。检查内容包括蓄水方式、蓄水时间、蓄水深度、水落口及边缘封堵情况和有无渗漏现象等。

2)地面工程完毕后，应对细部构造、接缝处和保护层进行雨期观察或淋水、蓄水检查。淋水试验持续时间不得少于 2h；做蓄水检查的地面、蓄水时间不得少于 24h。

第四节 建筑地面工程施工试验记录

一、土工击实试验报告

表 C6-4   土工击实试验报告

编号：＿×××＿
试验编号：××－001
委托编号：××－0417

工程名称及部位	××工程　房心回填	试样编号	1
委托单位	××建筑工程公司	试验委托人	×××
结构类型	全现场浇剪力墙	填土部位	①～⑦/⑧～⑥轴房心
要求压实系数(λc)	0.95	土样种类	素土
来样日期	××年×月×日	试验日期	××年×月×日

<table>
<tr><td rowspan="3">试验结果</td><td>最优含水量(W_{0p})＝20.5%</td></tr>
<tr><td>最大干密度(ρ_{dmax})＝1.73g/cm³</td></tr>
<tr><td>控制指标(控制干密度)
最大干密度×要求压实系数＝1.7g/cm³</td></tr>
</table>

结论：

    依据《土工试验方法标准》(GB/T 50123—1999)标准，最佳含水率为 20.6%，最大干密度为 1.72g/cm³，现将控制指标最小干密度为 1.60g/cm³。

批准	×××	审核	×××	试验	×××
试验单位	××工程公司试验室					
报告日期	××年×月×日					

注：本表由建设单位、施工单位、城建档案馆各保存一份。

《土工击实试验记录》填表说明：

（1）填写单位：由具备相应资质等级的检测单位出具后随相关资料进入资料流程。

（2）相关规定与要求：土方工程应测定土的最大干密度和最优含水量，确定最小干密度控制值，由试验单位出具《土工击实试验报告》。

（3）注意事项：按照设计要求和规范规定应做施工试验，当无相应施工试验表格的，应填写施工试验记录（通用）。

（4）本表由建设单位、施工单位、城建档案馆各保存一份。

二、回填土试验报告

表 C6-5　　　　　　　　　　　　回填土试验报告

编号：×××

试验编号：××－0013

委托编号：××－01736

工程名称及施工部位			××工程　地下一层房心回填												
委托单位			××建筑工程公司				试验委托人				×××				
要求压实系数 λ_c							回填土种类				3：7灰土				
控制干密度 ρ_d			1.55		g/cm³		试验日期				××年×月×日				
点　号	1	2													
项　目	实测干密度(g/cm³)														
步　数	实测压实系数														
1	1.62	1.59													
	0.96	0.97													
2	1.6	1.58													
	0.97	0.98													
3	1.59	1.63													
	0.97	0.95													
4	1.64	1.69													
	0.95	0.92													
5	1.57	1.62													
	0.99	0.96													

取样位置简图(附图)

见附图(图略)

结论：

符合最小干密度及《土工试验方法标准》(GB/T 50123—1999)标准规定。

批准	×××	审核	×××	试验	×××
试验单位	××建筑工程公司试验室				
报告日期	××年×月×日				

《回填土施工试验报告》填表说明：

(1)填写单位：由具备相应资质等级的检测单位出具后随相关资料进入资料流程。

(2)相关规定与要求：应按规范要求绘制回填土取点平面示意图，分段、分层(步)取样做《回填土试验报告》。

(3)注意事项：按照设计要求和规范规定应做施工试验，当无相应施工试验表格的，应填写施工试验记录(通用)。

(4)本表由建设单位、施工单位、城建档案馆各保存一份。

三、混凝土配合比申请单、通知单

表 C6-10　　　　　　　　　　　混凝土配合比申请单

编号：×××

委托编号：××－01560

工程名称及部位	××工程　四层地面①～⑩/Ⓐ～Ⓖ轴				
委托单位	××装饰工程公司	试验委托人	×××		
设计强度等级	C35	要求坍落度、扩展度	160～180mm		
其他技术要求	/				
搅拌方法	机械	浇捣方法	机械	养护方法	标养
水泥品种及强度等级	P·O42.5R	厂别牌号	××× ××	试验编号	××C－043
砂产地及种类	×××　中砂		试验编号		××S－015
石子产地及种类	×××　碎石	最大粒径	25　mm	试验编号	××G－017
外加剂名称	PHF－3 泵送剂		试验编号		××D－024
掺合料名称	Ⅱ级粉煤灰		试验编号		××F－029
申请日期	××年×月×日	使用日期	××年×月×日	联系电话	××××××××

表 C6-10　　　　　　　　　　　混凝土配合比通知单

配合比编号：××－0082

试配编号：×××

强度等级	C35	水胶比	0.43	水灰比	0.46	砂率	42%
材料名称 项目	水泥	水	砂	石	外加剂	掺合料	其他
每 1m³ 用量（kg/m³）	320	189	773	1053	8.7	91	
每盘用量(kg)	1.00	0.56	2.39	3.26	0.03	0.28	
混凝土碱含量（kg/m³）	注：此栏只有在有关规定及要求需要填写时才填写。						

说明：本配合比所使用材料均为干材料，使用单位应根据材料含水情况随时调整。

批准	审核		试验	
×××	×××		×××	
报告日期	××年×月×日			

注：本表由施工单位保存。

四、混凝土抗压强度试验报告

表 C6-11 混凝土抗压强度试验报告

编号：×××

试验编号：××—0017

委托编号：××—02450

工程名称及部位	××工程地面混凝土垫层					试件编号			××—003
委托单位	××装饰工程公司					试验委托人			×××
设计强度等级	C30，P8					实测坍落度、扩展度			160mm
水泥品种及强度等级	P·O42.5					试验编号			××C—022
砂种类	中砂					试验编号			××S—011
石种类、公称直径	碎石　5~10mm					试验编号			××G—013
外加剂名称	UEA					试验编号			××D—017
掺合料名称	Ⅱ级粉煤灰					试验编号			××F—009
配合比编号	××—22								
成型日期	××年×月×日	要求龄期		26　d		要求试验日期			××年×月×日
养护方法	标养	收到日期		××年×月×日			试块制作人		×××
试验结果	试验日期	实际龄期(d)	试件边长(mm)	受压面积(mm²)	荷载(kN)		平均抗压强度(MPa)	折合150mm立方体抗压强度(MPa)	达到设计强度等级(%)
					单块值	平均值			
	××年×月×日	26	100	10000	460	463	46.3	44	147
					450				
					480				
结论： 合格。									
批准	×××		审核		×××		试验		×××
试验单位	××工程公司试验室								
报告日期	××年×月×日								

注：本表由建设单位、施工单位各保存一份。

《混凝土抗压强度试验报告》填表说明：

(1)填写单位：试验报告由具备相应资质等级的检测单位出具后随相关资料进入资料流程。混凝土试块强度统计、评定记录由施工单位填写并报送建设单位、监理单位备案。

(2)相关规定与要求：

1)现场搅拌混凝土应有配合比申请单和配合比通知单，预拌混凝土应有试验室签发的配合比通知单。

2)应有按规定留置龄期为28d标养试块和相应数量同条件养护试块的抗压强度试验报告，冬施还应有受冻临界强度试块和转常温试块的抗压强度试验报告。

3)抗渗混凝土、特种混凝土除应具备上述资料外应有专项试验报告。

(3)注意事项：各项相关表格必须按规定填写，严禁弄虚作假。

(4)本表建设单位、施工单位、城建档案馆各保存一份。

第五节　建筑地面工程施工质量验收记录

一、基层检验批质量验收记录

1. 基土垫层检验批质量验收记录表

基土垫层检验批质量验收记录表
GB 50209—2010

030101□□

工程名称	××工程	分部(子分部)工程名称		建筑地面				验收部位		×××
施工单位	××建筑工程公司				专业工长	×××		项目经理		×××
施工执行标准 名称及编号	建筑地面工程施工质量验收规范(GB 50209—2010)									
分包单位			分包项目经理					施工班组长		

施工质量验收规范的规定				施工单位检查评定记录										监理(建设)单位 验收记录
主控项目	1	基土土料	设计要求	√										符合设计及施工质量验收规范要求,同意验收
	2	基土压实	第4.2.7条	√										
一般项目	1	表面允许偏差	表面平整度	15mm	8	10	12	6	14	7	9	11	13		符合设计及施工质量验收规范要求,同意验收
	2		标高	0,−50mm	−30	−20	−40	−25	−30	−35	−40	−35	−30	−25	
	3		坡度	2/1000, 且≤30mm	20	18	25	19	22	24	26	20			
	4		厚度	<1/10, 且≤20mm	10	11	14	11	12	15	20	16	12		
施工单位检查评定结果	经检查,工程主控项目全部合格、一般项目符合《建筑地面工程施工质量验收规范》(GB 50209—2010)的规定,评定为合格。 　　项目专业质量检查员:×××　　　　　　　　　　　　　　××年×月×日													
监理(建设)单位验收结论	同意施工单位评定结果,验收合格。 　　监理工程师:××× 　　(建设单位项目专业技术负责人)　　　　　　　　　　　　××年×月×日													

《基土垫层检验批质量验收记录表》填表说明：

(1)附件收集：相关试验报告等。

(2)资料流程：本表由施工单位在完成本工序后填写，并报送监理单位；监理单位审批后返还施工单位，各相关单位存档。

(3)相关规定与要求：

1)主控项目：

①基土严禁用淤泥、腐殖土、冻土、耕植土、膨胀土和建筑杂物的土作为填土，填土土块粒径不应大于50mm。观察检查和检查土质记录。

②基土均匀密实，压实系数符合设计要求，设计无要求时，不应小于0.90。观察检查和检查试验记录。

2)一般项目：

基土表面的允许偏差。按《建筑地面工程施工质量验收规范》(GB 50209—2010)规范表4.1.7中的检验方法检验。

2. 灰土垫层检验批质量验收记录表

灰土垫层检验批质量验收记录表
GB 50209—2010

030101□□

工程名称	××工程	分部(子分部)工程名称		建筑地面			验收部位		×××	
施工单位	××建筑工程集团公司			专业工长	×××		项目经理		×××	
施工执行标准名称及编号	建筑地面工程施工质量验收规范(GB 50209—2010)									
分包单位			分包项目经理				施工班组长			

		施工质量验收规范的规定		施工单位检查评定记录									监理(建设)单位验收记录
主控项目	1	灰土体积比	设计要求	✓									灰土垫层所用的材料材质
一般项目	1	灰土材料质量	第4.3.7条	✓									一般项目检查符合施工验收规范要求,超差点在允许偏差范围内
	2	允许偏差 表面平整度	10mm	5	7	8	9	4	6	3	8	5	6
	3	标高	±10mm	+6	+5	−7	+4	+8	−4	−3			
	4	坡度	2/1000,且≤30mm	20	18	16	15	25	14	18	12	13	
	5	厚度	<1/10,且≤20mm	<1/10	<1/10	<1/10	<1/10	<1/10	<1/10				

施工单位检查评定结果	经检查,主控项目全部合格,一般项目符合设计及施工质量验收规范要求,评定为合格。 项目专业质量检查员:×××　　　　　　　　　　　　　　　××年×月×日
监理(建设)单位验收结论	同意施工单位评定结果,验收合格。 监理工程师:××× (建设单位项目专业技术负责人)　　　　　　　　　　　　　××年×月×日

《灰土垫层检查批质量验收记录表》填表说明：

(1)资料流程：本表由施工单位在完成本工序后填写，并报送监理单位；监理单位审批后返还施工单位，各相关单位存档。

(2)相关规定与要求：

1)主控项目：

灰土体积比符合设计要求，观察检查和检查配合比单及施工记录。

2)一般项目：

①熟化石灰颗粒粒径不大于5mm；黏土(或粉质黏土、粉土)内不含有有机物质，颗粒粒径不大于15mm。观察检查和检查材质合格记录。

②灰土垫层表面的允许偏差，按《建筑地面工程施工质量验收规范》(GB 50209—2010)表4.1.7中的检验方法检验。

3. 砂垫层和砂石垫层检验批质量验收记录表

砂垫层和砂石垫层检验批质量验收记录表
GB 50209—2010

030101□□

工程名称	××工程	分部(子分部)工程名称		建筑地面			验收部位			×××	
施工单位	××建筑工程集团公司		专业工长		×××			项目经理		×××	
施工执行标准名称及编号	建筑地面工程施工质量验收规范(GB 50209—2010)										
分包单位		分包项目经理				施工班组长					

施工质量验收规范的规定				施工单位检查评定记录										监理(建设)单位验收记录
主控项目	1	砂和砂石质量		设计要求	√										砂、砂石质量符合要求,密度符合要求
	2	垫层干密度		设计要求	√										
一般项目	1		垫层表面质量	第4.4.5条	√										符合设计及施工质量验收规范要求
	2		表面平整度	15mm	10	11	12	14	13	9	13	11	12	10	
	3	允许偏差	标高	±20mm	+12	−10	+13	+15	+16	−16	−17	+15			
	4		坡度	2/1000,且≤30mm	26	20	24	25	22	23	26	27	28		
	5		厚度	<1/10,且≤20mm	<1/10	<1/10	<1/10	<1/10	<1/10						

施工单位检查评定结果	经检查,主控项目全部合格,一般项目符合设计及施工质量验收规范要求,评定为合格。 项目专业质量检查员:×××　　　　　　　　　　　　　　　××年×月×日
监理(建设)单位验收结论	同意施工单位评定结果,验收合格。 监理工程师:××× (建设单位项目专业技术负责人)　　　　　　　　　　　××年×月×日

《砂垫层和砂石垫层检查批质量验收记录表》填表说明：

(1)资料流程：本表由施工单位在完成本工序后填写，并报送监理单位；监理单位审批后返还施工单位，各相关单位存档。

(2)相关规定与要求：

1)主控项目：

①砂和砂石不得含有草根等有机杂质；砂应采用中砂；石子最大粒径不得大于垫层厚度的2/3。观察检查和检查材质合格证明文件及检测报告。

②砂垫层和砂石垫层的密度(或贯入度)，符合设计要求。观察检查和检查试验记录。

2)一般项目：

①表面无砂窝、石堆等质量缺陷。观察检查。

②砂垫层和砂石垫层表面的允许偏差，应按《建筑地面工程施工质量验收规范》(GB 50209—2010)表 4.1.7 中的检查方法检验。其中厚度偏差砂不大于 6mm；砂石不大于 10mm。

4. 碎石垫层和碎砖垫层检验批质量验收记录表

碎石垫层和碎砖垫层检验批质量验收记录表
GB 50209—2010

030101□□

工程名称		××工程	分部(子分部)工程名称		建筑地面		验收部位		×××	
施工单位		××建筑工程集团公司		专业工长	×××		项目经理		×××	
施工执行标准 名称及编号		建筑地面工程施工质量验收规范(GB 50209—2010)								
分包单位			分包项目经理				施工班组长			

施工质量验收规范的规定				施工单位检查评定记录										监理(建设)单位 验收记录
主控项目	1	材料质量	设计要求	✓										碎石垫层所用材料材质符合设计要求,密实度符合要求
	2	垫层密实度	设计要求	✓										
一般项目	1	允许偏差	表面平整度	15mm	10	13	12	14	9	8	7	9	14	一般项目检查符合验收规范要求,且超差点在允许偏差范围内
	2		标高	±20mm	+10	−13	+9	−8	+10	+12	−8	+18	−18	+19
	3		坡度	2/1000,且≤30mm										
	4		厚度	<1/10,且≤20mm	<1/10	<1/10	<1/10	<1/10	<1/10	<1/10	<1/10	<1/10	<1/10	<1/10

施工单位检查评定结果	经检查,主控项目全部合格,一般项目符合设计及施工质量验收规范要求,评定为合格。 项目专业质量检查员:×××　　　　　　　　　　　　　　　　　　××年×月×日
监理(建设)单位验收结论	同意施工单位评定结果,验收合格。 监理工程师:××× (建设单位项目专业技术负责人)　　　　　　　　　　　　　××年×月×日

《碎石垫层和碎砖垫层检查批质量验收记录表》填表说明：

(1)资料流程：本表由施工单位在完成本工序后填写，并报送监理单位；监理单位审批后返还施工单位，各相关单位存档。

(2)相关规定与要求：

1)主控项目：

①碎石的强度应均匀，最大粒径不应大于垫层厚度的 2/3；碎砖不应采用风化、酥松、夹有有机杂质的砖料，颗粒粒径不应大于 60mm。观察检查和检查检测报告。

②碎石、碎砖垫层的密实度，符合设计要求。观察检查和检查试验记录。

2)一般项目：

碎石、碎砖垫层的允许偏差，应按《建筑地面工程施工质量验收规范》(GB 50209—2010)表4.1.7 中的检验方法检验。其中厚度偏差为 ±1/10 设计厚度。检验方法：观察检查和检抽试验记录。

5. 三合土垫层检验批质量验收记录表

三合土垫层检验批质量验收记录表
GB 50209—2010

030101□□

工程名称	××工程	分部(子分部)工程名称	建筑地面	验收部位	×××
施工单位	××建筑工程集团公司	专业工长	×××	项目经理	×××
施工执行标准名称及编号	建筑地面工程施工质量验收规范(GB 50209—2010)				

	施工质量验收规范的规定			施工单位检查评定记录									监理(建设)单位验收记录
	分包单位			分包项目经理					施工班组长				
主控项目	1	材料质量	设计要求	✓									三合土垫层所用材料材质符合要求,体积比符合要求
	2	体积比	设计要求	✓									
一般项目	1	允许偏差	表面平整度	10mm	8	7	6	4	9	5	4	3	7	6	符合设计及施工质量验收规范要求
	2		标高	±10mm	+4	+5	−6	+7	−8	+9	+10	−2	+3	
	3		坡度	2/1000,且≤30mm	25	70	24	27	28	20	19	18	16	17
	4		厚度	<1/10,且≤20mm	<1/10	<1/10	<1/10	<1/10	<1/10	<1/10	<1/10	<1/10		

施工单位检查评定结果	经检查,主控项目全部合格,一般项目符合设计及施工质量规范要求,评定为合格。 项目专业质量检查员:×××　　　　　　　　　　　　　××年×月×日
监理(建设)单位验收结论	同意施工单位评定结果,验收合格。 监理工程师:××× (建设单位项目专业技术负责人)　　　　　　　　　　××年×月×日

《三合土垫层检查批质量验收记录表》填表说明：

(1)资料流程：本表由施工单位在完成本工序后填写，并报送监理单位；监理单位审批后返还施工单位，各相关单位存档。

(2)相关规定与要求：

1)主控项目：

①熟化石灰颗粒粒径不大于 5mm；砂应用中砂，并不含有草根等有机物质；碎砖无风化、酥松、有机杂质，颗粒粒径不应大于 60mm。观察检查和检查材质合格证明文件及检测报告。

②三合土的体积比，符合设计要求。观察检查和检查配比通知单。

2)一般项目：

三合土垫层的允许偏差，按《建筑地面工程施工质量验收规范》(GB 50209—2010)表 4.1.7 中的检验方法检验。其中垫层厚度偏差不大于 10mm。

6. 炉渣垫层检验批质量验收记录表

炉渣垫层检验批质量验收记录表
GB 50209—2010

030101□□

工程名称	××工程	分部(子分部)工程名称		建筑地面			验收部位			×××
施工单位	××建筑工程集团公司				专业工长	×××		项目经理		×××
施工执行标准名称及编号	建筑地面工程施工质量验收规范(GB 50209—2010)									
分包单位			分包项目经理				施工班组长			

		施工质量验收规范的规定			施工单位检查评定记录									监理(建设)单位验收记录
主控项目	1	材料质量		第4.7.5条	✓									炉渣垫层所用材料材质符合要求,体积比符合要求
	2	垫层体积比		设计要求	✓									
一般项目	1		垫层与下一层粘结	第4.7.7条	✓									符合设计及施工质量验收规范要求
	2	允许偏差	表面平整度	10mm	8	9	5	7	4	6	7	8	5	4
	3		标高	±10mm	+5	+4	−6	+8	−3	+9	−7			
	4		坡度	2/1000,且≤30mm	20	25	24	19	18	21	27	23		
	5		厚度	<1/10,且≤20mm	<1/10	<1/10	<1/10	<1/10	<1/10	<1/10				

施工单位检查评定结果	经检查,主控项目全部合格,一般项目符合设计及施工质量验收规范要求,评定为合格。 项目专业质量检查员:×××　　　　　　　　　　　　　××年×月×日
监理(建设)单位验收结论	同意施工单位评定结果,验收合格。 监理工程师:××× (建设单位项目专业技术负责人)　　　　　　　　　××年×月×日

《炉渣垫层垫层检查批质量验收记录表》填表说明：

(1)资料流程：本表由施工单位在完成本工序后填写，并报送监理单位；监理单位审批后返还施工单位，各相关单位存档。

(2)相关规定与要求：

1)主控项目：

①炉渣内不含有有机杂质和未燃尽的煤块，颗粒粒径不大于 40mm，且颗粒粒径在 5mm 及其以下的颗粒，不得超过总体积的 40%；熟化石灰颗粒粒径不得大于 5mm。观察检查和检查检测报告。

②炉渣垫层的体积比，符合设计要求。观察检查和检查配合比通知单。

2)一般项目：

①炉渣垫层与其下一层结合牢固，不得有空鼓和松散炉渣颗粒。观察检查和用小锤轻击检查。

②炉渣垫层表面的允许偏差，应按《建筑地面工程施工质量验收规范》(GB 50209—2010)表4.1.7 中的检验方法检验。

7. 水泥混凝土垫层检验批质量验收记录表

水泥混凝土垫层检验批质量验收记录表
GB 50209—2010

030101□□

工程名称	××工程	分项工程名称	建筑地面				验收部位	×××	
施工单位	×××建筑工程集团公司	专业工长	×××				项目经理	×××	
施工执行标准名称及编号	建筑地面工程施工质量验收规范(GB 50209—2010)								
分包单位		分包项目经理				施工班组长			

			施工质量验收规范的规定		施工单位检查评定记录								监理(建设)单位验收记录
主控项目	1		材料质量	设计要求	✓								水泥混凝土垫层所用材料材质符合设计要求;强度等级符合设计要求
	2		混凝土强度等级	设计要求	✓								
一般项目	1	允许偏差	表面平整度	10mm	6	7	6	8	5	4	6	7	8	一般项目检查符合验收规范要求,且超差点在允许范围内,符合要求
	2		标高	±10mm	+8	+6	+5	−7	+6	−3	−2	+3		
	3		坡度	不大于房间相应尺寸2/1000,且≤30mm	18	17	10	20	15	14	28	24	20	16
	4		厚度	<1/10,且≤20mm	<1/10	<1/10	<1/10	<1/10	<1/10	<1/10				

施工单位检查评定结果	经检查,工程主控项目全部合格,一般项目符合《建筑地面工程质量验收规范》(GB 50209—2010)的规定,评定为合格。 项目专业质量检查员:×××　　　　　　　　　　　　　　××年×月×日
监理(建设)单位验收结论	同意施工单位评定结果,验收合格。 监理工程师:××× (建设单位项目专业技术负责人)　　　　　　　　　　××年×月×日

《水泥混凝土垫层检验批质量验收记录表》填表说明：

(1)资料流程：本表由施工单位在完成本工序后填写，并报送监理单位；监理单位审批后返还施工单位，各相关单位存档。

(2)相关规定与要求：

1)主控项目：

①水泥混凝土垫层采用的粗集料，其最大粒径不大于垫层厚度的 2/3；含泥量不大于 2%；砂为中粗砂，其含泥量不大于 3%。观察检查和检查检测报告。

②混凝土的强度等级，符合设计要求，且不应小于 C10，厚度不小于 60mm。观察检查和检查检测报告。

2)一般项目：

水泥混凝土垫层表面的允许偏差，应按《建筑地面工程施工质量验收规范》(GB 50209—2010)表 4.1.7 中的检验方法检验。

8. 找平层检验批质量验收记录表

找平层检验批质量验收记录表
GB 50209－2010

030101□□

工程名称	××工程	分部(子分部)工程名称	建筑地面		验收部位	×××
施工单位	×××建筑工程集团公司		专业工长	×××	项目经理	×××
施工执行标准 名称及编号	建筑地面工程施工质量验收规范(GB 50209—2010)					
分包单位		分包项目经理			施工班组长	

		施工质量验收规范的规定			施工单位检查评定记录									监理(建设) 单位验收记录
主控项目	1	材料质量	设计要求		√									找平层所用材料材质、强度符合设计要求
	2	配合比或强度等级	设计要求		√									
	3	有防水要求套管地漏	第4.9.8条		√									
一般项目	1	找平层与下层结合	结合牢固无空鼓		√									符合设计及施工质量验收规范要求
	2	找平层表面质量	第4.9.11条		√									
	3	表面平整度、标高	用胶粘剂作结层,铺拼花木板、塑料板、复合板、竹地板面层	表面平整度	2mm									
				标高	±4mm									
			有沥青玛瑞脂做结合层,铺拼花木板,板块面层及毛地板铺木地板	表面平整度	3mm									
				标高	±5mm									
			用水泥砂浆作结合层,铺板块面层,其他种类面层	表面平整度	5mm		√							
				标高	±8mm		√							
	4	坡度	2/1000,且≤30mm		20	18	26	28	19	16	13	25	17	23
	5	厚度	<1/10,且≤20mm		<1/10	<1/10	<1/10	<1/10	<1/10	<1/10	<1/10			

施工单位检查评定结果	经检查,主控项目全部合格,一般项目满足规范规定要求,检查评定结果为合格。 项目专业质量检查员:×××　　　　　　　　　　　　　　　　××年×月×日
监理(建设)单位验收结论	同意施工单位评定结果,验收合格。 监理工程师:××× (建设单位项目专业技术负责人)　　　　　　　　　　　　　　××年×月×日

《找平层检验批质量验收记录表》填表说明：

(1)资料流程：本表由施工单位在完成本工序后填写，并报送监理单位；监理单位审批后返还施工单位，各相关单位存档。

(2)相关规定与要求：

1)主控项目：

①找平层采用碎石或卵石的粒径不大于其厚度的 2/3，含泥量不应大于 2%；砂为中粗砂，其含泥量不大于 3%。观察检查和检查检测报告。

②水泥砂浆体积比或水泥混凝土强度等级，符合设计要求。水泥混凝土强度等级不应小于C15。观察检查和检查配合比单及检测报告。

③有防水要求地面的立管、套管、地漏处严禁渗漏，坡向应正确、无积水。观察检查和蓄水、泼水检验及坡度尺检查。

2)一般项目：

①找平层与其下一层结合牢固，不得有空鼓。用小锤轻击检查。

②表面应密实，不得有起砂、蜂窝和裂缝等缺陷。观察检查。

③表面允许偏差，应按《建筑地面工程施工质量验收规范》(GB 50209—2010)表 4.1.7 中的检验方法检验。

9. 隔离层检验批质量验收记录表

隔离层检验批质量验收记录表

GB 50209－2002

030101□□

工程名称	××工程	分部(子分部)工程名称		建筑地面				验收部位		×××		
施工单位	×××建筑工程集团公司			专业工长		×××		项目经理		×××		
施工执行标准名称及编号	建筑地面工程施工质量验收规范(GB 50209—2010)											
分包单位		分包项目经理						施工班组长				

施工质量验收规范的规定				施工单位检查评定记录									监理(建设)单位验收记录
主控项目	1	材料质量	设计要求	✓									隔离层所用材料材质符合设计要求
	2	隔离层设置要求	第4.10.11条	✓									
	3	水泥类隔离层防水性能	第4.10.12条	✓									
	4	防水隔离层防水要求	第4.10.13条	✓									
一般项目	1	隔离层厚度		设计要求	✓								符合设计及施工质量验收规范要求
	2	隔离层与下一层粘结		第4.10.5条	✓								
	3	防水涂层		第4.10.6条	✓								
	4	允许偏差	表面平整度	3mm	1	2	2	0	1	2	0	12	
	5		标高	±4mm	2	3	−1	3	2	1	−4	1	3	2
	6		坡度	2/1000,且≤30mm	20	22	29	24	18	24	16	25	15	27
	7		厚度	<1/10,且≤20mm	<1/10	<1/10	<1/10	<1/10	<1/10				

施工单位检查评定结果	经检查,主控项目全部合格,一般项目满足规范规定要求,检查评定结果为合格。 项目专业质量检查员:×××　　　　　　　　　　　　××年×月×日
监理(建设)单位验收结论	同意施工单位评定结果,验收合格。 监理工程师:××× (建设单位项目专业技术负责人)　　　　　　　　　××年×月×日

《隔离层检验批质量验收记录表》填表说明：

（1）资料流程：本表由施工单位在完成本工序后填写，并报送监理单位；监理单位审批后返还施工单位，各相关单位存档。

（2）相关规定与要求：

1）主控项目：

①隔离层材质，符合设计要求和产品标准规定。观察检查和检查产品合格证明文件或检测报告。

②厕浴间和有防水要求的建筑地面必须设置防水隔离层。楼层结构必须采用现浇混凝土或整块预制混凝土板，混凝土强度等级不应小于C20；楼板四周除门洞外，应做混凝土翻边，其高度不应小于120mm。施工结构层标高和预留孔洞位置应准确，严禁乱凿洞。观察和尺量检查。

③水泥类防水隔离层的防水性能和强度等级必须符合设计要求。观察检查和检查检测报告。

④防水隔离层严禁渗漏，坡向应正确、排水通畅。观察检查和蓄水、泼水检验或坡度尺检查。

2）一般项目：

①隔离层厚度应符合设计要求。观察检查和尺量检查。

②隔离层与其下一层粘结牢固，不得有空鼓；用小锤轻击检查。

③防水涂层应平整、均匀，无脱皮、起壳、裂缝、鼓泡等缺陷。观察检查。

④隔离层表面的允许偏差，应按《建筑地面工程施工质量验收规范》（GB 50209—2010）表4.1.7中的检验方法检验。

10. 填充层检验批质量验收记录表

填充层检验批质量验收记录表
GB 50209－2010

030101□□

工程名称	××工程	分部(子分部)工程名称		建筑地面						验收部位		×××	
施工单位	××建筑工程集团公司		专业工长		×××				项目经理		×××		
施工执行标准名称及编号	建筑地面工程施工质量验收规范(GB 50209—2010)												
分包单位		分包项目经理				施工班组长							

		施工质量验收规范的规定				施工单位检查评定记录							监理(建设)单位验收记录
主控项目	1	材料质量		设计要求				✓					填充层所用材料材质、配合比符合设计要求
	2	配合比		设计要求				✓					
一般项目	1	填充层铺设		第4.11.10条				✓					符合设计及施工质量验收规范要求
	2	允许偏差	表面平整度	板块	5mm	5	6	4	6	3	5	6	6	4	5
	3			松散(材料)	7mm									
	4		标高	±4mm	1	2	1	3	2	3	3	1		
	5		坡度	2/1000,且≤30mm	25	24	21	18	20	26	19	23	17	
			厚度	<1/10,且≤20mm	<1/10	<1/10	<1/10	<1/10	<1/10	<1/10				

施工单位检查评定结果	经检查,主控项目全部合格,一般项目满足规范规定要求,检查评定结果为合格。 项目专业质量检查员:×××　　　　　　　　　　　　　　　　××年×月×日
监理(建设)单位验收结论	同意施工单位评定结果,验收合格。 监理工程师:××× (建设单位项目专业技术负责人)　　　　　　　　　　　　××年×月×日

《填充层检验批质量验收记录表》填表说明：

(1)资料流程：本表由施工单位在完成本工序后填写，并报送监理单位；监理单位审批后返还施工单位，各相关单位存档。

(2)相关规定与要求：

1)主控项目：

①填充层的材料质量，符合设计要求和产品标准。观察检查和检查材质合格证明文件及检测报告。

②填充层的配合比，符合设计要求。观察检查和检查配合比单。

2)一般项目：

①松散材料填充层铺设应密实；板块状材料填充层应压实、无翘曲。观察检查。

②填充层表面的允许偏差，应按《建筑地面工程施工质量验收规范》(GB 50209—2010)表4.1.7中的检验方法检验。

二、整体面层检验批质量验收记录

1. 水泥混凝土面层检验批质量验收记录表

水泥混凝土面层检验批质量验收记录表

GB 50209—2010

030102□□

工程名称	××工程	分部(子分部)工程名称		建筑地面		验收部位	×××
施工单位	×××建筑工程集团公司		专业工长	×××		项目经理	×××
施工执行标准名称及编号	建筑地面工程施工质量验收规范(GB 50209—2010)						
分包单位		分包项目经理				施工班组长	

施工质量验收规范的规定				施工单位检查评定记录									监理(建设)单位验收记录
主控项目	1	粗骨料粒径	第5.2.3条	✓									水泥混凝土面层所用材料材质、配合比符合设计要求
	2	面层强度等级	设计要求	✓									
	3	面层与下一层结合	第5.2.6条	✓									
一般项目	1	表面质量	第5.2.7条	✓									符合设计及施工质量验收规范要求
	2	表面坡度	第5.2.8条	✓									
	3	踢脚线与墙面结合	第5.2.9条	✓									
	4	楼梯踏步	第5.2.10条	✓									
	5	表面允许偏差	表面平整度	5mm	2	3	4	1	5	3	2	2	
	6		踢脚线下口平直	4mm	3	2	1	1	2	3	2	2	1
	7		缝格平直	3mm	1	2	2	1	1	2	1	2	2	1

施工单位检查评定结果	经检查,主控项目全部合格,一般项目满足规范规定要求,检查评定结果为合格。
	项目专业质量检查员:×××　　　　　　　　　　　××年×月×日

监理(建设)单位验收结论	同意施工单位评定结果,验收合格。
	监理工程师:××× (建设单位项目专业技术负责人)　　　　　　　××年×月×日

《水泥混凝土面层检验批质量验收记录表》填表说明：

(1)资料流程：本表由施工单位在完成本工序后填写，并报送监理单位；监理单位审批后返还施工单位，各相关单位存档。

(2)相关规定与要求：

1)主控项目：

①水泥混凝土采用的粗集料，其最大粒径不应大于面层厚度的 2/3，细石混凝土面层采用的石子粒径不应大于 15mm。观察检查和检查产品合格证明文件及检测报告。

②面层的强度等级应符合设计要求，且水泥混凝土面层强度等级不应小于 C20；水泥混凝土垫层兼面层强度等级不应小于 C15。检查检测报告。

③面层与下一层应结合牢固，无空鼓、裂纹。用小锤轻击检查。

注：空鼓面积不应大于 400cm²，且每自然间（标准间）不多于 2 处可不计。

2)一般项目：

①面层表面不应有裂纹、脱皮、麻面、起砂等缺陷。观察检查。

②面层表面的坡度，符合设计要求，不得有倒泛水和积水现象。观察和采用泼水或用坡度尺检查。

③水泥砂浆踢脚线与墙面应紧密结合，高度一致，出墙厚度均匀。用小锤轻击、尺量检查和观察检查。

注：局部空鼓长度不应大于 300mm，且每自然间（标准间）不多于 2 处可不计。

④楼梯踏步的宽度、高度应符合设计要求。楼层梯段相邻踏步高度不应大于 10mm，每踏步两端宽度差不应大于 10mm；旋转楼梯梯段的每踏步两端宽度的允许偏差为 5mm。楼梯踏步的齿角应整齐，防滑条应顺直。观察和尺量检查。

⑤水泥混凝土面层的允许偏差，按《建筑地面工程施工质量验收规范》(GB 50209—2010)表 5.1.7 中的检验方法检验。

2. 水泥砂浆面层检验批质量验收记录表

水泥砂浆面层检验批质量验收记录表

GB 50209－2010

030102□□

工程名称	××工程	分部(子分部)工程名称		建筑地面	验收部位	×××
施工单位	×××建筑工程集团公司		专业工长	×××	项目经理	×××
施工执行标准名称及编号	建筑地面工程施工质量验收规范(GB 50209—2010)					
分包单位		分包项目经理			施工班组长	

		施工质量验收规范的规定		施工单位检查评定记录										监理(建设)单位验收记录
主控项目	1	材料质量	第5.3.2条					✓						水泥砂浆面层所用材料材质、体积比及强度等级符合设计要求
	2	体积比及强度等级	第5.3.4条					✓						
	3	面层与下一层结合	第5.3.6条					✓						
一般项目	1	面层坡度	第5.3.7条					✓						符合设计及施工质量验收规范要求
	2	表面质量	第5.3.8条					✓						
	3	踢脚线质量	第5.3.9条					✓						
	4	楼梯踏步	第5.3.10条					✓						
	5	表面允许偏差	表面平整度	4mm	1	2	2	3	2	3	1	3	2	
	6		踢脚线上口平直	4mm	3	1	2	2	3	2	1			
	7		缝格平直	3mm	2	1	0	2	1	1	1	2	2	1

施工单位检查评定结果	经检查,主控项目全部合格,一般项目满足规范规定要求,检查评定结果为合格。 项目专业质量检查员:×××　　　　　　　　　　　　　　　××年×月×日
监理(建设)单位验收结论	同意施工单位评定结果,验收合格。 监理工程师:××× (建设单位项目专业技术负责人)　　　　　　　　　　××年×月×日

《水泥砂浆面层检验批质量验收记录表》填表说明：

(1)资料流程：本表由施工单位在完成本工序后填写，并报送监理单位；监理单位审批后返还施工单位，各相关单位存档。

(2)相关规定与要求：

1)主控项目：

①水泥宜采用硅酸盐水泥、普通硅酸盐水泥，不同品种、不同强度等级的水泥不应混用；砂应为中粗砂，当采用石屑时，其粒径应为 1mm～5mm，且含泥量不应大于 3%；防水水泥砂浆采用的砂或石屑，其含泥量不应大于 1%。观察检查和检查质量合格证明文件。

②面层的强度等级应符合设计要求，且水泥混凝土面层强度等级不应小于 C20；水泥混凝土垫层兼面层强度等级不应小于 C15。检查检测报告。

③面层与下一层应结合牢固，无空鼓、裂纹。用小锤轻击检查。

注：空鼓面积不应大于 400cm²，且每自然间(标准间)不多于 2 处可不计。

2)一般项目：

①面层表面不应有裂纹、脱皮、麻面、起砂等缺陷。观察检查。

②面层表面的坡度，符合设计要求，不得有倒泛水和积水现象。观察和采用泼水或用坡度尺检查。

③水泥砂浆踢脚线与墙面应紧密结合，高度一致，出墙厚度均匀。用小锤轻击、尺量检查和观察检查。

注：局部空鼓长度不应大于 300mm，且每自然间(标准间)不多于 2 处可不计。

④楼梯踏步的宽度、高度应符合设计要求。楼层梯段相邻踏步高度不应大于 10mm，每踏步两端宽度差不应大于 10mm；旋转楼梯梯段的每踏步两端宽度的允许偏差为 5mm。楼梯踏步的齿角应整齐，防滑条应顺直。观察和尺量检查。

⑤水泥混凝土面层的允许偏差，按《建筑地面工程施工质量验收规范》(GB 50209—2010)表 5.1.7 中的检验方法检验。

3. 水磨石面层检验批质量验收记录表

水磨石面层检验批质量验收记录表

GB 50209－2010

030103□□

工程名称	××工程	分部(子分部)工程名称		建筑地面	验收部位	×××
施工单位	×××建筑工程集团公司		专业工长	×××	项目经理	×××
施工执行标准名称及编号	建筑地面工程施工质量验收规范(GB 50209—2010)					
分包单位		分包项目经理			施工班组长	

施工质量验收规范的规定				施工单位检查评定记录									监理(建设)单位验收记录
主控项目	1	材料质量		设计要求		√							水磨石面层所用材料材质、体积比符合设计要求
	2	拌合料体积比(水泥:石料)		1:1.5～1:2.5			√						
	3	面层与下一层结合		牢固,无空鼓、无裂纹			√						
一般项目	1	面层表面质量		第5.4.12条		√							符合设计及施工质量验收规范要求
	2	踢脚线		第5.4.13条		√							
	3	楼梯踏步		第5.4.14条		√							
	4	表面允许偏差	表面平整度	高级水磨石 2mm									
				普通水磨石 3mm	2	1	1	0	2	3	1	2	2
	5		踢脚线上口平直	3mm	1	2	1	1	1	0	1	1	
	6		缝格平直	高级水磨石 2mm									
				普通水磨石 3mm	1	1	1	0	2	3	2	1	2	1

施工单位检查评定结果	经检查,主控项目全部合格,一般项目满足规范规定要求,检查评定结果为合格。 项目专业质量检查员:×××　　　　　　　　　　　　　　××年×月×日
监理(建设)单位验收结论	同意施工单位评定结果,验收合格。 监理工程师:××× (建设单位项目专业技术负责人)　　　　　　　　　　××年×月×日

《水磨石面层检验批质量验收记录表》填表说明：

(1)资料流程：本表由施工单位在完成本工序后填写，并报送监理单位；监理单位审批后返还施工单位，各相关单位存档。

(2)相关规定与要求：

1)主控项目：

①水磨石面层的石粒，应采用坚硬可磨白云石、大理石等岩石加工而成，石粒应洁净无杂物，其粒径除特殊要求外应为6～16mm；水泥强度等级不应小于32.5；颜料应采用耐光、耐碱的矿物原料，不得使用酸性颜料。观察检查和检查产品合格证明文件。

②水磨石面层拌和料的体积比，符合设计要求，宜为1∶1.5～1∶2.5(水泥∶石粒)。检查配合比单和检测报告。

③面层与下一层结合应牢固，无空鼓、裂纹。用小锤轻击检查。

注：空鼓面积不应大于400cm²，且每自然间(标准间)不多于2处可不计。

2)一般项目：

①面层表面应光滑；无明显裂纹、砂眼和磨纹；石粒密实，显露均匀；颜色图案一致，不混色；分格条牢固、顺直和清晰。观察检查。

②踢脚线与墙壁面应紧密结合，高度一致，出墙厚度均匀。用小锤轻击、钢尺和观察检查。

注：局部空鼓长度不大于300mm，且每自然间(标准间)不多于2处可不计。

③楼梯踏步的宽度、高度应符合设计要求。楼层梯段相邻踏步高度差不应大于10mm，每踏步两端宽度差不应大于10mm，旋转楼梯梯段的每踏步两端宽度的允许偏差为5mm。楼梯踏步的齿角应整齐，防滑条应顺直。观察和钢尺检查。

④用2m靠尺和楔形塞尺检查表面平整度的允许偏差，拉5m线和用钢尺检查平直度偏差。

4. 硬化耐磨面层检验批质量验收记录表

硬化耐磨面层检验批质量验收记录表
GB 50209－2010

030102□□

工程名称	××工程	分部(子分部)工程名称		建筑地面					验收部位			×××	
施工单位	×××建筑工程集团公司		专业工长		×××			项目经理		×××			
施工执行标准名称及编号	建筑地面工程施工质量验收规范(GB 50209—2010)												
分包单位		分包项目经理						施工班组长					

施工质量验收规范的规定				施工单位检查评定记录									监理(建设)单位验收记录
主控项目	1	材料质量	设计要求	✓									硬化耐磨面层所用材料材质符合设计要求
	2	面层和结合层强度	设计要求	✓									
	3	面层与下一层结合	第5.5.12条	✓									
一般项目	1	面层表面坡度	设计要求	✓									符合设计及施工质量验收规范要求
	2	面层表面质量	第5.5.14条	✓									
	3	踢脚线与墙面结合	第5.5.15条	✓									
	4	表面允许偏差	表面平整度	4mm	3	2	1	1	3	2	1	2	3
	5		踢脚线上口平直	4mm	2	1	3	3	2	2	2	1	1	1
	6		缝格平直	3mm	1	2	2	1	1	2	1	2	

施工单位检查评定结果	经检查,主控项目全部合格,一般项目满足规范规定要求,检查评定结果为合格。 项目专业质量检查员:×××　　　　　　　　　　　　××年×月×日
监理(建设)单位验收结论	同意施工单位评定结果,验收合格。 监理工程师:××× (建设单位项目专业技术负责人)　　　　　　　　　××年×月×日

《水泥钢(铁)屑面层检验批质量验收记录表》填表说明：

(1)资料流程：本表由施工单位在完成本工序后填写，并报送监理单位；监理单位审批后返还施工单位，各相关单位存档。

(2)相关规定与要求：

1)主控项目：

①水泥强度等级不小于42.5；钢(铁)屑中不应有其他杂质，使用前应去油除锈，冲洗干净并干燥。观察检查和检查产品合格证明文件及检测报告。

②面层和结合层的强度等级，符合设计要求，且面层抗压强度不应小于40MPa；结合层体积比为1∶2(相应的强度等级不应小于M15)。检查配合比单和检测报告。

③面层与下一层结合必须牢固，无空鼓。用小锤轻击检查。

2)一般项目：

①面层表面坡度，符合设计要求。用坡度尺检查。

②面层表面不应有裂纹、脱皮、麻面等缺陷。观察检查。

③踢脚线与墙面应结合牢固，高度一致，出墙厚度均匀。用小锤轻击、尺量检查和观察检查。

④水泥钢(铁)屑面层的允许偏差符合《建筑地面工程施工质量验收规范》(GB 50209—2010)表5.1.7的规定。

5. 防油渗面层检验批质量验收记录表

防油渗面层检验批质量验收记录表
GB 50209—2010

030105□□

工程名称	××工程	分部(子分部)工程名称		建筑地面				验收部位		×××
施工单位	×××建筑工程集团公司			专业工长		×××		项目经理		×××
施工执行标准 名称及编号	建筑地面工程施工质量验收规范(GB 50209—2010)									
分包单位		分包项目经理					施工班组长			

		施工质量验收规范的规定		施工单位检查评定记录									监理(建设) 单位验收记录
主控项目	1	材料质量	设计要求	√									防油渗面层所用材料材质、强度等级符合设计要求
	2	强度等级抗渗性能	设计要求	√									
	3	面层与下一层结合	第5.6.9条	√									
	4	面层与基层粘结	第5.6.10条	√									
一般项目	1	表面坡度	第5.6.11条	√									符合设计及施工质量验收规范要求
	2	表面质量	第5.6.12条	√									
	3	踢脚线与墙面结合	第5.6.13条	√									
	4	允许偏差	表面平整度	5mm	3	2	3	1	2	1	4	3	
	5		踢脚线上口平直	4mm	2	1	2	3	3	2	1	3	2
	6		缝格平直	3mm	1	2	1	1	2	1	1	2	2	1

施工单位检查评定结果	经检查,主控项目全部合格,一般项目满足规范规定要求,检查评定结果为合格。 项目专业质量检查员:×××　　　　　　　　　　　　　　××年×月×日
监理(建设)单位验收结论	同意施工单位评定结果,验收合格。 监理工程师:××× (建设单位项目专业技术负责人)　　　　　　　　××年×月×日

《防油渗面层检验批质量验收记录表》填表说明：

(1)资料流程：本表由施工单位在完成本工序后填写，并报送监理单位；监理单位审批后返还施工单位，各相关单位存档。

(2)相关规定与要求：

1)主控项目：

①防油渗混凝土所用的水泥应采用普通硅酸盐水泥；碎石应采用花岗石或石英石，严禁使用松散多孔和吸水率大的石子，粒径为5～16mm，其最大粒径不应大于20mm，含泥量不应大于1％；砂应为中砂，洁净无杂物；掺入的外加剂和防油渗剂应符合产品质量标准。防油渗涂料应具有耐油、耐磨、耐火和粘结性能。观察检查和检查产品合格证明文件及检测报告。

②防油渗混凝土的强度等级和抗渗性能必须符合设计要求，且强度等级不应小于C30；防油渗涂料抗拉结粘结强度不应小于0.3MPa。检查配合比单位和检测报告。

③防油渗混凝土面层与下一层应结合牢固、无空鼓。用小锤轻击检查。

④防油渗涂料面层与基层应粘结牢固，严禁有起皮、开裂、漏涂等缺陷。观察检查。

2)一般项目：

①防油渗面层表面坡度应符合设计要求，不得有倒泛水和积水现象。观察和泼水或用坡度尺检查。

②防油渗混凝土面层表面不应有裂纹、脱皮、麻面和起砂现象。观察检查。

③踢脚线与墙面应紧密结合、高度一致，出墙厚度均匀。用小锤轻击、尺量检查和观察检查。

④用2m靠尺和楔形塞尺检查表面平整度的允许偏差，拉5m线和用钢尺检查平直度的允许偏差。

6. 不发火(防爆)面层工程检验批质量验收记录表

不发火(防爆)面层工程检验批质量验收记录表
GB 50209—2010

030106□□

工程名称	××工程	分部(子分部)工程名称	建筑地面		验收部位	×××
施工单位	×××建筑工程集团公司		专业工长	×××	项目经理	×××
施工执行标准名称及编号	建筑地面工程施工质量验收规范(GB 50209—2010)					
分包单位		分包项目经理			施工班组长	

施工质量验收规范的规定				施工单位检查评定记录										监理(建设)单位验收记录
主控项目	1	材料质量	设计要求	✓										不发火(防爆)面层所用材料材质、强度等级符合设计要求
	2	面层强度等级	设计要求	✓										
	3	面层与下一层结合	第5.7.6条	✓										
	4	面层试件检验	设计要求	✓										
一般项目	1	面层表面质量	第5.7.8条	✓										符合设计及施工质量验收规范要求
	2	踢脚线与墙面结合	第5.7.9条	✓										
	3	允许偏差	表面平整度	5mm	4	2	3	3	1	2	4	2	3	2
	4		踢脚线上口平直	4mm	2	1	2	3	3	2	2	1		
	5		缝格平直	3mm	1	2	1	2	1	1	2	2	1	

施工单位检查评定结果	经检查,主控项目全部合格,一般项目满足规范规定要求,检查评定结果为合格。 项目专业质量检查员:×××　　　　　　　　　　　　　　　　××年×月×日
监理(建设)单位验收结论	同意施工单位评定结果,验收合格。 监理工程师:××× (建设单位项目专业技术负责人)　　　　　　　　　　　　　　　××年×月×日

《不发火(防爆)面层工程检验批质量验收记录表》填表说明：

(1)资料流程：本表由施工单位在完成本工序后填写，并报送监理单位；监理单位审批后返还施工单位，各相关单位存档。

(2)相关规定与要求：

1)主控项目：

①不发火(防爆的)面层采用的碎石应选用大理石、白云石或其他石料加工而成，并以金属或石料撞击时不发生火花为合格；砂应质地坚硬、表面粗糙，其粒径为0.15～5mm，含泥量不应大于3%，有机物含量不应大于0.5%；水泥应采用普通硅酸盐水泥，其强度等级不应小于32.5；面层分格的嵌条应采用不发生火花的材料配制。配制时应随时检查，不得混入金属或其他易发生火花的杂质。观察检查和检查产品合格证明文件及检测报告。

②不发火(防爆的)面层的强度等级，符合设计要求。检查配合比单和检测报告。

③面层与下一层应结合牢固，无空鼓、无裂纹。用小锤轻击检查。

注：空鼓面积不小于 $400cm^2$，且每自然间(标准间)不多于2处可不计。

④不发火(防爆的)面层的试件，必须检验合格。检查检测报告。

2)一般项目：

①面层表面应密实，无裂缝、蜂窝、麻面等缺陷。观察检查。

②踢脚线与墙面应紧密结合、高度一致、出墙厚度均匀。用小锤轻击、钢尺和观察检查。

③用2m靠尺和楔形塞尺检查表面平整度的允许偏差，拉5m线和用钢尺检查平直度的允许偏差。

三、板块面层检验批质量检验记录

1. 砖面层检验批质量验收记录表

砖面层检验批质量验收记录表
GB 50209—2010

030107□□

工程名称	××工程		分部(子分部)工程名称		建筑地面					验收部位		×××
施工单位	×××建筑工程集团公司				专业工长		×××			项目经理		×××
施工执行标准名称及编号	建筑地面工程施工质量验收规范(GB 50209—2010)											
分包单位			分包项目经理						施工班组长			

		施工质量验收规范的规定				施工单位检查评定记录								监理(建设)单位验收记录
主控项目	1	块材质量		设计要求		✓								砖面层所用材料材质符合设计要求
	2	面层与下一层结合		第6.2.7条		✓								
一般项目	1	面层表面质量		第6.2.8条		✓								符合设计及施工质量验收规范要求
	2	面层邻接处镶边		第6.2.9条		✓								
	3	踢脚线质量		第6.2.10条		✓								
	4	楼梯踏步		第6.2.11条		✓								
	5	面层表面坡度		第6.2.12条		✓								
	6	允许偏差	表面平整度	缸砖	4.0m	2	1	3	2	1	1	2	1	3
				水泥花砖	3.0mm									
				陶瓷锦砖、陶瓷地砖	2.0mm									
	7		缝格平直		3.0mm									
	8		接缝高低差	陶瓷锦砖、陶瓷地砖、水泥花砖	0.5mm									
				缸砖	1.5mm									
	9		踢脚线上口平直	陶瓷锦砖、陶瓷地砖、水泥花砖	3.0mm	2	1	0	2	3	1	0	0	
				缸砖	4.0mm									
	10		板块间隙宽度		2.0mm	1	2	2	0	2	1	2	1	2

施工单位检查评定结果	经检查,主控项目全部合格,一般项目满足规范规定要求,检查评定结果为合格。 项目专业质量检查员:×××　　　　　　　　　　　　　××年×月×日
监理(建设)单位验收结论	同意施工单位评定结果,验收合格。 监理工程师:××× (建设单位项目专业技术负责人)　　　　　　　　××年×月×日

《砖面层检验批质量验收记录表》填表说明：

（1）资料流程：本表由施工单位在完成本工序后填写，并报送监理单位；监理单位审批后返还施工单位，各相关单位存档。

（2）相关规定与要求：

1）主控项目：

①面层所用板块的品种、质量必须符合设计要求。观察检查和检查产品合格证明文件及检测报告。

②面层与下一层的结合（粘结）应牢固，无空鼓。用小锤轻击检查。

注：凡单块砖边角有局部空鼓，且每自然间（标准间）不超过总数的5％可不计。

2）一般项目：

①砖面层的表面应洁净、图案清晰、色泽一致，接缝平整，深浅一致，周边顺直。板块无裂纹、掉角和缺楞等缺陷。观察检查。

②面层邻接处的镶边用料及尺寸应符合设计要求，边角整齐、光滑。观察和用尺量检查。

③踢脚线表面应洁净、高度一致、结合牢固、出墙厚度一致。观察和用小锤轻击及尺量检查。

④楼梯踏步和台阶板块的缝隙宽度应一致、齿角整齐；相邻踏步高差不应大于10mm；防滑条顺直。观察和尺量检查。

⑤面层表面的坡度应符合设计要求，不倒泛水、无积水；与地漏、管道结合处应严密牢固、无渗漏。观察、泼水或坡度尺检查。

⑥用2m靠尺和楔形塞尺检查表面平整度的允许偏差，拉5m线和用钢尺检查平直度允许偏差；用钢尺和楔形塞尺检查高低差和间隙宽度允许偏差。

2. 大理石和花岗石面层检验批质量验收记录表

大理石和花岗石面层检验批质量验收记录表

GB 50209—2010

030108□□

工程名称	××工程	分部(子分部)工程名称		建筑地面		验收部位		×××	
施工单位	×××建筑工程集团公司		专业工长		×××		项目经理		×××
施工执行标准名称及编号	建筑地面工程施工质量验收规范(GB 50209—2010)								
分包单位			分包项目经理				施工班组长		

		施工质量验收规范的规定			施工单位检查评定记录								监理(建设)单位验收记录
主控项目	1	板块品种、质量	设计要求			✓							大理石和花岗石面层所用材料材质符合设计要求
	2	面层与下一层结合	第6.3.6条				✓						
一般项目	1	面层表面质量	第6.3.8条				✓						
	2	踢脚线质量	第6.3.9条				✓						
	3	楼梯踏步	第6.3.10条				✓						
	4	面层坡度及其他要求	第6.3.11条				✓						符合设计及施工质量验收规范要求
	5	允许偏差	表面平整度	1.0mm	0	1	1	0	0	0	1	0	1	0
	6		缝格平直	2.0mm	1	2	1	2	1	0	1	0	2	1
	7		接缝高低差	0.5mm	0.1	0.4	0.3	0.2	0.1	0.3	0.1	0.4	0.3	
	8		踢脚线上口平直	1.0mm	0.8	0.6	0.5	0.2	0.8	0.7	0.1	0.5	0.4	0.3
	9		板块间隙宽度	1.0mm	0.5	0.9	0.5	0.4	0.6	0.4	0.3	0.7		

施工单位检查评定结果	经检查,主控项目全部合格,一般项目满足规范规定要求,检查评定结果为合格。 项目专业质量检查员:×××　　　　　　　　　　　　　　　　　　××年×月×日
监理(建设)单位验收结论	同意施工单位评定结果,验收合格。 监理工程师:××× (建设单位项目专业技术负责人)　　　　　　　　　　　　　××年×月×日

《大理石和花岗石面层检验批质量验收记录表》填表说明：

(1)资料流程：本表由施工单位在完成本工序后填写，并报送监理单位；监理单位审批后返还施工单位，各相关单位存档。

(2)相关规定与要求：

1)主控项目：

①大理石、花岗石面层所用板块的品种、质量应符合设计要求。观察检查和检查产品合格证明文件。

②面层与下一层应结合牢固，无空鼓。用小锤轻击检查。

注：凡单块板块边角有局部空鼓，且每自然间(标准间)不超过总数的5%可不计。

2)一般项目：

①大理石、花岗石面层的表面应洁净、平整、无磨痕，且应图案清晰、色泽一致、接缝均匀、周边顺直、镶嵌正确、板块无裂纹、掉角、缺楞等缺陷。观察检查。

②踢脚线表面应洁净，高度一致、结合牢固、出墙厚度一致。观察和用小锤轻击及尺量检查。

③楼梯踏步和台阶板块的缝隙宽度应一致、齿角整齐，相邻踏步高差不应大于10mm，防滑条应顺直、牢固。观察和尺量检查。

④面层表面的坡度应符合设计要求，不倒泛水、无积水；与地漏、管道结合处应严密牢固，无渗漏。观察、泼水或坡度尺检查。

⑤2m靠尺和楔形塞尺检查表面平整度的允许偏差，拉5m线和用钢尺检查平直度允许偏差；用钢尺和楔形塞尺检查高低差和间隙宽度允许偏差。

(3)注意事项：表中括号内为碎拼大舜石、花岗石面层偏差值。碎拼大理石、花岗石其他允许偏差项目不检查。

3. 预制板块面层检验批质量验收记录表

预制板块面层检验批质量验收记录表
GB 50209—2010

030109□□

工程名称	××工程	分部(子分部)工程名称		建筑地面					验收部位		×××	
施工单位	×××建筑工程集团公司	专业工长		×××					项目经理		×××	
施工执行标准名称及编号	建筑地面工程施工质量验收规范(GB 50209—2010)											
分包单位		分包项目经理							施工班组长			

		施工质量验收规范的规定				施工单位检查评定记录							监理(建设)单位验收记录
主控项目	1	板块强度、品种、质量		设计要求		√							预制板块面层所用材料材质、强度等级符合设计要求
	2	面层与下一层结合		第6.4.8条		√							
一般项目	1	板块质量		第6.4.9条		√							符合设计及施工质量验收规范要求
	2	板块面层质量		第6.4.10条		√							
	3	面层邻接处镶边		第6.4.11条		√							
	4	踢脚线质量		第6.4.12条		√							
	5	楼梯踏步和台阶板块要求		第6.4.13条		√							
	6	表面允许偏差	表面平整度	高级水磨石	2mm								
				普通水磨石	3mm								
				混凝土	4mm	2	3	1	2	3	2	2	1	2
	7		缝格平直		3mm	2	2	1	1	1	2	1	2	1	2
	8		接缝高低差	高级水磨石	0.5mm								
				普通水磨石	1.0mm								
				混凝土	1.5mm	1	1.2	0.9	0.8	1.4	1.2	1.1	
	9		踢脚线上口平直	高级水磨石	3.0mm								
				普通水磨石及混凝土	4.0mm	2	1	2	1	3	3	2	3
	10		板块间隙宽度	高级水磨石	2mm								
				混凝土	6mm	3	2	3	4	5	3	4	2	3	4

施工单位检查评定结果	经检查,主控项目全部合格,一般项目满足规范规定要求,检查评定结果为合格。 项目专业质量检查员:××× ××年×月×日
监理(建设)单位验收结论	同意施工单位评定结果,验收合格。 监理工程师:××× (建设单位项目专业技术负责人) ××年×月×日

《预制板块面层检验批质量验收记录表》填表说明：

(1)资料流程：本表由施工单位在完成本工序后填写，并报送监理单位；监理单位审批后返还施工单位，各相关单位存档。

(2)相关规定与要求：

1)主控项目：

①预制板块面层所用板块产品应符合设计要求和国家现行有关标准的规定。观察检查和检查产品合格证明文件及检测报告。

②面层与下一层应结合牢固、无空鼓。用小锤轻击检查。

注：凡单块板块料边角有局部空鼓，且每自然间（标准间）不超过总数的5%可不计。

2)一般项目：

①预制板块表面应无裂缝、掉角、翘曲等明显缺陷。观察检查。

②预制板块面层应平整洁净，图案清晰，色泽一致，接缝均匀，周边顺直，镶嵌正确。观察检查。

③面层邻接处的镶边用料尺寸应符合设计要求，边角整齐、光滑。观察和尺量检查。

④踢脚线表面应洁净、高度一致、结合牢固、出墙厚度一致。观察和用小锤轻击及尺量检查。

⑤楼梯踏步和台阶板块的缝隙宽度一致、齿角整齐，楼层梯段相邻踏步高度差不应大于10mm，防滑条顺直。观察和尺量检查。

⑥2m靠尺和楔形塞尺检查表面平整度的允许偏差，拉5m线和用钢尺检查平直度允许偏差；用钢尺和楔形塞尺检查高低差和间隙宽度允许偏差。

4. 料石面层检验批质量验收记录表

料石面层检验批质量验收记录表
GB 50209—2010

030110□□

工程名称	××工程		分部(子分部)工程名称			建筑地面			验收部位		×××
施工单位	×××建筑工程集团公司			专业工长		×××			项目经理		×××
施工执行标准名称及编号	建筑地面工程施工质量验收规范(GB 50209—2010)										
分包单位			分包项目经理						施工班组长		

		施工质量验收规范的规定				施工单位检查评定记录							监理(建设)单位验收记录
主控项目	1	料石质量		设计要求					✓				料石面层所用材料材质符合设计要求
	2	面层与下一层结合		第6.5.7条					✓				
一般项目	1	组砌方法		第6.5.8条					✓				符合设计及施工质量验收规范要求
	2		表面平整度	条石、块石	10mm	5	6	3	7	7	6	8	4
	3		缝格平直	条石、块石	8mm	6	2	1	3	4	7	4	3	2	1
	4	允许偏差	接缝高低差	条石	2mm	1	1	0	2	1	0	1	1	1	1
				块石									
	5		板块间隙宽度	条石、块石	5mm	3	2	4	4	5	3	2	4	1

施工单位检查评定结果	经检查,主控项目全部合格,一般项目满足规范规定要求,检查评定结果为合格。 项目专业质量检查员:×××　　　　　　　　　　　　　　　××年×月×日
监理(建设)单位验收结论	同意施工单位评定结果,验收合格。 监理工程师:××× (建设单位项目专业技术负责人)　　　　　　　　　　　××年×月×日

《料石面层检验批质量验收记录表》填表说明：

(1)资料流程：本表由施工单位在完成本工序后填写，并报送监理单位；监理单位审批后返还施工单位，各相关单位存档。

(2)相关规定与要求：

1)主控项目：

①面层材质应符合设计要求：条石的强度等级应大于 MU60，块石的强度等级应大于 MU30。观察检查和检查检测报告。

②面层与下一层应结合牢固、无松动。观察检查和用锤击检查。

2)一般项目：

①条石面层应组砌合理，无十字缝，铺砌方向和坡度应符合设计要求；块石面层石料缝隙应相互错开，通缝不超过两块石料。观察和用坡度尺检查。

②2m 靠尺和楔形塞尺检查表面平整度的允许偏差，拉 5m 线和用钢尺检查平直度允许偏差；用钢尺和楔形塞尺检查高低差和间隙宽度允许偏差。

5. 塑料板面层检验批质量验收记录表

塑料板面层检验批质量验收记录表
GB 50209—2010

030111□□

工程名称	××工程	分部(子分部)工程名称	建筑地面					验收部位			×××
施工单位	×××建筑工程集团公司		专业工长	×××				项目经理			×××
施工执行标准名称及编号	建筑地面工程施工质量验收规范(GB 50209—2010)										
分包单位			分包项目经理					施工班组长			

		施工质量验收规范的规定		施工单位检查评定记录										监理(建设)单位验收记录
主控项目	1	塑料板块质量	设计要求	✓										塑料板面层所用材料材质符合设计要求
	2	面层与下一层粘结	第6.6.10条	✓										
一般项目	1	面层质量	第6.6.11条	✓										符合设计及施工质量验收规范要求
	2	焊接质量	第6.6.12条	✓										
	3	镶边用料	第6.6.13条	✓										
	4	允许偏差	表面平整度	2mm	1	2	0	1	1	0	2	1	2	
	5		缝格平直	3mm	2	1	3	0	3	2	1	2	2	1
	6		接缝高低差	0.5mm	0.3	0.4	0.2	0.5	0.1	0.2	0.4	0.3	0.5	
	7		踢脚线上口平直	2.0mm	1	2	1	2	1	2	2	1		

施工单位检查评定结果	经检查,主控项目全部合格,一般项目满足规范规定要求,检查评定结果为合格。 项目专业质量检查员:×××　　　　　　　　　　　　　　　××年×月×日
监理(建设)单位验收结论	同意施工单位评定结果,验收合格。 监理工程师:××× (建设单位项目专业技术负责人)　　　　　　　　　　　××年×月×日

《塑料板面层检验批质量验收记录表》填表说明：

（1）资料流程：本表由施工单位在完成本工序后填写，并报送监理单位；监理单位审批后返还施工单位，各相关单位存档。

（2）相关规定与要求：

1）主控项目：

①塑料板面层所用的塑料板块和卷材的品种、规格、颜色、等级应符合设计要求和现行国家标准的规定。

观察检查和检查材质合格证明文件及检测报告。

②面层与下一层的粘结应牢固，不翘边、不脱胶、无溢胶（单块板块边角允许有局部脱胶，但每自然间或标准间的脱板块不应超过总数的5％；卷材局部脱胶处面积不应大于20cm²，具相隔间距应大于或等于50cm）。

观察检查和用小锤敲击及尺量检查。

注：卷材局部脱胶处面积不应大于20cm²，相隔间距不小于50cm可不计；凡单块板块料边角局部脱胶处且每自然间（标准间）不超过总数的5％者可不计。

2）一般项目：

①塑料板面层应表面洁净，图案清晰，色泽一致，接缝严密、美观。拼缝处的图案、花纹吻合，无胶痕；与墙边交接严密，阴阳角收边方正。观察检查。

②板块的焊接，焊缝应平整、光洁，无焦化变色、斑点、焊瘤和起鳞等缺陷，其凹凸允许偏差应不大于0.6mm。焊缝的抗拉力强度不得小于塑料板强度的75％。观察检查和检查检测报告。

③镶边用料应尺寸准确、边角整齐、拼缝严密、接缝顺直。用钢尺和观察检查。

④2m靠尺和楔形塞尺检查表面平整度的允许偏差，拉5m线和用钢尺检查平直度允许偏差；用钢尺和楔形塞尺检查高低差和间隙宽度允许偏差。

6. 活动地板面层检验批质量验收记录表

活动地板面层检验批质量验收记录表
GB 50209—2010

030112□□

工程名称	××工程	分部(子分部)工程名称		建筑地面					验收部位		×××
施工单位	×××建筑工程集团公司		专业工长		×××			项目经理			×××
施工执行标准名称及编号	建筑地面工程施工质量验收规范(GB 50209—2010)										
分包单位		分包项目经理					施工班组长				

		施工质量验收规范的规定			施工单位检查评定记录										监理(建设)单位验收记录
主控项目	1	材料质量	设计要求				✓								活动地板面层所用材料材质符合设计要求
	2	面层质量要求	第6.7.12条				✓								
一般项目	1	面层表面质量		第6.7.13条				✓							符合设计及施工质量验收规范要求
	2	允许偏差	表面平整度	2.0mm	1.4	1.5	1.9	1.6	1.8	1.3	1.5	1.7	1.6		
	3		缝格平直	2.5mm	2	2.3	2.4	1	1.9	2	2.4	2.3	1.8	1.6	
	4		接缝高低差	0.4mm	0.2	0.3	0.1	0.4	0.2	0.3	0.1				
	5		板块间隙宽度	0.3mm	0.1	0.2	0.2	0.1	0.2	0.2	0.1	0.2	0.1	0.2	

施工单位检查评定结果	经检查,主控项目全部合格,一般项目满足规范规定要求,检查评定结果为合格。 项目专业质量检查员:×××　　　　　　　　　　　　　　　　××年×月×日
监理(建设)单位验收结论	同意施工单位评定结果,验收合格。 监理工程师:××× (建设单位项目专业技术负责人)　　　　　　　　　　　　　××年×月×日

《活动地板面层检验批质量验收记录表》填表说明：

(1)资料流程：本表由施工单位在完成本工序后填写，并报送监理单位；监理单位审批后返还施工单位，各相关单位存档。

(2)相关规定与要求：

1)主控项目：

①面层材质必须符合设计要求且应具有耐磨、防潮、阻燃、耐污染、耐老化和导静电等特点。同时应符合《建筑地面工程施工质量验收规范》(GB 50209—2010)第 6.7.3 条规定。观察检查和检查产品合格证明文件及检测报告。

②活动地板面层应无裂纹、掉角和缺棱等缺陷。行走无声响、无摆动。观察和脚踩检查。

2)一般项目：

①活动地板面层应排列整齐、表面洁净、色泽一致、接缝均匀、调边顺直。观察检查。

②2m 靠尺和楔形塞尺检查表面平整度的允许偏差，拉 5m 线和用钢尺检查平直度允许偏差；用钢尺和楔形塞尺检查高低差和间隙宽度允许偏差。

7. 地毯面层检验批质量验收记录表

地毯面层检验批质量验收记录表
GB 50209—2010

030113□□

工程名称	××工程	分部(子分部)工程名称		建筑地面		验收部位	×××
施工单位	×××建筑工程集团公司			专业工长	×××	项目经理	×××
施工执行标准名称及编号	建筑地面工程施工质量验收规范(GB 50209—2010)						
分包单位			分包项目经理			施工班组长	

		施工质量验收规范的规定		施工单位检查评定记录	监理(建设)单位验收记录
主控项目	1	地毯、胶料及辅料质量	设计要求	✓	地毯面层所用材料材质符合设计要求
	2	地毯铺设质量	第6.8.9条	✓	
一般项目	1	地毯表面质量	第6.8.10条	✓	符合设计及施工质量验收规范要求
	2	地毯细部连接	第6.8.11条	✓	
施工单位检查评定结果	经检查,主控项目全部合格,一般项目满足规范规定要求,检查评定结果为合格。 项目专业质量检查员:×××　　　　　　　　　　　　　　　　　××年×月×日				
监理(建设)单位验收结论	同意施工单位评定结果,验收合格。 监理工程师:××× (建设单位项目专业技术负责人)　　　　　　　　　　　　　　××年×月×日				

《地毯面层检验批质量验收记录表》填表说明：

(1)资料流程：本表由施工单位在完成本工序后填写，并报送监理单位；监理单位审批后返还施工单位，各相关单位存档。

(2)相关规定与要求：

1)主控项目：

①地毯的品种、规格、颜色、花色、胶料和辅料及其材质必须符合设计要求和国家现行地毯产品标准的规定。观察检查和检查产品合格记录。

②地毯表面应平服、拼缝处粘贴牢固、严密平整、图案吻合。观察检查。

2)一般项目：

①地毯表面不应起鼓、起皱、翘边、卷边、显拼缝、露线和无毛边，绒面毛顺光一致，毯面干净，无污染和损伤。观察检查。

②地毯同其他面层连接处、收口处和墙边、柱子周围应顺直、压紧。观察检查。

四、木、竹面层检验批质量验收记录

1. 实木地板面层检验批质量验收记录表

实木地板面层检验批质量验收记录表

GB 50209—2010

030114□□

工程名称	××工程	分部(子分部)工程名称		建筑地面		验收部位	×××
施工单位	×××建筑工程集团公司			专业工长	×××	项目经理	×××
施工执行标准名称及编号	建筑地面工程施工质量验收规范(GB 50209—2010)						
分包单位		分包项目经理				施工班组长	

		施工质量验收规范的规定			施工单位检查评定记录										监理(建设)单位验收记录
主控项目	1	材料质量		设计要求	✓										实木地板面层所用材料材质符合设计要求
	2	木栅栏安装		牢固平直	✓										
	3	面层铺设		第7.2.12条	✓										
一般项目	1	面层质量		第7.2.13条	✓										符合设计及施工质量验收规范要求
	2	面层缝隙		第7.2.15条 第7.2.16条	✓										
	3	踢脚线		第7.2.17条	✓										
	4	允许偏差	板面缝隙宽度	拼花地板	0.2mm										
				硬木地板	0.5mm	0.3	0.2	0.4	0.1	0.5	0.2	0.1	0.4	0.3	
				松木地板	1.0mm										
	5		表面平整度	拼花、硬木地板	2.0mm	2	1	0	2	2	1	0	1	2	1
				松木地板	3.0mm										
	6		踢脚线上口平齐		3.0mm	1	2	1	3	2	2	1	1		
	7		板面拼缝平直		3.0mm	2	0	1	3	2	1	2	0	3	1
	8		相邻板材高差		0.5mm	0.2	0.3	0.1	0.4	0.5	0.2	0.1	0.2	0.4	0.3
	9		踢脚线与面层接缝		1.0mm	0.6	0.8	0.4	0.7	0.5	0.6	0.9			

施工单位检查评定结果	经检查,主控项目全部合格,一般项目满足规范规定要求,检查评定结果为合格。 项目专业质量检查员:×××　　　　　　　　　　　　　　　　　　××年×月×日
监理(建设)单位验收结论	同意施工单位评定结果,验收合格。 监理工程师:××× (建设单位项目专业技术负责人)　　　　　　　　　　　　　××年×月×日

《实木地板面层检验批质量验收记录表》填表说明：

(1)资料流程：本表由施工单位在完成本工序后填写，并报送监理单位；监理单位审批后返还施工单位，各相关单位存档。

(2)相关规定与要求：

1)主控项目：

①实木地板面层所采用的材质和铺设时的木材含水率必须符合设计要求。木搁栅、垫木和毛地板等必须做防腐、防蛀处理。同时应符合《建筑地面工程施工质量验收规范》(GB 50209—2010)第7.1.2条规定。观察检查和检查产品合格证明书文件及检测报告。

②木搁栅安装应牢固、平直。同时应符合《建筑地面工程施工质量验收规范》(GB 50209—2010)第7.1.3条、第7.1.4条、第7.2.3条、第7.2.4条规定。观察、脚踩检查。

③面层铺设应牢固；粘结无空鼓。观察、脚踩检查。

2)一般项目：

①实木地板面层应刨平、磨光，无明显刨痕和毛刺等现象；图案清晰、颜色均匀一致。观察、手摸和脚踩检查。

②层缝隙应严密；接头位置应错开、表面洁净。同时应符合《建筑地面工程施工质量验收规范》(GB 50209—2010)第7.2.5条规定。观察检查。

③拼花地板接缝应对齐，粘、钉严密；缝隙宽度均匀一致；表面洁净；胶粘无溢胶。观察检查。

④踢脚线表面应光滑，接缝严密，高度一致。观察和尺量检查。

⑤用钢尺检查缝隙宽度允许偏差；2m靠尺和楔形塞尺检查表面平整度的允许偏差，拉5m通线用钢尺检查平齐和平直度允许偏差；用钢尺和楔形塞尺检查相邻板材高差允许偏差；用楔形塞尺检查接缝允许偏差。

2. 实木复合地板面层检验批质量验收记录表

实木复合地板面层检验批质量验收记录表
GB 50209—2010

030115□□

工程名称	××工程	分部(子分部)工程名称		建筑地面		验收部位		×××
施工单位	×××建筑工程集团公司		专业工长	×××		项目经理		×××
施工执行标准名称及编号	建筑地面工程施工质量验收规范(GB 50209—2010)							
分包单位			分包项目经理			施工班组长		

施工质量验收规范的规定				施工单位检查评定记录										监理(建设)单位验收记录
主控项目	1	材料质量	设计要求	✓										实木复合地板面层所用材料材质符合设计要求
	2	木搁栅安装	应平直牢固	✓										
	3	面层铺设质量	应牢固、粘结无空鼓	✓										
一般项目	1	面层外观质量	第7.3.11条	✓										符合设计及施工质量验收规范要求
	2	面层接头	第7.3.12条	✓										
	3	踢脚线	第7.3.14条	✓										
	4	允许偏差	板面缝隙宽度	0.5mm	0.3	0.5	0.4	0.2	0.1	0.3	0.4	0.2	0.3	
	5		表面平整度	2.0mm	2	1	0	2	1	2	1	2	1	2
	6		踢脚线上口平齐	3.0mm	2	3	0	1	2	2	1	2	1	2
	7		板面拼缝平直	3.0mm	2	1	1	2	2	1	1	2		
	8		相邻板材高差	0.5mm	0.2	0.3	0.4	0.1	0.5	0.3	0.4	0.5	0.1	0.2
	9		踢脚线与面层接缝	1.0mm	0.3	0.3	0.6	0.4	0.8	0.9	0.7			

施工单位检查评定结果	经检查,主控项目全部合格,一般项目满足规范规定要求,检查评定结果为合格。 项目专业质量检查员:×××　　　　　　　　　　　　××年×月×日
监理(建设)单位验收结论	同意施工单位评定结果,验收合格。 监理工程师:××× (建设单位项目专业技术负责人)　　　　　　　　　××年×月×日

《实木复合地板面层检验批质量验收记录表》填表说明：

(1)资料流程：本表由施工单位在完成本工序后填写，并报送监理单位；监理单位审批后返还施工单位，各相关单位存档。

(2)相关规定与要求：

1)主控项目：

①实木复合地板面层所采用的条材和块材，其技术等级及质量要求应符合设计要求。木搁栅、垫木和毛地板等必须做防腐、防蛀处理。同时应符合《建筑地面工程施工质量验收规范》(GB 50209—2010)第7.1.2条、第7.3.2条规定。观察检查和检查产品合格证明文件及检测报告。

②木搁栅安装应牢固、平直。同时应符合《建筑地面工程施工质量验收规范》(GB 50209—2010)第7.3.3条规定。观察、脚踩检查。

③面层铺设应牢固；粘贴无空鼓。观察、脚踩检查。

2)一般项目：

①实木复合地板面层图案和颜色应符合设计要求，图案清晰，颜色一致，板面无翘曲。观察、用2m靠尺和楔形塞尺检查。

②面层的接头应错开、缝隙严密、表面洁净。观察检查。

③踢脚线表面光滑，接缝严密，高度一致。观察和尺量检查。

④用钢尺检查缝隙宽度允许偏差；2m靠尺和楔形塞尺检查表面平整度的允许偏差，拉5m通线用钢尺检查平齐和平直度允许偏差；用钢尺和楔形塞尺检查相邻板材高差允许偏差；用楔形塞尺检查接缝允许偏差。

3. 浸渍纸压木质地板面层检验批质量验收记录表

浸渍纸压木质地板面层检验批质量验收记录表
GB 50209—2010

030116□□

工程名称	××工程	分部(子分部)工程名称		建筑地面		验收部位	×××
施工单位	×××建筑工程集团公司		专业工长	×××		项目经理	×××
施工执行标准名称及编号	建筑地面工程施工质量验收规范(GB 50209—2010)						
分包单位		分包项目经理			施工班组长		

施工质量验收规范的规定				施工单位检查评定记录										监理(建设)单位验收记录
主控项目	1	材料质量	设计要求	√										浸渍纸压木质地板面层所用材料材质符合设计要求
	2	木搁栅安装	牢固、平直	√										
	3	面层铺设	牢固	√										
一般项目	1	面层外观质量	第7.4.9条	√										符合设计及施工质量验收规范要求
	2	面层接头	第7.4.10条	√										
	3	踢脚线	第7.4.11条	√										
	4	面层允许偏差	板面隙宽度	0.5mm	0.3	0.4	0.1	0.2	0.3	0.1	0.4	0.2	0.3	0.2
	5		表面平整度	2.0mm	1	2	2	1	0	2	2	1		
	6		踢脚线上口平齐	3.0mm	2	3	0	1	2	1	0	2	3	2
	7		板面拼缝平直	3.0mm	2	2	1	0	1	2	2			
	8		相邻板材高差	0.5mm	0.4	0.3	0.2	0.5	0.4	0.2	0.1	0.3	0.4	0.2
	9		踢脚线与面层接缝	1.0mm	0.6	0.6	0.8	0.7	0.5	0.9	0.7	0.5	0.8	

施工单位检查评定结果	经检查,主控项目全部合格,一般项目满足规范规定要求,检查评定结果为合格。 项目专业质量检查员:×××　　　　　　　　　　　　　　　××年×月×日
监理(建设)单位验收结论	同意施工单位评定结果,验收合格。 监理工程师:××× (建设单位项目专业技术负责人)　　　　　　　　　　××年×月×日

《浸渍纸压木质地板面层检验批质量验收记录表》填表说明：

(1)资料流程：本表由施工单位在完成本工序后填写，并报送监理单位；监理单位审批后返还施工单位，各相关单位存档。

(2)相关规定与要求：

1)主控项目：

①浸渍纸压木质地板面层所采用的材料，其技术等级及质量要求应符合设计要求。木搁栅、垫木和毛地板等应做防腐、防蛀处理。观察检查和检查材质合格证明文件及检测报告。

②木搁栅安装应牢固、平直。观察、脚踩检查。

③面层铺设应牢固。观察、脚踩检查。

2)一般项目：

①浸渍纸压木质地板面层图案和颜色应符合设计要求，图案清晰，颜色一致，板面无翘曲。观察、检查。

②面层的接头应错开、缝隙严密、表面洁净。观察检查。

③踢脚线表面应光滑，接缝严密，高度一致。观察和尺量检查。

④用钢尺检查缝隙宽度允许偏差；2m靠尺和楔形塞尺检查表面平整度的允许偏差；拉5m通线用钢尺检查平齐和平直度允许偏差；用钢尺和楔形塞尺检查相邻板材高差允许偏差；用楔形塞尺检查接缝允许偏差。

4. 软木类地板面层检验批质量验收记录表

软木类地板面层检验批质量验收记录表
GB 50209—2010

030117□□

工程名称	××工程	分部(子分部)工程名称		建筑地面				验收部位		×××
施工单位	×××建筑工程集团公司		专业工长		×××			项目经理		×××
施工执行标准名称及编号	建筑地面工程施工质量验收规范(GB 50209—2010)									
分包单位		分包项目经理					施工班组长			

施工质量验收规范的规定				施工单位检查评定记录											监理(建设)单位验收记录
主控项目	1	材料质量	设计要求	√											软木类地板面层所用材料材质符合设计要求
	2	木搁栅安装	牢固、平直	√											
	3	面层铺设	铺设牢固、无空鼓	√											
一般项目	1	面层外观质量	第7.5.9条	√											符合设计及施工质量验收规范要求
	2	面层缝隙接头	第7.5.10条	√											
	3	踢脚线	第7.5.11条	√											
	4	允许偏差	板面缝隙宽度	0.5mm	0.2	0.3	0.4	0.3	0.2	0.5	0.4	0.2	0.3	0.4	
	5		表面平整度	2.0mm	2	1	2	2	1	1	2	2	1		
	6		踢脚线上口平齐	3.0mm	2	3	1	2	1	3	3	2	3	2	
	7		板面拼缝平直	3.0mm	1	2	3	2	1	2	3	2			
	8		相邻板材高差	0.5mm	0.2	0.1	0.5	0.4	0.3	0.2	0.1	0.4	0.2	0.3	
	9		踢脚线与面层接缝	1.0mm	0.5	0.6	0.4	0.7	0.9	0.8	0.5	0.4	0.7		

施工单位检查评定结果	经检查,主控项目全部合格,一般项目满足规范规定要求,检查评定结果为合格。 项目专业质量检查员:×××　　　　　　　　　　　　　　　××年×月×日
监理(建设)单位验收结论	同意施工单位评定结果,验收合格。 监理工程师:××× (建设单位项目专业技术负责人)　　　　　　　　　　　　××年×月×日

《软木类地板面层检验批质量验收记录表》填表说明：

(1)资料流程：本表由施工单位在完成本工序后填写，并报送监理单位；监理单位审批后返还施工单位，各相关单位存档。

(2)相关规定与要求：

1)主控项目：

①软木类地板面层所采用的材料，其中技术等级和质量要求应符合设计要求。

观察检查和材质产品合格证明文件及检测报告。

②木搁栅、垫木和垫层地板等应做防腐、防蛀处理；其安装应牢固、平直。

观察、行走、钢尺测量等检查和检查验收记录。

③面层铺设应宁固；粘贴无空鼓。

观察、脚踩检查。

2)一般项目：

①软木类地板面层的拼图、颜色等应符合设计要求，板面无翘曲。

观察，2m靠尺和楔形塞尺检查。

②面层缝隙应均匀、接头位置错开，表面洁净。

观察检查。

③踢脚线表面光滑，接缝均匀，高度一致。

观察和用钢尺量检查。

④用钢尺检查缝隙宽度允许偏差；2m靠尺和楔形塞尺检查表面平整度的允许偏差；拉5m通线用钢尺检查平齐和平直度允许偏差；用钢尺和楔形塞尺检查相邻板材高差允许偏差；用楔形塞尺检查接缝允许偏差。

第四章 抹灰工程资料

第一节 抹灰工程资料分类

抹灰工程资料分类见表 4-1。

表 4-1　　　　　　　　　　　抹灰工程资料分类

类别及编号	表格编号（或资料来源）	资料名称		备　注
施工技术资料(C2)	施工单位编制	施工组织设计及施工方案		
	C2-1	技术交底记录	一般抹灰技术交底	具体样式可参照本书第二章第二节相关内容
			装饰抹灰技术交底	
			清水砌体勾缝技术交底	
	C2-2	图纸会审记录		见本书第二章
	C2-3	设计变更通知单		见本书第二章
	C2-4	工程洽商记录		见本书第二章
施工物资资料(C4)	C4-1	材料、构件进场检验记录		
	C4-10	水泥试验报告		见本书第三章
	C4-11	砂试验报告		见本书第三章
施工记录(C5)	C5-1	隐蔽工程检查记录		
	C5-2	预检记录		见本书第三章
	C5-3	施工检查记录		见本书第三章
	C5-4	交接检查记录		见本书第三章
施工质量验收记录(C7)	030201	一般抹灰工程检验批质量验收记录表		
	030202	装饰抹灰工程检验批质量验收记录表		
	030203	清水砌体勾缝工程检验批质量验收记录表		

第二节　抹灰工程施工物资资料

表 C4-1　　　　　　　　　　　材料、构配件进场检验记录

编号：＿×××＿

工程名称		××工程			检验日期	××年×月×日	
序号	名称	规格型号	进场数量	生产厂家合格证号	检验项目	检验结果	备　注
1	减水剂	FDN-S	××(t)	×××	外观、质量证明文件	合格	
2	防冻剂	MRL₄	××(t)	×××	外观、质量证明文件	合格	
3							
4							

检验结论：

　以上材料、构配件经外观检查合格，管径壁厚均匀，材质、规格型号及数量经复检均符合设计、规范要求，产品质量证明文件齐全。

签字栏	建设(监理)单位	施工单位	×××建筑装饰装修工程公司	
		专业质检员	专业工长	检验员
	×××	×××	×××	×××

第三节 抹灰工程施工记录

表 C5-1   隐蔽工程检查记录

编号：×××

工程名称		××工程	
隐检项目	抹灰工程	隐检日期	××年×月×日
隐检部位	二层　①～⑫/Ⓐ～Ⓗ轴线		－2.95～0.10 标高

隐检依据：施工图图号＿＿＿建施－1、建施－20＿＿＿，设计变更/洽商（编号＿＿＿／＿＿＿）及有关国家现行标准等。

主要材料名称及规格/型号：＿＿＿水泥砂浆、钢板网＿＿＿。

隐检内容：

(1)当底灰抹平后,立即把暖气、电气设备的箱、槽、孔洞口周边修抹平齐、方正、光滑,抹灰时比墙面底灰高出一个罩面灰的厚度。

(2)在①轴与Ⓔ～Ⓕ轴间墙面抹灰厚度为30mm,中间加一道钢丝网加强。

(3)梁、柱与空心砖砌体交接处表面的抹灰用密目钢丝网加强以防止开裂,钢丝网与各基体的搭接宽度为200mm。

申报人：×××

检查意见：

经检查,抹灰基层清理干净,易产生裂缝处有加强措施,以上项目符合《建筑装饰装修工程质量验收规范》(GB 50210—2001)及设计要求。

检查结论：☑同意隐蔽　　　□不同意,修改后进行复查

复查结论：

复查人：　　　　　　　　　　　　　　　　　　　　　　　复查日期：

签字栏	建设(监理)单位	施工单位	×××建筑装饰装修工程有限公司	
		专业技术负责人	专业质检员	专业工长
	×××	×××	×××	×××

本表由施工单位填写,建设单位、施工单位、城建档案馆各保存一份。

第四节 抹灰工程施工质量验收记录

一、一般抹灰工程检验批质量验收记录表

一般抹灰工程检验批质量验收记录表
GB 50210—2001

030201□□

工程名称	××工程		分项工程名称	抹灰		验收部位	×××
施工单位	××建筑工程集团公司		专业工长	×××		项目经理	×××
施工执行标准名称及编号	建筑装饰装修工程质量验收规范(GB 50210—2001)						
分包单位			分包项目经理			施工班组长	

		施工质量验收规范的规定		施工单位检查评定记录	监理(建设)单位验收记录
主控项目	1	基层表面	第4.2.2条	✓	符合设计及施工质量验收规范要求
	2	材料品种和性能	第4.2.3条	✓	
	3	操作要求	第4.2.4条	✓	
	4	层粘结及面层质量	第4.2.5条	✓	
一般项目	1	表面质量	第4.2.6条	✓	符合设计及施工质量验收规范要求
	2	细部质量	第4.2.7条	✓	
	3	层总厚度及层间材料	第4.2.8条	✓	
	4	分格缝	第4.2.9条	✓	
	5	滴水线(槽)	第4.2.10条	✓	
	6	允许偏差	第4.2.11条	✓	
施工单位检查评定结果	经检查,主控项目全部合格,一般项目满足规范规定要求,检查评定结果为合格。 项目专业质量检查员:××× ××年×月×日				
监理(建设)单位验收结论	同意施工单位评定结果,验收合格。 监理工程师:××× (建设单位项目专业技术负责人) ××年×月×日				

《一般抹灰工程检验批质量验收记录表》填表说明：

(1)资料流程：本表由施工单位在完成本工序后填写，并报送监理单位；监理单位审批后返还施工单位，各相关单位存档。

(2)相关规定与要求：

1)主控项目：

①抹灰前基层表面的尘土、污垢、油渍等应清除干净，并应洒水润湿。检查施工记录。

②一般抹灰所用材料的品种和性能应符合设计要求。水泥的凝结时间和安定性复验应合格。砂浆的配合比应符合设计要求。检查产品合格证书、进场验收记录、复验报告和施工记录。

③抹灰工程应分层进行。当抹灰总厚度大于或等于 35mm 时，应采取加强措施。不同材料基体交接处表面的抹灰，须采取防止开裂的加强措施，当采用加强网时，加强网与各基体的搭接宽度不应小于 100mm。检查隐蔽工程验收记录和施工记录。

④抹灰层与基层之间及各抹灰层之间必须粘结牢固，抹灰层应无脱层、空鼓，面层应无爆灰和裂缝。观察：用小锤轻击检查；检查施工记录。

2)一般项目：

①一般抹灰工程的表面质量应符合下列规定：

a. 普通抹灰表面应光滑、洁净、接茬平整，分格缝应清晰。

b. 高级抹灰表面应光滑、洁净、颜色均匀、无抹纹，分格缝和灰线应清晰美观。观察和手摸检查。

②护角、孔洞、槽、盒周围的抹灰表面应整齐、光滑；管道后面的抹灰表面应平整。观察检查。

③抹灰层的总厚度应符合设计要求；水泥砂浆不得抹在石灰砂浆层上；罩面石膏灰不得抹在水泥砂浆层上。检查施工记录。

④抹灰分格缝的设置应符合设计要求，宽度和深度应均匀，表面应光滑，棱角应整齐。观察和尺量检查。

⑤有排水要求的部位应做滴水线(槽)。滴水线(槽)应整齐顺直，滴水线应内高外低，滴水槽的宽度和深度均匀；应小于 10mm。

观察和尺量检查。

⑥一般抹灰工程质量的允许偏差与检验方法符合下表规定。

一般抹灰的允许偏差和检验方法

项次	项　目	允许偏差(mm)		检验方法
		普通抹灰	高级抹灰	
1	立面垂直度	4	3	用 2m 垂直检测尺检查
2	表面平整度	4	3	用 2m 靠尺和塞尺检查
3	阴阳角方正	4	3	用直角检测尺检查
4	分格条(缝)直线度	4	3	拉 5m 线，不足 5m 拉通线，用钢直尺检查
5	墙裙、勒脚上口直线度	4	3	拉 5m 线，不足 5m 拉通线，用钢直尺检查

注：1. 普通抹灰，本表第 3 项阴角方正可不检查。

　　2. 顶棚抹灰，本表第 2 项表面平整度可不检查，但应平顺。

　　3. 本表摘自《建筑装饰装修工程质量验收规范》(GB 50210—2001)。

二、装饰抹灰工程检验批质量验收记录表

装饰抹灰工程检验批质量验收记录表
GB 50210—2001

030202□□

工程名称		××工程	分项工程名称		抹灰		验收部位		×××
施工单位		××建筑工程集团公司		专业工长	×××		项目经理		×××
施工执行标准 名称及编号		建筑装饰装修工程质量验收规范(GB 50210—2001)							
分包单位			分包项目经理			施工班组长			
施工质量验收规范的规定				施工单位检查评定记录			监理(建设)单位 验收记录		
主控项目	1	基层表面	第4.3.2条		✓		符合设计及施工 质量验收规范要求		
	2	材料品种和性能	第4.3.3条		✓				
	3	操作要求	第4.3.4条		✓				
	4	层粘结及面层质量	第4.3.5条		✓				
一般项目	1	表面质量	第4.3.6条		✓		符合设计及施工 质量验收规范要求		
	2	分格条(缝)	第4.3.7条		✓				
	3	滴水线	第4.3.8条		✓				
	4	允许偏差	第4.3.9条		✓				
施工单位检 查评定结果		经检查,主控项目全部合格,一般项目满足规范规定要求,检查评定结果为合格。 项目专业质量检查员:×××　　　　　　　　　　　　　　　　　　××年×月×日							
监理(建设) 单位验收结论		同意施工单位评定结果,验收合格。 监理工程师:××× (建设单位项目专业技术负责人)　　　　　　　　　　　　　　××年×月×日							

《装饰抹灰工程检验批质量验收记录表》填表说明：

(1)资料流程:本表由施工单位在完成本工序后填写,并报送监理单位;监理单位审批后返还施工单位,各相关单位存档。

(2)相关规定与要求:

1)主控项目:

①抹灰前基层表面的尘土、污垢、油渍等应清除干净,并应洒水润湿。检查施工记录。

②装饰抹灰工程所用材料的品种和性能应符合设计要求。水泥的凝结时间和安定性复验应合格。砂浆的配合比应符合设计要求。检查产品合格证书、进场验收记录、复验报告和施工记录。

③抹灰工程应分层进行。当抹灰总厚度大于或等于35mm时,应采取加强措施。不同材料基体交接处表面的抹灰,应采取防止开裂的加强措施,当采用加强网时,加强网与各基体的搭接宽度不应小于100mm。检查隐蔽工程验收记录和施工记录。

④各抹灰层之间及抹灰层与基体之间必须粘接牢固,抹灰层应无脱层、空鼓和裂缝。观察和用小锤轻击检查;检查施工记录。

2)一般项目:

①装饰抹灰工程的表面质量应符合下列规定:

a. 水刷石表面应石粒清晰、分布均匀、紧密平整、色泽一致,应无掉粒和接槎痕迹。

b. 斩假石表面剁纹应均匀顺直、深浅一致,应无漏剁处;阳角处应横剁并留出宽窄一致的不剁边条,棱角应无损坏。

c. 干粘石表面应色泽一致、不露浆、不漏粘,石粒应粘结牢固、分布均匀,阳角处应无明显黑边。

d. 假面砖表面应平整、沟纹清晰、留缝整齐、色泽一致,应无掉角、脱皮、起砂等缺陷。观察和手摸检查。

②装饰抹灰分格条(缝)的设置应符合设计要求,宽度和深度应均匀,表面应平整光滑,棱角应整齐。观察检查。

③有排水要求的部位应做滴水线(槽),滴水线(槽)应整齐顺直,滴水线应内高外低,滴水槽的宽度和深度均不应小于10mm,观察和尺量检查。

④装饰抹灰工程质量的允许偏差与检验方法符合下表规定。

装饰抹灰的允许偏差和检验方法

项次	项　目	允许偏差(mm)				检验方法
		水刷石	斩假石	干粘石	假面砖	
1	立面垂直度	5	4	5	5	用2m垂直检测尺检查
2	表面平整度	3	3	5	4	用2m靠尺和塞尺检查
3	阳角方正	3	3	4	4	用直角检测尺检查
4	分格条(缝)直线度	3	3	3	3	拉5m线,不足5m拉通线,用钢直尺检查
5	墙裙、勒脚上口直线度	3	3	—	—	拉5m线,不足5m拉通线,用钢直尺检查

注:本表摘自《建筑装饰装修工程质量验收规范》(GB 50210—2001)。

三、清水砌体勾缝工程检验批质量验收记录表

清水砌体勾缝工程检验批质量验收记录表
GB 50210—2001

030203□□

工程名称	××工程		分项工程名称	**抹灰**	验收部位	×××
施工单位	××建筑工程集团公司		专业工长	×××	项目经理	×××
施工执行标准名称及编号	建筑装饰装修工程质量验收规范(GB 50210—2001)					
分包单位			分包项目经理		施工班组长	

施工质量验收规范的规定				施工单位检查评定记录	监理(建设)单位验收记录
主控项目	1	水泥及配合比	第4.4.2条	✓	符合设计及施工质量验收规范要求
	2	勾缝牢固性	第4.4.3条	✓	
一般项目	1	勾缝外观质量	第4.4.4条	✓	符合设计及施工质量验收规范要求
	2	灰缝及表面	第4.4.5条	✓	

施工单位检查评定结果	经检查,主控项目全部合格,一般项目满足规范规定要求,检查评定结果为合格。 项目专业质量检查员:×××　　　　　　　　　　　　　　　　××年×月×日
监理(建设)单位验收结论	同意施工单位评定结果,验收合格。 监理工程师:××× (建设单位项目专业技术负责人)　　　　　　　　　　　　　××年×月×日

《清水砌体勾缝工程检验批质量验收记录表》填表说明：

（1）资料流程：本表由施工单位在完成本工序后填写，并报送监理单位；监理单位审批后返还施工单位，各相关单位存档。

（2）相关规定与要求：

1）主控项目：

①清水砌体勾缝所用水泥的凝结时间和安定性复验应合格。砂浆的配合比应符合设计要求。检查复验报告和施工记录。

②清水砌体勾缝应无漏勾。勾缝材料应粘结牢固、无开裂。观察检查。

2）一般项目：

①清水砌体勾缝应横平竖直，交接处应平顺，宽度和深度应均匀，表面应压实抹平。观察和尺量检查。

②灰缝应颜色一致，砌体表面应洁净。观察检查。

第五章 门窗工程资料

第一节 门窗工程资料分类

门窗工程资料分类见表 5-1。

表 5-1

门窗工程资料分类

类型及编号	表格编号 （或资料来源）	资料名称		备 注
施工技术 资料(C2)	施工单位编制	施工组织设计及施工方案		
	C2-1	技术交底 记录	木门窗制作与安装工程技术交底	具体样式可参照本书 第二章第二节相关内容
			金属门窗安装工程技术交底	
			塑料门窗安装工程技术交底	
			特种门安装工程技术交底	
			门窗玻璃安装工程技术交底	
	C2-2	图纸会审记录		见本书第二章
	C2-3	设计变更通知单		见本书第二章
	C2-4	工程洽商记录		见本书第二章
施工物资 资料(C4)	C4-1	材料、构配件进场检验记录		
	供应单位提供	门窗性能检测报告(物理性能)		
		门窗性能检测报告(保温性能)		
		门窗性能检测报告(力学性能)		
	检测单位提供	装饰装修用门窗复试报告		
施工记录 (C5)	C5-1	隐蔽工程检查记录		
	C5-2	预检记录		见本书第三章
	C5-3	施工检查记录		见本书第三章
	C5-4	交接检查记录		见本书第三章
施工质量 验收记录 (C7)	030301	木门窗制作工程检验批质量验收记录表（Ⅰ）		
	030301	木门窗安装工程检验批质量验收记录表（Ⅱ）		
	030302	钢门窗安装工程检验批质量验收记录表（Ⅰ）		
	030302	铝合金门窗安装工程检验批质量验收记录表（Ⅱ）		
	030302	涂色镀锌钢板门窗安装工程检验批质量验收记录表（Ⅲ）		
	030303	塑料门窗安装工程检验批质量验收记录表		
	030304	特种门窗安装工程检验批质量验收记录表		
	030305	门窗玻璃安装工程检验批质量验收记录表		

第二节 门窗工程施工物资资料

表 C4-1 材料、构配件进场检验记录

编号：＿＿×××＿＿

工程名称		××工程			检验日期		××年×月×日
序号	名　称	规格型号（mm）	进场数量	生产厂家 合格证号	检验项目	检验结果	备　注
1	木质防火门	甲级	98樘	××门窗厂 ××	外观、质量证明文件	合格	
2	普通装饰木门	M1023	500樘	××门窗厂 ××	外观、质量证明文件	合格	
3	装饰木门	M1021	60樘	××门窗厂 ××	外观、质量证明文件	合格	
4							

检验结论：

　　经进场检查,上述木门品种、规格、数量等均符合设计及《建筑装饰装修工程质量验收规范》(GB 50210—2001)的要求,产品质量证明文件齐全。

签字栏	建设(监理)单位	施工单位	××装饰装修工程有限公司	
		专业质检员	专业工长	检验员
	×××	×××	×××	×××

本表由施工单位填写并保存。

第三节　门窗工程施工记录

一、木门窗安装隐蔽工程检查记录

表 5-1

隐蔽工程检查记录

编号：×××

工程名称	××工程		
隐检项目	门窗工程安装	隐检日期	××年×月×日
隐检部位	八层房间装饰木门安装		

隐检依据:施工图图号_____ __建施—25__ _____,设计变更/洽商(编号_____ __/__ _____)及有关国家现行标准等。

主要材料名称及规格/型号:_____ __木门窗　　××__ _____。

隐检内容:

(1)木门框的安装牢固,预埋木砖已做防腐处理,木门框固定点的数量、位置及固定方法符合设计要求。

(2)门窗框与洞口的缝隙用与墙面抹灰相同的砂浆将其塞实,符合要求。

(3)门套背面已做防腐防火处理。

(4)门套上部缝隙满打发泡胶。

申报人:×××

检查意见:

经检查,符合设计要求和《建筑装饰装修工程质量验收规范》(GB 50210—2001)的要求。

检查结论:　☑同意隐蔽　　□不同意,修改后进行复查

复查结论:

复查人:　　　　　　　　　　　　　　　　　　　　　　　　复查日期:

签字栏	建设(监理)单位	施工单位	××建筑装饰装修工程有限公司	
		专业技术负责人	专业质检员	专业工长
	×××	×××	×××	×××

本表由施工单位填写,建设单位、施工单位、城建档案馆各保存一份。

二、铝合金门窗安装隐蔽工程检查记录

表 C5-1　　　　　　　　　　　　隐蔽工程检查记录

编号：×××

工程名称	××工程		
隐检项目	铝合金门窗工程安装	隐检日期	××年×月×日
隐检部位	四～六层铝合金木窗安装		

隐检依据：施工图图号　　　建施—52　　　，设计变更/洽商(编号　　　　/　　　　)及有关国家现行标准等。

主要材料名称及规格/型号：　　　铝合金门窗　　　。

隐检内容：

(1)铝合金窗的规格、尺寸、品种、性能、开启扇的开启方向、安装位置符合要求。

(2)窗钢副栓之间,窗钢副框与角码之间采用焊接连接,符合设计及施工规范要求。

(3)铝合金门窗预埋混凝土块上、下分别从离楼地面、门洞顶200mm处开始,中间每隔600mm埋设一块,符合要求。

(4)门窗与墙体间缝隙填嵌材料为水泥砂浆。

(5)固定玻璃的橡胶垫的设置符合有关标准的规定。

以上隐检内容已做完,请予以检查。

申报人：×××

检查意见：

经检查,符合设计要求和《建筑装饰装修工程质量验收规范》(GB 50210—2001)的要求。

检查结论：　☑同意隐蔽　　□不同意,修改后进行复查

复查结论：

复查人：　　　　　　　　　　　　　　　　　　　　　复查日期：

签字栏	建设(监理)单位	施工单位	××建设工程有限公司	
		专业技术负责人	专业质检员	专业工长
	×××	×××	×××	×××

本表由施工单位填写,建设单位、施工单位、城建档案馆各保存一份。

三、塑料门窗安装隐蔽工程检查记录

表 C5-1　　　　　　　　　　　　隐蔽工程检查记录

编号：＿＿＿×××＿＿＿

工程名称	××工程		
隐检项目	塑料门窗工程安装	隐检日期	××年×月×日
隐检部位	一层塑料门窗安装		

隐检依据：施工图图号＿＿＿建施—45＿＿＿，设计变更/洽商（编号＿＿＿＿/＿＿＿＿）及有关国家现行标准等。

主要材料名称及规格/型号：＿＿＿＿塑料窗＿＿＿＿。

隐检内容：

(1)窗洞水平基准线和洞口水平中心线、洞口垂直基准线和洞口垂直中心线均用墨斗弹出。

(2)窗洞口须留铁件数量、规格符合施工图纸要求，且位置正确、安装牢固。

(3)副框已固定，其对角线的误差在允许范围内。

(4)膨胀螺栓安装数量与位置正确，螺栓固定点间距为500mm。

(5)窗扇的橡胶密封条安装完好，门窗框与墙体之间分缝隙填嵌饱满，并采用密封胶密封。密封胶表面光滑、顺直、无裂纹。

以上隐蔽内容已做完，请予检查。

申报人：×××

检查意见：

经检查，符合设计要求及《建筑装饰装修工程质量验收规范》（GB 50210—2001）的要求。

检查结论：　☑同意隐蔽　　□不同意，修改后进行复查

复查结论：

复查人：　　　　　　　　　　　　　　　　　　　　复查日期：

签字栏	建设（监理）单位	施工单位	××建筑装饰装修工程有限公司	
		专业技术负责人	专业质检员	专业工长
	×××	×××	×××	×××

本表由施工单位填写，建设单位、施工单位、城建档案馆各保存一份。

四、特种门窗安装隐蔽工程检查记录

表 C5-1　　　　　　　　　　　　隐蔽工程检查记录

编号：＿×××＿

工程名称	××工程		
隐检项目	特种门安装	隐检日期	××年×月×日
隐检部位	12层⑥～⑩/ⓒ轴全玻门		

隐检依据：施工图图号＿＿＿建施—02～06＿＿＿，设计变更/洽商（编号＿＿＿＿＿/＿＿＿＿＿）及有关国家现行标准等。

主要材料名称及规格/型号：＿＿＿全玻门＿＿＿。

隐检内容：

(1)门安装所需各种材料的质量、数量、规格符合设计及施工规范要求。

(2)将地弹簧固定在土建地面结构上，固定牢固，地弹簧标高与设计图纸相符。

(3)将铝合金门夹装在玻璃上，然后通过地弹簧固定在门上，门玻璃对缝均匀符合设计及施工规范要求。

(4)将1.5厚不锈钢片固定在门夹上，不锈钢拉手通过螺栓固定在地弹簧门上下门夹上。

(5)与主体结构连接的连接件、紧固件安装牢固，其数量、规格、位置、连接方法和防腐处理符合设计及施工规范要求。

以上隐检内容已做完，请予以检查。

申报人：×××

检查意见：

经检查，符合设计要求和《建筑装饰装修工程质量验收规范》(GB 50210—2001)的要求。

检查结论：　☑同意隐蔽　　□不同意，修改后进行复查

复查结论：

复查人：　　　　　　　　　　　　　　　　　　　　复查日期：

签字栏	建设(监理)单位	施工单位	××建筑装饰装修工程公司	
		专业技术负责人	专业质检员	专业工长
	×××	×××	×××	×××

本表由施工单位填写，建设单位、施工单位、城建档案馆各保存一份。

第四节 门窗工程施工质量验收记录

一、木门窗制作与安装工程检验批质量验收记录

1. 木门窗制作检验批质量验收记录

木门窗制作工程检验批质量验收记录表
GB 50210—2001
（Ⅰ）

030301□□

工程名称		××工程	分部(子分部)工程名称			门　窗		验收部位		×××
施工单位		××建筑工程集团公司		专业工长		×××		项目经理		×××
施工执行标准名称及编号		建筑装饰装修工程质量验收规范(GB 50210—2001)								
分包单位			分包项目经理					施工班组长		

		施工质量验收规范的规定				施工单位检查评定记录		监理(建设)单位验收记录
主控项目	1	材料质量		第5.2.2条		√		木材质量、含水率符合设计及规范要求
	2	木材含水率		第5.2.3条		√		
	3	木材防护		第5.2.4条		√		
	4	木节及虫眼		第5.2.5条		√		
	5	榫槽连接		第5.2.6条		√		
	6	胶合板门、纤维板门、压模的质量		第5.2.7条		√		
一般项目	1	木门窗表面质量		第5.2.12条		√		符合设计及施工质量验收规范要求
	2	木门窗割角拼缝		第5.2.13条		√		
	3	木门窗槽、孔		第5.2.14条		√		
	4	允许偏差	翘曲	框	普通	3	√	
					高级	2	√	
				扇	普通	2	√	
					高级	2	√	
			对角线长度	框、扇	普通	3	√	
					高级	2	√	
			表面平整度	扇	普通	2	√	
					高级	2	√	
			高度、宽度	框	普通	0;−2	√	
					高级	0;−1	√	
				扇	普通	+2;0	√	
					高级	+1;0	√	
			裁口、线条结合处高低差	框、扇	普通	1	√	
					高级	0.5	√	
			相邻棂子两端间距	扇	普通	2	√	
					高级	1	√	

施工单位检查评定结果	经检查,主控项目全部合格,一般项目满足规范规定要求,检查评定结果为合格。 项目专业质量检查员:×××　　　　　　　　　　　　　　××年×月×日
监理(建设)单位验收结论	同意施工单位评定结果,验收合格。 监理工程师:××× (建设单位项目专业技术负责人)　　　　　　　　　××年×月×日

《木门窗制作工程检验批质量验收记录表》填表说明：

（1）资料流程：本表由施工单位在完成本工序后填写，并报送监理单位；监理单位审批后返还施工单位，各相关单位存档。

（2）相关规定与要求：

1）主控项目：

①木门窗的木材品种、材质等级、规格、尺寸、框扇的线型及人造木板的甲醛含量应符合设计要求。设计未规定材质等级时，所用木材的质量应符合《建筑装饰装修工程质量验收规范》（GB 50210—2000）附录 A 的规定。观察，检查材料进场验收记录和复验报告。

②木门窗应采用烘干的木材，含水率应符合《建筑木门、木窗》（JG/T 122—2000）的规定。检查材料进场验收记录。

③木门窗的防火、防腐、防虫处理应符合设计要求。观察，检查材料进场验收记录。

④木门窗的结合处和安装配件处不得有木节或已填补的木节。木门窗如有允许限值以内的死节及直径较大的虫眼时，应用同一材质的木塞加胶填补。对于清漆制品，木塞的木纹和色泽应与制品一致。观察检查。

⑤门窗框和厚度大于 50mm 的门窗扇应用双榫连接。榫槽应采用胶料严密嵌合，并应用胶楔加紧。观察和手扳检查。

⑥胶合板门、纤维板门和模压门不得脱胶。胶合板不得刨透表层单板，不得有戗槎。制作胶合板门、纤维板门时，边框和横楞应在同一平面上，面层、边框及横楞应加压胶结。横楞和上、下冒头应各钻两个以上的透气孔，透气孔应通畅。观察检查。

2）一般项目：

①木门窗表面应洁净，不得有刨痕、锤印。观察检查。

②木门窗的割角、拼缝应严密平整。门窗框、扇裁口应顺直，刨面应平整。观察检查。

③木门窗上的槽、孔应边缘整齐、无毛刺。观察检查。

2. 木门窗安装工程检验批质量验收记录表

木门窗安装工程检验批质量验收记录表
GB 50210—2001

（Ⅱ）

030301□□

工程名称	××工程	分部(子分部)工程名称	门　窗	验收部位	×××
施工单位	××建筑工程集团公司	专业工长	×××	项目经理	×××
施工执行标准名称及编号	建筑装饰装修工程质量验收规范(GB 50210—2001)				
分包单位		分包项目经理		施工班组长	

施工质量验收规范的规定				施工单位检查评定记录	监理(建设)单位验收记录
主控项目	1	木门窗品种、规格、安装方向位置	第5.2.8条	✓	符合设计及施工质量验收规范要求
	2	木门窗扇安装	第5.2.9条	✓	
	3	木门窗安装牢固	第5.2.10条	✓	
	4	门窗配件安装	第5.2.11条	✓	
一般项目	1	缝隙嵌填材料	第5.2.15条	✓	符合设计及施工质量验收规范要求
	2	批水、盖口条等细部	第5.2.16条	✓	
	3	安装留缝限值及允许偏差	第5.2.18条	2 1 1 0 2 1 0 1 0 1	

施工单位检查评定结果	经检查,主控项目全部合格,一般项目满足规范规定要求,检查评定结果为合格。 项目专业质量检查员:×××　　　　　　　　　　××年×月×日
监理(建设)单位验收结论	同意施工单位评定结果,验收合格。 监理工程师:××× (建设单位项目专业技术负责人)　　　　　　　××年×月×日

《木门窗安装工程检验批质量验收记录表》填表说明：

(1)资料流程：本表由施工单位在完成本工序后填写，并报送监理单位；监理单位审批后返还施工单位，各相关单位存档。

(2)相关规定与要求：

1)主控项目：

①窗的品种、类型、规格、开启方向、安装位置及连接方式应符合设计要求。观察和尺量检查。

②木门窗框的安装必须牢固。预埋木砖的防腐处理、木门窗框固定点的数量、位置及固定方法应符合设计要求。观察和手扳检查。

③木门窗扇必须安装牢固，并应开关灵活，关闭严密，无倒翘。观察、开启、关闭和手扳检查。

④木门窗配件的型号、规格、数量应符合设计要求，安装应牢固，位置应正确，功能应满足使用要求。观察、开启、关闭和手扳检查。

2)一般项目：

①木门窗与墙体间缝隙的填嵌材料应符合设计要求，填嵌应饱满。寒冷地区外门窗(或门窗框)与砌体间的空隙应填充保温材料。轻敲门窗框检查；检查隐蔽工程验收记录和施工记录。

②木门窗批水、盖口条、压缝条、密封条的安装应顺直，与门窗结合应牢固、严密。观察和手扳检查。

③木门窗安装的留缝限值、允许偏差和检验方法应符合下表的规定。

木门窗安装的留缝限值、允许偏差和检验方法

项次	项　目		留缝限值(mm)		允许偏差(mm)		检验方法
			普通	高级	普通	高级	
1	门窗槽口对角线长度差		—	—	3	2	用钢尺检查
2	门窗框的正、侧面垂直度		—	—	2	1	用1m垂直检测尺检查
3	框与扇、扇与扇接缝高低差		—	—	2	1	用钢直尺和塞尺检查
4	门窗扇对口缝		1~2.5	1.5~2	—	—	用塞尺检查
5	工业厂房双扇大门对口缝		2~5	—	—	—	
6	门窗扇与上框间留缝		1~2	1~1.5	—	—	
7	门窗扇与侧框间留缝		1~2.5	1~1.5	—	—	
8	窗扇与下框间留缝		2~3	2~2.5	—	—	
9	门扇与下框间留缝		3~5	3~4	—	—	
10	双层门窗内外框间距		—	—	4	3	用钢尺检查
11	无下框时门扇与地面间留缝	外门	4~7	5~6	—	—	用塞尺检查
		内门	5~8	6~7	—	—	
		卫生间门	8~12	8~10	—	—	
		厂房大门	10~20	—	—	—	

注：1. 表中除给出允许偏差外，对留缝尺寸等给出了尺寸限值。考虑到所给尺寸限值是一个范围，故不再给出允许偏差。

2. 表中允许偏差栏中所列数值，凡注明正负号的，表示GB 50210—2001对此偏差的不同方向有不同要求，应严格遵守。凡没有注明正负号的，即使其偏差可能具有方向性，但GB 50210—2001并未对这类偏差的方向性作出规定，故检查时对这些偏差可以不考虑方向性要求。

3. 本表摘自《建筑装饰装修工程质量验收规范》(GB 50210—2001)。

二、金属门窗安装工程检验批质量验收记录

1. 钢门窗安装工程检验批质量验收记录

钢门窗安装工程检验批质量验收记录表
GB 50210—2001
（Ⅰ）

030302□□

工程名称	××工程	分部(子分部)工程名称		门　窗	验收部位		×××
施工单位	××建筑工程集团公司			专业工长	×××	项目经理	×××
施工执行标准名称及编号	建筑装饰装修工程质量验收规范(GB 50210—2001)						
分包单位		分包项目经理			施工班组长		

		施工质量验收规范的规定		施工单位检查评定记录	监理(建设)单位验收记录
主控项目	1	门窗质量	第5.3.2条	✓	符合设计及施工质量验收规范要求
	2	框和副框安装,预埋件	第5.3.3条	✓	
	3	门窗扇安装	第5.3.4条	✓	
	4	配件质量及安装	第5.3.5条	✓	
一般项目	1	表面质量	第5.3.6条	✓	符合设计及施工质量验收规范要求
	2	框与墙体间缝隙	第5.3.8条	✓	
	3	扇密封胶条或毛毡密封条	第5.3.9条	✓	
	4	排水孔	第5.3.10条	✓	
	5	留缝限值和允许偏差	第5.3.11条	✓	
施工单位检查评定结果	经检查,主控项目全部合格,一般项目满足规范规定要求,检查评定结果为合格。 项目专业质量检查员:×××　　　　　　　　　　　　　××年×月×日				
监理(建设)单位验收结论	同意施工单位评定结果,验收合格。 监理工程师:××× (建设单位项目专业技术负责人)　　　　　　　　　××年×月×日				

《钢门窗安装工程检验批质量验收记录表》填表说明：

(1)资料流程:本表由施工单位在完成本工序后填写,并报送监理单位;监理单位审批后返还施工单位,各相关单位存档。

(2)相关规定与要求:

1)主控项目:

①金属门窗的品种、类型、规格、尺寸、性能、开启方向、安装位置、连接方式及铝合金门窗的型材壁厚应符合设计要求。金属门窗的防腐处理及填嵌、密封处理应符合设计要求。观察和尺量检查;检查产品合格证书、性能检测报告、进场验收记录和复验报告。

②金属门窗框和副框的安装必须牢固。预埋件的数量、位置、埋设方式、与框的连接方式必须符合设计要求。手扳检查。

③金属门窗扇必须安装牢固,并应开关灵活、关闭严密,无倒翘。推拉门窗扇必须有防脱落措施。观察、开、闭和手扳检查。

④金属门窗配件的型号、规格、数量应符合设计要求,安装应牢固,位置应正确,功能应满足使用要求。观察、开、闭和手扳检查。

2)一般项目:

①金属门窗表面应洁净、平整、光滑、色泽一致,无锈蚀。大面应无划痕、碰伤。漆膜或保护层应连续。观察检查。

②金属门窗框与墙体之间的缝隙应填嵌饱满,并采用密封胶密封。密封胶表面应光滑、顺直,无裂纹。观察和敲框检查。

③金属门窗扇的橡胶密封条或毛毡密封条应安装完好,不得脱槽。观察和开、闭检查。

④有排水孔的金属门窗,排水孔应畅通,位置和数量应符合设计要求。观察检查。

⑤钢门窗安装的留缝限值、允许偏差符合下表的规定。

钢门窗安装的留缝限值、允许偏差和检验方法

项次	项　目		留缝限值 (mm)	允许偏差 (mm)	检验方法
1	门窗槽口宽度、高度	≤1500mm	—	2.5	用钢尺检查
		>1500mm	—	3.5	
2	门窗槽口对角线长度差	≤2000mm	—	5	用钢尺检查
		>2000mm	—	6	
3	门窗框的正、侧面垂直度		—	3	用1m垂直检测尺检查
4	门窗横框的水平度		—	3	用1m水平尺和塞尺检查
5	门窗横框标高		—	5	用钢尺检查
6	门窗竖向偏离中心		—	4	用钢尺检查
7	双层门窗内外框间距		—	5	用钢尺检查
8	门窗框、扇配合间隙		≤2	—	用塞尺检查
9	无下框时门扇与地面间留缝		4~8	—	用塞尺检查

注:1. 表中允许偏差栏中所列数值,凡注明正负号的,表示 GB 50210 对此偏差的不同方向有不同要求,应严格遵守。凡没有注明正负号的,即使其偏差可能具有方向性,但 GB 50210 并未对这类偏差的方向性作出规定,故检查时对这些偏差可以不考虑方向性要求。

　　2. 本表摘自《建筑装饰装修工程质量验收规范》(GB 50210—2001)。

2. 铝合金门窗安装工程检验批质量验收记录表

铝合金门窗安装工程检验批质量验收记录表
GB 50210—2001
（Ⅱ）

030302□□

工程名称	××工程	分部(子分部)工程名称	门 窗	验收部位	×××
施工单位	××建筑工程集团公司		专业工长	×××	项目经理	×××

施工执行标准名称及编号	建筑装饰装修工程质量验收规范(GB 50210—2001)

分包单位		分包项目经理		施工班组长	

		施工质量验收规范的规定		施工单位检查评定记录	监理(建设)单位验收记录
主控项目	1	门窗质量	第5.3.2条	✓	符合设计及施工质量验收规范要求
	2	框和副框安装,预埋件	第5.3.3条	✓	
	3	门窗扇安装	第5.3.4条	✓	
	4	配件质量及安装	第5.3.5条	✓	
一般项目	1	表面质量	第5.3.6条	✓	符合设计及施工质量验收规范要求
	2	推拉扇开关应力	第5.3.7条	✓	
	3	框与墙体间缝隙	第5.3.8条	✓	
	4	扇密封胶条或毛毡密封条	第5.3.9条	✓	
	5	排水孔	第5.3.10条	✓	
	6	安装允许偏差	第5.3.12条	✓	

施工单位检查评定结果	经检查,主控项目全部合格,一般项目满足规范规定要求,检查评定结果为合格。 项目专业质量检查员:×××　　　　　　　　　　××年×月×日

监理(建设)单位验收结论	同意施工单位评定结果,验收合格。 监理工程师:××× (建设单位项目专业技术负责人)　　　　　　××年×月×日

《铝合金门窗安装工程检验批质量验收记录表》填表说明：

(1)资料流程:本表由施工单位在完成本工序后填写,并报送监理单位;监理单位审批后返还施工单位,各相关单位存档。

(2)相关规定与要求:

1)主控项目:

①金属门窗的品种、类型、规格、尺寸、性能、开启方向、安装位置、连接方式及铝合金门窗的型材壁厚应符合设计要求。金属门窗的防腐处理及填嵌、密封处理应符合设计要求。观察和尺量检查;检查产品合格证书、性能检测报告、进场验收记录和复验报告及隐蔽工程验收记录。

②金属门窗框和副框的安装必须牢固。预埋件的数量、位置、埋设方式、与框的连接方式必须符合设计要求。手扳检查;检查隐蔽工程验收记录。

③金属门窗扇必须安装牢固,并应开关灵活、关闭严密,无倒翘。推拉门窗扇必须有防脱落措施。观察、开闭和手扳检查。

④金属门窗配件的型号、规格、数量应符合设计要求,安装应牢固,位置应正确,功能应满足使用要求。观察、开闭和手扳检查。

2)一般项目:

①金属门窗表面应洁净、平整、光滑、色泽一致,无锈蚀。大面应无划痕、碰伤。漆膜或保护层应连续。

观察检查。

②铝合金门窗推拉门窗扇开关力应不大于100N。

用弹簧秤检查。

③金属门窗框与墙体之间的缝隙应填嵌饱满,并采用密封胶密封。密封胶表面应光滑、顺直,无裂纹。

观察、敲框检查;检查隐蔽工程验收记录。

④金属门窗扇的橡胶密封条或毛毡密封条应安装完好,不得脱槽。

观察、开闭检查。

⑤有排水孔的金属门窗,排水孔应畅通,位置和数量应符合设计要求。

观察检查。

⑥铝合金门窗安装的允许偏差和检验方法应符合下表规定。

铝合金门窗安装的允许偏差和检验方法

项 次	项 目		允许偏差(mm)	检验方法
1	门窗槽口宽度、高度	≤1500mm	1.5	用钢尺检查
		>1500mm	2	
2	门窗槽口对角线长度差	≤2000mm	3	用钢尺检查
		>2000mm	4	
3	门窗框的正、侧面垂直度		2.5	用垂直检测尺检查
4	门窗横框的水平度		2	用1m水平尺和塞尺检查
5	门窗横框标高		5	用钢尺检查
6	门窗竖向偏离中心		5	用钢尺检查
7	双层门窗内外框间距		4	用钢尺检查
8	推拉门窗扇与框搭接量		1.5	用钢直尺检查

注:1. 表中允许偏差栏中所列数值,凡注明正负号的,表示 GB 50210 对此偏差的不同方向有不同要求,应严格遵守。凡没有注明正负号的,即使其偏差可能具有方向性,但 GB 50210 并未对这类偏差的方向性作出规定,故检查时对这些偏差可以不考虑方向性要求。

2. 本表摘自《建筑装饰装修工程质量验收规范》(GB 50210—2001)。

3. 涂色镀锌钢板门窗安装工程检验批质量验收记录表

涂色镀锌钢板门窗安装工程检验批质量验收记录表
GB 50210—2001
（Ⅲ）

030302□□

工程名称	××工程	分部(子分部)工程名称	门　窗	验收部位	×××
施工单位	××建筑工程集团公司	专业工长	×××	项目经理	×××
施工执行标准名称及编号	建筑装饰装修工程质量验收规范(GB 50210—2001)				
分包单位		分包项目经理		施工班组长	

		施工质量验收规范的规定		施工单位检查评定记录	监理(建设)单位验收记录
主控项目	1	门窗质量	第5.3.2条	✓	符合设计及施工质量验收规范要求
	2	框和副框安装,预埋件	第5.3.3条	✓	
	3	门窗扇安装	第5.3.4条	✓	
	4	配件质量及安装	第5.3.5条	✓	
一般项目	1	表面质量	第5.3.6条	✓	符合设计及施工质量验收规范要求
	2	框与墙体间缝隙	第5.3.8条	✓	
	3	扇密封胶条或毛毡密封条	第5.3.9条	✓	
	4	排水孔	第5.3.10条	✓	
	5	安装允许偏差	第5.3.13条	✓	

施工单位检查评定结果	经检查,主控项目全部合格,一般项目满足规范规定要求,检查评定结果为合格。 项目专业质量检查员:×××　　　　　　　　　　　　　　　　××年×月×日
监理(建设)单位验收结论	同意施工单位评定结果,验收合格。 监理工程师:××× (建设单位项目专业技术负责人)　　　　　　　　　　　　　××年×月×日

《涂色镀锌钢板门窗安装工程检验批质量验收记录表》填表说明：

(1)资料流程：本表由施工单位在完成本工序后填写，并报送监理单位；监理单位审批后返还施工单位，各相关单位存档。

(2)相关规定与要求：

1)主控项目：

①金属门窗的品种、类型、规格、尺寸、性能、开启方向、安装位置、连接方式及铝金门窗的型材壁厚应符合设计要求。金属门窗的防腐处理及填嵌、密封处理应符合设计要求。

观察和尺量检查；检查产品合格证书、性能检测报告、进场验收记录和复验报告及隐蔽工程检查。

②金属门窗框和副框的安装必须牢固。预埋件的数量、位置、埋设方式、与框的连接方式必须符合设计要求。

手扳检查；检查隐蔽工程验收记录。

③金属门窗扇必须安装牢固，并应开关灵活、关闭严密，无倒翘。推拉门窗扇必须有防脱落措施。

观察、开闭和手扳检查。

④金属门窗配件的型号、规格、数量应符合设计要求，安装应牢固，位置应正确，功能应满足使用要求。

观察、开闭和手扳检查。

2)一般项目：

①金属门窗表面应洁净、平整、光滑、色泽一致，无锈蚀。大面应无划痕、碰伤。漆膜或保护层应连续。

观察检查。

②金属门窗框与墙体之间的缝隙应填嵌饱满，并采用密封胶密封。密封胶表面应光滑、顺直，无裂纹。

观察和敲框检查；检查隐蔽工程验收记录。

③金属门窗扇的橡胶密封条或毛毡密封条应安装完好，不得脱槽。

观察和开闭检查。

④有排水孔的金属门窗，排水孔应畅通，位置和数量应符合设计要求。

观察检查。

⑤涂色镀锌钢板安装的允许偏差和检验方法应符合下表规定。

涂色镀锌钢板门窗安装的允许偏差和检验方法

项　次	项　　目		允许偏差(mm)	检验方法
1	门窗槽口宽度、高度	≤1500mm	2	用钢尺检查
		>1500mm	3	
2	门窗槽口对角线长度差	≤2000mm	4	用钢尺检查
		>2000mm	5	
3	门窗框的正、侧面垂直度		3	用垂直检测尺检查
4	门窗横框的水平度		3	用1m水平尺和塞尺检查
5	门窗横框标高		5	用钢尺检查
6	门窗竖向偏离中心		5	用钢尺检查
7	双层门窗内外框间距		4	用钢尺检查
8	推拉门窗扇与框搭接量		2	用钢直尺检查

注：表中允许偏差栏中所列数值，凡注明正负号的，表示 GB 50210 对此偏差的不同方向有不同要求，应严格遵守。凡没有注明正负号的，即使其偏差可能具有方向性，但 GB 50210 并未对这类偏差的方向性作出规定，故检查时对这些偏差可以不考虑方向性要求。

三、塑料门窗安装工程检验批质量验收记录

塑料门窗安装工程检验批质量验收记录表
GB 50210—2001

030303□□

工程名称	××工程	分部(子分部)工程名称		门 窗		验收部位		×××
施工单位	××建筑工程集团公司			专业工长	×××	项目经理		×××
施工执行标准名称及编号	建筑装饰装修工程质量验收规范(GB 50210—2001)							
分包单位		分包项目经理				施工班组长		

施工质量验收规范的规定			施工单位检查评定记录	监理(建设)单位验收记录
主控项目	1	门窗质量	第5.4.2条	√	符合设计及施工质量验收规范要求
	2	框、扇安装	第5.4.3条	√	
	3	拼樘料与框连接	第5.4.4条	√	
	4	门窗扇安装	第5.4.5条	√	
	5	配件质量及安装	第5.4.6条	√	
	6	框与墙体缝隙填嵌	第5.4.7条	√	
一般项目	1	表面质量	第5.3.8条	√	符合设计及施工质量验收规范要求
	2	密封条及旋转门窗间隙	第5.4.9条	√	
	3	门窗扇开关力	第5.4.10条	√	
	4	玻璃密封条、玻璃槽口	第5.4.11条	√	
	5	排水孔	第5.4.12条	√	
	6	安装允许偏差	第5.4.13条	√	

施工单位检查评定结果	经检查,主控项目全部合格,一般项目满足规范规定要求,检查评定结果为合格。 项目专业质量检查员:×××　　　　　　　　　　　　　××年×月×日
监理(建设)单位验收结论	同意施工单位评定结果,验收合格。 监理工程师:××× (建设单位项目专业技术负责人)　　　　　　　　　　××年×月×日

《塑料门窗安装工程检验批质量验收记录表》填表说明：

(1)资料流程：本表由施工单位在完成本工序后填写，并报送监理单位；监理单位审批后返还施工单位，各相关单位存档。

(2)相关规定与要求：

1)主控项目。

①塑料门窗的品种、类型、规格、尺寸、开启方向、安装位置、连接方式及填嵌密封处理应符合设计要求，内衬增强型钢的壁厚及设置应符合国家现行产品标准的质量要求。

观察和尺量检查；检查产品合格证书、性能检测报告、进场验收记录和复验报告及隐蔽工程验收记录。

②塑料门窗框、副框和扇的安装必须牢固。固定片或膨胀螺栓的数量与位置应正确，连接方式应符合设计要求。固定点应距窗角、中横框、中竖框150～200mm，固定点间距应不大于600mm。

观察和手扳检查，检查隐蔽工程验收记录。

③塑料门窗拼樘料内衬增强型钢的规格、壁厚必须符合设计要求，型钢应与型材内腔紧密吻合，其两端必须与洞口固定牢固。窗框必须与拼樘料连接紧密，固定点间距应不大于600mm。

观察、手扳和尺量检查；检查进场验收记录。

④塑料门窗扇应开关灵活、关闭严密，无倒翘。推拉门窗扇必须有防脱落措施。观察、开闭和手扳检查。

⑤塑料门窗配件的型号、规格、数量应符合设计要求，安装应牢固，位置应正确，功能应满足使用要求。

观察和手扳检查和尺量检查。

⑥塑料门窗框与墙体间缝隙应采用闭孔弹性材料填嵌饱满，表面应采用密封胶密封。密封胶应粘结牢固，表面应光滑、顺直、无裂纹。

观察检查；检查隐蔽工程验收记录。

2)一般项目。

①塑料门窗表面应洁净、平整、光滑，大面应无划痕、碰伤。观察检查。

②塑料门窗扇的密封条不得脱槽。旋转窗间隙应基本均匀。

③塑料门窗扇的开关力应符合下列规定：

a. 平开门窗扇平铰链的开关力应不大于80N；滑撑铰链的开关力应不大于80N，并不小于30N。

b. 推拉门窗扇的开关力应不大于100N。

观察和用弹簧秤检查。

④玻璃密封条与玻璃及玻璃槽口的接缝应平整，不得卷边、脱槽。观察检查。

⑤排水孔应畅通，位置和数量应符合设计要求。观察检查。

⑥塑料门窗安装的允许偏差和检验方法应符合下表规定。

塑料门窗安装的允许偏差和检验方法

项次	项　目		允许偏差 (mm)	检验方法
1	门窗槽口宽度、高度	≤1500mm	2	用钢尺检查
		>1500mm	3	
2	门窗槽口对角线长度差	≤2000mm	3	用钢尺检查
		>2000mm	5	

续表

项次	项　目	允许偏差 （mm）	检验方法
3	门窗框的正、侧面垂直度	3	用1m垂直检测尺检查
4	门窗横框的水平度	3	用1m水平尺和塞尺检查
5	门窗横框标高	5	用钢尺检查
6	门窗竖向偏离中心	5	用钢直尺检查
7	双层门窗内外框间距	4	用钢尺检查
8	同樘平开门窗相邻扇高度差	2	用钢直尺检查
9	平开门窗铰链部位配合间隙	+2，−1	用塞尺检查
10	推拉门窗扇与框搭接量	+1.5，−2.5	用钢直尺检查
11	推拉门窗扇与竖框平行度	2	用1m水平尺和塞尺检查

注：本表摘自《建筑装饰装修工程质量验收规范》（GB 50210—2001）。

四、特种门安装工程检验批质量验收记录

特种门安装工程检验批质量验收记录表

GB 50210—2001

030304□□

工程名称		××工程	分部(子分部)工程名称		门 窗		验收部位	×××
施工单位		××建筑工程集团公司		专业工长	×××		项目经理	×××
施工执行标准名称及编号		建筑装饰装修工程质量验收规范(GB 50210—2001)						
分包单位			分包项目经理			施工班组长		

		施工质量验收规范的规定		施工单位检查评定记录	监理(建设)单位验收记录
主控项目	1	门质量和性能	第5.5.2条	✓	符合设计及施工质量验收规范要求
	2	门品种规格、方向位置	第5.5.3条	✓	
	3	机械、自动和智能化装置	第5.5.4条	✓	
	4	安装及预埋件	第5.5.5条	✓	
	5	配件、安装及功能	第5.5.6条	✓	
一般项目	1	表面装饰	第5.5.7条	✓	符合设计及施工质量验收规范要求
	2	表面质量	第5.5.8条	✓	
	3	推拉自动门留缝限值及允许偏差	第5.5.9条	✓	
	4	推拉自动门感应时间限值	第5.5.10条	✓	
	5	旋转门安装允许偏差	第5.5.11条	✓	
施工单位检查评定结果	经检查,主控项目全部合格,一般项目满足规范规定要求,检查评定结果为合格。 项目专业质量检查员:×××　　　　　　　　　　　××年×月×日				
监理(建设)单位验收结论	同意施工单位评定结果,验收合格。 监理工程师:××× (建设单位项目专业技术负责人)　　　　　　　　　××年×月×日				

《特种门安装工程检验批质量验收记录表》填表说明：

(1)资料流程：本表由施工单位在完成本工序后填写，并报送监理单位；监理单位审批后返还施工单位，各相关单位存档。

(2)相关规定与要求：

1)主控项目。

①特种门的质量和各项性能应符合设计要求。

检查生产许可证、产品合格证书和性能检测报告。

②特种门的品种、类型、规格、尺寸、开启方向、安装位置及防腐处理应符合设计要求。

观察和尺量检查；检查进场验收记录和隐蔽工程验收记录。

③带有机械装置、自动装置或智能化装置的特种门，其机械装置、自动装置或智能化装置的功能应符合设计要求和有关标准的规定。

启动机械装置、自动装置或智能化装置，观察。

④特种门的安装必须牢固。预埋件的数量、位置、埋设方式、与框的连接方式必须符合设计要求。

观察和手扳检查。

⑤特种门的配件应齐全，位置应正确，安装应牢固，功能应满足使用要求和特种门的各项性能要求。

观察和手扳检查；检查产品合格证书、性能检测报告和进场验收记录。

2)一般项目。

①特种门的表面装饰应符合设计要求。

观察检查。

②特种门的表面应洁净，无划痕、碰伤。

观察检查。

五、门窗玻璃安装工程检验批质量验收记录

门窗玻璃安装工程检验批质量验收记录

GB 50210—2001

030305□□

工程名称	××工程	分部(子分部)工程名称	门　窗	验收部位	×××
施工单位	××建筑工程集团公司		专业工长 ×××	项目经理	×××
施工执行标准名称及编号	建筑装饰装修工程质量验收规范(GB 50210—2001)				
分包单位		分包项目经理		施工班组长	

		施工质量验收规范的规定		施工单位检查评定记录	监理(建设)单位验收记录
主控项目	1	玻璃质量	第5.6.2条	√	符合设计及施工质量验收规范要求
	2	玻璃裁割与安装质量	第5.6.3条	√	
	3	安装方法	第5.6.4条	√	
		钉子或钢丝卡			
	4	木压条	第5.6.5条	√	
	5	密封条	第5.6.6条	√	
	6	带密封条的玻璃压条	第5.6.7条	√	
一般项目	1	玻璃表面	第5.6.8条	√	符合设计及施工质量验收规范要求
	2	玻璃安装方向	第5.6.9条	√	
	3	腻子	第5.6.10条	√	

施工单位检查评定结果	经检查,主控项目全部合格,一般项目满足规范规定要求,检查评定结果为合格。 项目专业质量检查员:×××　　　　　　　　　　　××年×月×日
监理(建设)单位验收结论	同意施工单位评定结果,验收合格。 监理工程师:××× (建设单位项目专业技术负责人)　　　　　　　××年×月×日

《门窗玻璃安装工程检验批质量验收记录表》填表说明：

(1)资料流程：本表由施工单位在完成本工序后填写，并报送监理单位；监理单位审批后返还施工单位，各相关单位存档。

(2)相关规定与要求：

1)主控项目：

①玻璃的品种、规格、尺寸、色彩、图案和涂膜朝向应符合设计要求。单块玻璃大于 $1.5m^2$ 时应使用安全玻璃。

观察和检查产品合格证书、性能检测报告和进场验收记录。

②门窗玻璃裁割尺寸应正确。安装后的玻璃应牢固，不得有裂纹、损伤和松动。

观察和轻敲检查。

③玻璃的安装方法应符合设计要求。固定玻璃的钉子或钢丝卡的数量、规格应保证玻璃安装牢固。

观察和检查。

④镶钉木压条接触玻璃处，应与裁口边缘平齐。木压条应互相紧密连接，并与裁口边缘紧贴，割角应整齐。

观察检查。

⑤密封条与玻璃、玻璃槽口的接触应紧密、平整。密封胶与玻璃、玻璃槽口的边缘应粘结牢固、接缝平齐。

观察检查。

⑥带密封条的玻璃压条，其密封必须与玻璃全部贴紧，压条与型材之间应无明显缝隙，压条接缝应不大于 0.5mm。

观察和尺量检查。

2)一般项目：

①玻璃表面应洁净，不得有腻子、密封胶、涂料等污渍。中空玻璃内外表面均应洁净，玻璃中空层内不得有灰尘和水蒸气。

观察检查。

②门窗玻璃不应直接接触型材。单面镀膜玻璃的镀膜层及磨砂玻璃的磨砂面应朝向室内。中空玻璃的单面镀膜玻璃应在最外层，镀膜层应朝向室内。

观察检查。

③腻子应填抹饱满、粘结牢固；腻子边缘与裁口应平齐。固定玻璃的卡子不应在腻子表面显露。

观察检查。

第六章　吊顶工程资料

第一节　吊顶工程资料分类

吊顶工程资料分类见表 6-1。

表 6-1　　　　　　　　　　　吊顶工程资料分类

类别及编号	表格编号 （或资料来源）	资料名称		备　注
施工技术资料（C2）	施工单位编制	施工组织设计及施工方案		
	C2-1	技术交底记录	暗龙骨吊顶安装技术交底	具体样式可参照本书第二章第二节相关内容
			明龙骨吊顶安装技术交底	
	C2-2	图纸会审记录		见本书第二章
	C2-3	设计变更通知单		见本书第二章
	C2-4	工程洽商记录		见本书第二章
施工物资资料（C4）	C4-1	材料、构配件进场检验记录		
	供应单位提供	吊顶饰面材料性能检测记录		
施工记录（C5）	C5-1	隐蔽工程检查记录		
	C5-2	预检记录		见本书第三章
	C5-3	施工检查记录		见本书第三章
	C5-4	交接检查记录		见本书第三章
施工质量验收记录（C7）	030401	暗龙骨吊顶工程检验批质量验收记录		
	030402	明龙骨吊顶工程检验批质量验收记录		

第二节　吊顶工程施工物资资料

表 C4-1　　　　　　　　　　　材料、构配件进场检验记录

编号：×××

工程名称		××工程			检验日期	××年×月×日	
序号	名　称	规格 型号(mm)	进场 数量	生产厂家	检验项目	检验结果	备　注
				合格证号			
1	75 竖龙骨	75×50×0.6	××m³	××建材有限公司 ×××	外观、质量 证明文件	合格	
2	普通纸面石膏板	3000×1200 ×12×9.5	××张	××建材有限公司 ×××	外观、质量 证明文件	合格	
3	吊杆	φ8×3000	××根	××建材有限公司 ×××	外观、质量 证明文件	合格	
4	复合天花板	600×600×18	××张	××建材有限公司 ×××	外观、质量 证明文件	合格	
5							
6							

检验结论：

以上材料经外观检验合格，材质、规格型号及数量经复检均符合设计及施工规范要求，产品质量证明文件齐全。

签字栏	建设(监理)单位	施工单位	×××建筑装饰装修工程公司	
			专业质检员	专业工长	检验员
	×××		×××	×××	×××

本表由施工单位填写并保存。

第三节 吊顶工程施工记录

表 C5-1 隐蔽工程检查记录

编号：＿＿×××＿＿

工程名称	××工程		
隐检项目	吊顶工程	隐检日期	××年×月×日
隐检部位	二层 ①～⑳/Ⓔ～Ⓕ轴线		4.2m 标高

隐检依据:施工图图号＿＿＿＿建施—02＿＿＿＿,设计变更/洽商(编号＿＿＿＿／＿＿＿＿)及有关国家现行标准等。
主要材料名称及规格/型号:＿＿U38×1.0 主龙骨；50×0.6 副龙骨；M8 镀锌专用吊杆;M8 内膨胀管＿＿。

隐检内容：

(1)吊杆采用 M8 镀锌专用吊杆,固定间距≤1200mm,灯具和风扇均另加吊杆安装。

(2)M8 内膨胀管吊点间距 900～1200mm,吊杆与内膨胀管连接坚固,吊杆垂直。

(3)矿棉吸声板吊顶主龙骨采用 U 形 38 轻钢烤漆龙骨,铝合金吊顶采用 U 形 38 轻钢烤漆主龙骨,间距≤1200mm。

(4)矿棉吸声板 T 形主次龙骨采用铝合金喷漆龙骨,间距≤600mm。

(5)吊顶内各种电线管已穿完,喷淋头、烟感器等已安装完毕,请求封板。

隐检内容已做完,请予以检查。

申报人:×××

检查意见：

上述项目检查均符合设计要求和《建筑装饰装修工程质量验收规范》(GB 50210—2001)的要求。

检查结论：☑同意隐蔽 □不同意,修改后进行复查

复查结论：

复查人： 复查日期：

签字栏	建设(监理)单位	施工单位	×××建筑装饰装修工程有限公司	
		专业技术负责人	专业质检员	专业工长
	×××	×××	×××	×××

本表由施工单位填写,建设单位、施工单位、城建档案馆各保存一份。

第四节　吊顶工程施工质量验收记录

一、暗龙骨吊顶工程检验批质量验收记录

暗龙骨吊顶工程检验批质量验收记录表
GB 50210—2001

030401□□

工程名称	××工程		分部(子分部)工程名称		吊顶	验收部位		×××
施工单位	××建筑工程集团公司			专业工长	×××	项目经理		×××
施工执行标准 名称及编号	建筑装饰装修工程质量验收规范(GB 50210—2001)							
分包单位			分包项目经理			施工班组长		
施工质量验收规范的规定					施工单位检查评定记录		监理(建设)单位 验收记录	
主控项目	1	标高、尺寸、起拱、造型	第6.2.2条		√		符合设计及施工 质量验收规范要求	
	2	饰面材料	第6.2.3条		√			
	3	吊杆、龙骨、饰面材料安装	第6.2.4条		√			
	4	吊杆、龙骨材质	第6.2.5条		√			
	5	石膏板接缝	第6.2.6条		√			
一般项目	1	材料表面质量	第6.2.7条		√		符合设计及施工 质量验收规范要求	
	2	灯具等设备	第6.2.8条		√			
	3	龙骨、吊杆接缝	第6.2.9条		√			
	4	填充材料	第6.2.10条		√			
	5	允许偏差	第6.2.11条		√			
施工单位检 查评定结果	经检查,主控项目全部合格,一般项目满足规范规定要求,检查评定结果为合格。 项目专业质量检查员:×××　　　　　　　　　　　　　　　　　　××年×月×日							
监理(建设) 单位验收结论	同意施工单位评定结果,验收合格。 监理工程师:××× (建设单位项目专业技术负责人)　　　　　　　　　　　　　　　××年×月×日							

《暗龙骨吊顶工程检验批质量验收记录表》填表说明：

(1)资料流程：本表由施工单位在完成本工序后填写，并报送监理单位；监理单位审批后返还施工单位，各相关单位存档。

(2)相关规定与要求

1)主控项目：

①吊顶标高、尺寸、起拱和造型应符合设计要求。

观察和尺量检查。

②饰面材料的材质、品种、规格、图案和颜色应符合设计要求。

观察和检查产品合格证书、性能检测报告、进场验收记录和复验报告。

③暗龙骨吊顶工程的吊杆、龙骨和饰面材料的安装必须牢固。

观察和手扳检查；检查隐蔽工程验收记录和施工记录。

④吊杆、龙骨的材质、规格、安装间距及连接方式应符合设计要求。金属吊杆龙骨应经过表面防腐处理；木吊杆、龙骨应进行防腐、防火处理。

观察和尺量检查；检查产品合格证书、性能检测报告、进场验收记录和隐蔽工程验收记录。

⑤石膏板的接缝应按其施工工艺标准进行板缝防裂处理。安装双层石膏板时，面层板与基层板的接缝应错开，并不得在同一根龙骨上接缝。

观察检查。

2)一般项目：

①饰面材料表面应洁净、色泽一致，不得有翘曲、裂缝及缺损。压条应平直、宽窄一致。观察和尺量检查。

②饰面板上的灯具、烟感器、喷淋头、风口箅子等设备的位置应合理、美观，与饰面板的交接应吻合、严密。

观察检查。

③金属吊杆、龙骨的接缝应均匀一致，角缝应吻合，表面应平整，无翘曲、锤印。木质吊杆、龙骨应顺直，无劈裂、变形。

检查隐蔽工程验收记录和施工记录。

④吊顶内填充吸声材料的品种和铺设厚度应符合设计要求，并应有防散落措施。

检查隐蔽工程验收记录和施工记录。

⑤暗龙骨吊顶工程安装的允许偏差及检验方法应符合下表规定。

暗龙骨吊顶工程安装的允许偏差和检验方法

项次	项　目	允许偏差(mm)				检验方法
		纸面石膏板	金属板	矿棉板	木板、塑料板、格栅	
1	表面平整度	3	2	2	2	用2m靠尺和塞尺检查
2	接缝直线度	3	1.5	3	3	拉5m线，不足5m拉通线，用钢直尺检查
3	接缝高低差	1	1	1.5	1	用钢直尺和塞尺检查

注：本表摘自《建筑装饰装修工程质量验收规范》(GB 50210—2001)。

二、明龙骨吊顶工程检验批质量验收记录

明龙骨吊顶工程检验批质量验收记录表

GB 50210—2001

030402□□

工程名称		××工程	分部(子分部)工程名称		吊顶		验收部位		×××
施工单位		××建筑工程集团公司		专业工长	×××		项目经理		×××
施工执行标准名称及编号		建筑装饰装修工程质量验收规范(GB 50210—2001)							
分包单位			分包项目经理			施工班组长			
		施工质量验收规范的规定			施工单位检查评定记录			监理(建设)单位验收记录	
主控项目	1	吊顶标高起拱及造型		第6.3.2条	✓		符合设计及施工质量验收规范要求		
	2	饰面材料		第6.3.3条	✓				
	3	饰面材料安装		第6.3.4条	✓				
	4	吊杆、龙骨材质		第6.3.5条	✓				
	5	吊杆、龙骨安装		第6.3.6条	✓				
一般项目	1	饰面材料表面质量		第6.3.7条	✓		符合设计及施工质量验收规范要求		
	2	灯具等设备		第6.3.8条	✓				
	3	龙骨接缝		第6.3.9条	✓				
	4	填充材料		第6.3.10条	✓				
	5	允许偏差		第6.3.11条	✓				
施工单位检查评定结果		经检查,主控项目全部合格,一般项目满足规范规定要求,检查评定结果为合格。 项目专业质量检查员:×××						××年×月×日		
监理(建设)单位验收结论		同意施工单位评定结果,验收合格。 监理工程师:××× (建设单位项目专业技术负责人)						××年×月×日		

《明龙骨吊顶工程检验批质量验收记录表》

(1)资料流程:本表由施工单位在完成本工序后填写,并报送监理单位;监理单位审批后返还施工单位,各相关单位存档。

(2)相关规定与要求:

1)主控项目:

①吊顶标高、尺寸、起拱和造型应符合设计要求。

观察和尺量检查。

②饰面材料的材质、品种、规格、图案和颜色应符合设计要求。当饰面材料为玻璃板时,应使用安全玻璃或采取可靠的安全措施。

观察和检查产品合格证书、性能检测报告和进场验收记录。

③饰面材料的安装应稳固严密。饰面材料与龙骨的搭接宽度应大于龙骨受力面宽度的2/3。

观察、手扳和尺量检查。

④吊杆、龙骨的材质、规格、安装间距及连接方式应符合设计要求。金属吊杆、龙骨应进行表面防腐处理;木龙骨应进行防腐、防火处理。

观察和尺量检查;检查产品合格证书、进场验收记录和隐蔽工程验收记录。

⑤明龙骨吊顶工程的吊杆和龙骨安装必须牢固。

手扳检查;检查隐蔽工程验收记录和施工记录。

2)一般项目:

①饰面材料表面应洁净、色泽一致,不得有翘曲、裂缝及缺损。饰面板与明龙骨的搭接应平整、吻合,压条应平直、宽窄一致。

观察和尺量检查。

②饰面板上的灯具、烟感器、喷淋头、风口篦子等设备的位置应合理、美观,与饰面板的交接应吻合、严密。

观察检查。

③金属龙骨的接缝应平整、吻合、颜色一致,不得有划伤、擦伤等表面缺陷。木质龙骨应平整、顺直,无劈裂。

观察检查。

④吊顶内填充吸声材料的品种和铺设厚度应符合设计要求,并应有防散落措施。

检查施工记录和隐蔽工程验收记录。

⑤明龙骨吊顶工程安装的允许偏差和检验方法应符合下表的规定。

明龙骨吊顶工程安装的允许偏差和检验方法

项次	项　目	允许偏差(mm)				检验方法
		石膏板	金属板	矿棉板	塑料板、玻璃板	
1	表面平整度	3	2	3	2	用2m靠尺和塞尺检查
2	接缝直线度	3	2	3	3	拉5m线,不足5m拉通线,用钢直尺检查
3	接缝高低差	1	1	2	1	用钢直尺和塞尺检查

注:本表摘自《建筑装饰装修工程质量验收规范》(GB 50210—2001)。

第七章 轻质隔墙工程资料

第一节 轻质隔墙工程资料分类

轻质隔墙工程资料分类见表 7-1。

表 7-1 轻质隔墙工程资料分类

类别及编号	表格编号 （或资料来源）	资料名称		备 注
	施工单位编制	施工组织设计及施工方案		
施工技术资料(C2)	C2-1	技术交底记录	板材隔墙工程技术交底	具体样式可参照本书第二章第二节相关内容
			骨架隔墙工程技术交底	
			活动隔墙工程技术交底	
			玻璃隔墙工程技术交底	
	C2-2	图纸会审记录		见本书第二章
	C2-3	设计变更通知单		见本书第二章
	C2-4	工程洽商记录		见本书第二章
施工物资资料(C4)	C4-1	材料、构配件进场检验记录		
施工记录(C5)	C5-1	隐蔽工程检查记录		
	C5-2	预检记录		见本书第三章
	C5-3	施工检查记录		见本书第三章
	C5-4	交接检查记录		见本书第三章
施工质量验收记录(C7)	030501	板材隔墙工程检验批质量验收记录		
	030502	骨架隔墙工程检验批质量验收记录		
	030503	活动隔墙工程检验批质量验收记录		
	030504	玻璃隔墙工程检验批质量验收记录		

第二节　轻质隔墙工程施工物资资料

表 C4-1　　　　　　　　　　　　材料、构配件进场检验记录

编号：　×××

工程名称				××工程		检验日期	××年×月×日	
序号	名　称	规格型号	进场数量	生产厂家 合格证号		检验项目	检验结果	备　注
1	蒸压加气混凝土墙	2700mm×600mm×125mm	××m²	××建材有限公司 ×××		外观、质量证明文件	合格	
2	玻璃棉板	2000mm×1200mm×2.4mm	××m²	××建材有限公司 ×××		外观、质量证明文件	合格	
3	矿棉吸音板	600mm×600mm×15mm	××m²	××建材有限公司 ×××		外观、质量证明文件	合格	
检验结论： 以上材料经外观检查合格,材质、规格型号及数量均符合设计、施工规范要求,同意验收。								
签字栏	建设(监理)单位		施工单位		×××建筑装饰装修工程有限公司			
			专业质检员		专业工长		检验员	
	×××		×××		×××		×××	

本表由施工单位填写并保存。

第三节　轻质隔墙工程施工记录

一、板材隔墙隐蔽工程检查记录

表 C5-1　　　　　　　　　　　隐蔽工程检查记录

编号：＿＿×××＿＿

工程名称	××工程		
隐检项目	板材隔墙	隐检日期	××年×月×日
隐检部位	三层　　⑥～⑫/Ⓑ～Ⓗ轴线　　9.800m 标高		

隐检依据：施工图图号＿＿＿建施—12、建施—22＿＿＿，设计变更/洽商（编号＿＿＿＿＿/＿＿＿＿＿）
及有关国家现行标准等。

主要材料名称及规格/型号：＿＿空心条板、水泥类胶粘剂、50mm 宽玻纤布、U 形钢板卡、C20 干硬性混凝土＿＿。

隐检内容：

（1）墙面弹出±0.5m 水平标高线，地面弹出隔墙控制线。

（2）安装隔墙板，条板对准预先在顶板和地板上弹好的定位线用 2m 靠尺及塞尺测量墙面的平整度，用 2m 托线板检查板的垂直度符合要求。

（3）门头板和相邻板连接符合图集要求。在两块条板顶端拼缝之间用射钉将 U 形钢板卡固定在梁和板上。随安随固定 U 形钢板卡。板缝处粘贴无纺布和玻纤网格布，并用专用粘结剂挤严抹平。

（4）专用胶粘剂要随配随用。配制的胶粘剂在 30min 内用完。

（5）粘结完毕的墙体，立即用 C20 干硬性混凝土将板下口堵严，三天后，撤去板下楔，并用同等强度的干硬性砂浆灌实。

（6）空心条板内设备管线安装按施工图纸要求完毕。设备管卡已固定牢固。

隐检内容已做完，请予以检查。

申报人：×××

检查意见：

经检查，上述内容均符合设计要求和《建筑装饰装修工程质量验收规范》（GB 50210—2001）的规定。

检查结论：　　☑同意隐蔽　　　　□不同意，修改后进行复查

复查结论：

复查人：　　　　　　　　　　　　　　　　　　　　复查日期：

签字栏	建设（监理）单位	施工单位	×××建筑装饰装修工程公司	
		专业技术负责人	专业质检员	专业工长
	×××	×××	×××	×××

本表由施工单位填写，建设单位、施工单位、城建档案馆各保存一份。

二、骨架隔墙隐蔽工程检查记录

表 C5-1 隐蔽工程检查记录

编号：___×××___

工程名称		××工程	
隐检项目	骨架隔墙	隐检日期	××年×月×日
隐检部位	10 层	③～⑩/Ⓐ～Ⓔ轴线	6.900m 标高

隐检依据:施工图图号___建施—11、建施—25___,设计变更/洽商(编号___/___)
及有关国家现行标准等。

主要材料名称及规格/型号:___轻钢龙骨、连接件、岩棉、隔墙石膏板___。

隐检内容:

(1)按墙顶龙骨位置边线,安装顶龙骨和地龙骨,用射钉固定于主体结构上,其固定间距 500mm。

(2)按门窗位置进行竖龙骨分档,竖龙骨中心距尺寸为 453mm。

(3)根据设计要求布置支撑卡式横向龙骨三道,卡距 500mm,支撑卡安装在竖向龙骨的开口上,与竖向龙骨采用抽芯铆钉固定。

(4)骨架内设备管线安装按施工图纸要求完毕,固定牢固,并采取局部加强措施。

(5)骨架内的隔声保温材料(岩棉)已铺满、铺平、固定。

以上隐检内容已做完,请予以检查。

申报人:×××

检查意见:

经检查,符合设计要求和《建筑装饰装修工程质量验收规范》(GB 50210—2001)的规定。

检查结论: ☑同意隐蔽 □不同意,修改后进行复查

复查结论:

复查人: 复查日期:

签字栏	建设(监理)单位	施工单位	×××建筑装饰装修工程公司	
		专业技术负责人	专业质检员	专业工长
	×××	×××	×××	×××

本表由施工单位填写,建设单位、施工单位、城建档案馆各保存一份。

三、活动隔墙隐蔽工程检查记录

表 C5-1　　　　　　　　　　隐蔽工程检查记录

编号：×××

工程名称	××工程		
隐检项目	活动隔墙	隐检日期	××年×月×日
隐检部位	六层　③～⑩/Ⓔ～Ⓕ轴线		8.900m 标高

隐检依据：施工图图号＿＿＿建施—3、建施—30＿＿＿，设计变更/洽商(编号＿＿＿＿/＿＿＿＿)及有关国家现行标准等。

　　主要材料名称及规格/型号：＿＿铝合金骨架　×××,轨道及五金配件＿＿。

隐检内容：

(1)活动隔墙所用墙板、配件的品种、规格符合设计要求。所用金属件均已做防锈处理。

(2)隔墙位置线和隔墙高度控制线在地面、墙面分别用墨斗弹线。

(3)轨道已用膨胀螺栓固定在预埋件上。

(4)活动隔扇采用铝合金骨架,安装无偏差,符合质量要求。

以上隐检内容已做完,请予以检查。

申报人:×××

检查意见：

经检查,符合设计要求和《建筑装饰装修工程质量验收规范》(GB 50210—2001)的规定。

检查结论：　☑同意隐蔽　　　□不同意,修改后进行复查

复查结论：

复查人：　　　　　　　　　　　　　　　　　　　　复查日期：

签字栏	建设(监理)单位	施工单位	×××建筑装饰装修工程公司	
		专业技术负责人	专业质检员	专业工长
	×××	×××	×××	×××

本表由施工单位填写,建设单位、施工单位、城建档案馆各保存一份。

四、玻璃隔墙隐蔽工程检查记录

表 C5-1　　　　　　　　　　　　隐蔽工程检查记录

编号：__×××__

工程名称	××工程		
隐检项目	玻璃隔墙	隐检日期	××年×月×日
隐检部位	8 层	⑤~⑩/Ｆ~Ⓗ轴线	13.600m 轴高

隐检依据:施工图图号___建施—10、建施—22___,设计变更/洽商(编号___/___)
及有关国家现行标准等。
　主要材料名称及规格/型号：___120mm×60mm×2.75mm 方管、80mm×60mm×2.75mm 方管　200mm×200mm___
___预埋板、M12 化学锚栓、φ12 膨胀螺栓___。

隐检内容：

　(1)用三个 φ12 膨胀螺栓和一个 M12 化学锚栓将 200mm×200mm 预埋板固定在结构楼板上,再将 120mm×60mm×
2.75mm方管焊接到预埋板上。
　(2)将 80mm×60mm×2.75mm 方管焊接在 120mm×60mm×2.75mm 方管之间用作横框。
　(3)方管横、竖向间距根据设计图纸尺寸而定。
　(4)所有施焊处为单面满焊,焊缝严密,方管与预埋板焊接牢固。
　(5)所有方管及施焊处满刷防锈漆,无漏刷。
　隐检内容已完成,请予以检查。

申报人:×××

检查意见：

经检查,符合设计要求和《建筑装饰装修工程质量验收规范》(GB 50210—2001)的规定。

检查结论：　☑同意隐蔽　　　□不同意,修改后进行复查

复查结论：

复查人：　　　　　　　　　　　　　　　　　　　　　　　　　　复查日期：

签字栏	建设(监理)单位	施工单位	×××建筑装饰装修工程公司	
		专业技术负责人	专业质检员	专业工长
	×××	×××	×××	×××

本表由施工单位填写,建设单位、施工单位、城建档案馆各保存一份。

第四节 轻质隔墙工程施工质量验收记录

一、板材隔墙工程检验批质量验收记录

板材隔墙工程检验批质量验收记录表

GB 50210—2001

030501□□

工程名称	××工程	分部(子分部)工程名称	板材隔墙	验收部位	×××
施工单位	××建筑工程集团公司		专业工长 ×××	项目经理	×××
施工执行标准 名称及编号	建筑装饰装修工程质量验收规范(GB 50210—2001)				
分包单位		分包项目经理		施工班组长	

		施工质量验收规范的规定		施工单位检查评定记录	监理(建设)单位 验收记录
主控项目	1	板材质量	第7.2.3条	√	符合设计及施工 质量验收规范要 求,同意验收
	2	预埋件、连接件	第7.2.4条	√	
	3	安装质量	第7.2.5条	√	
	4	接缝材料、方法	第7.2.6条	√	
一般项目	1	安装位置	第7.2.7条	√	符合设计及施工 质量验收规范要 求,同意验收
	2	表面质量	第7.2.8条	√	
	3	孔洞、槽、盒	第7.2.9条	√	
	4	允许偏差	第7.2.10条	√	
施工单位检 查评定结果	经检查,主控项目全部合格,一般项目满足规范规定要求,检查评定结果为合格。 项目专业质量检查员:×××　　　　　　　　　　　　　　　××年×月×日				
监理(建设) 单位验收结论	同意施工单位评定结果,验收合格。 监理工程师:××× (建设单位项目专业技术负责人)　　　　　　　　　　××年×月×日				

《板材隔墙工程检验批质量验收记录表》填表说明：

(1)资料流程:本表由施工单位在完成本工序后填写,并报送监理单位;监理单位审批后返还施工单位,各相关单位存档。

(2)相关规定与要求:

1)主控项目:

①隔墙板材的品种、规格、性能、颜色应符合设计要求。有隔声、隔热、阻燃、防潮等特殊要求的工程,板材应有相应性能等级的检测报告。

观察和检查产品合格证书、进场验收记录和性能检测报告。

②安装隔墙板材所需预埋件、连接件的位置、数量及连接方法应符合设计要求。

观察和尺量检查;检查隐蔽工程验收记录。

③隔墙板材安装必须牢固。现制钢丝网水泥隔墙与周边墙体的连接方法应符合设计要求,并应连接牢固。

观察和手扳检查。

④隔墙板材所用接缝材料的品种及接缝方法应符合设计要求。

观察和检查产品合格证书和施工记录。

2)一般项目:

①隔墙板材安装应垂直、平整、位置正确,板材不应有裂缝或缺损。

观察和尺量检查。

②板材隔墙表面应平整光滑、色泽一致、洁净,接缝应均匀、顺直。

观察和手摸检查。

③墙上的孔洞、槽、盒应位置正确、套割方正、边缘整齐。

观察检查。

④板材隔墙安装的允许偏差和检验方法应符合下表的规定。

板材隔墙安装的允许偏差和检验方法

项次	项　目	允许偏差(mm)				检验方法
		复合轻质墙板		石膏空心板	钢丝网水泥板	
		金属夹芯板	其他复合板			
1	立面垂直度	2	3	3	3	用2m垂直检测尺检查
2	表面平整度	2	3	3	3	用2m靠尺和塞尺检查
3	阴阳角方正	3	3	3	4	用直角检测尺检查
4	接缝高低差	1	2	2	3	用钢直尺和塞尺检查

注:本表摘自《建筑装饰装修工程质量验收规范》(GB 50210—2001)。

二、骨架隔墙工程检验批质量验收记录

骨架隔墙工程检验批质量验收记录表

GB 50210—2001

030502□□

工程名称		××工程	分部(子分部)工程名称		骨架隔墙	验收部位		×××
施工单位		××建筑工程集团公司		专业工长	×××	项目经理		×××
施工执行标准名称及编号		建筑装饰装修工程质量验收规范(GB 50210—2001)						
分包单位			分包项目经理			施工班组长		
		施工质量验收规范的规定			施工单位检查评定记录		监理(建设)单位验收记录	
主控项目	1	材料质量		第7.3.3条	√		符合设计及施工质量验收规范要求,同意验收	
	2	龙骨连接		第7.3.4条	√			
	3	龙骨间距及构造连接		第7.3.5条	√			
	4	防火、防腐		第7.3.6条	√			
	5	墙面板安装		第7.3.7条	√			
	6	墙面板接缝材料及方法		第7.3.8条	√			
一般项目	1	表面质量		第7.3.9条	√		符合设计及施工质量验收规范要求,同意验收	
	2	孔洞、槽、盒要求		第7.3.10条	√			
	3	填充材料要求		第7.3.11条	√			
	4	安装允许偏差		第7.3.12条	√			
施工单位检查评定结果		经检查,主控项目全部合格,一般项目满足规范规定要求,检查评定结果为合格。 项目专业质量检查员:×××　　　　　　　　　　　　　××年×月×日						
监理(建设)单位验收结论		同意施工单位评定结果,验收合格。 监理工程师:××× (建设单位项目专业技术负责人)　　　　　　　　　　　××年×月×日						

《骨架隔墙工程检验批质量验收记录表》填表说明：

(1)资料流程：本表由施工单位在完成本工序后填写，并报送监理单位；监理单位审批后返还施工单位，各相关单位存档。

(2)相关规定与要求：

1)主控项目：

①骨架隔墙所用龙骨、配件、墙面板、填充材料及嵌缝材料的品种、规格、性能和木材的含水率应符合设计要求。有隔声、隔热、阻燃、防潮等特殊要求的工程，材料应有相应性能等级的检测报告。

观察和检查产品合格证书、进场验收记录、性能检测报告和复验报告。

②骨架隔墙工程边框龙骨必须与基体结构连接牢固，并应平整、垂直、位置正确。

手扳和尺量检查；检查隐蔽工程验收记录。

③骨架隔墙中龙骨间距和构造连接方法应符合设计要求。骨架内设备管线的安装、门窗洞口等部位加强龙骨应安装牢固、位置正确，填充材料的设置应符合设计要求。

观察检查和检查隐蔽工程验收记录。

④木龙骨及木墙面板的防火和防腐处理必须符合设计要求。

检查隐蔽工程验收记录。

⑤骨架隔墙的墙面板应安装牢固，无脱层、翘曲、折裂及缺损。

观察和手扳检查。

⑥墙面板所用接缝材料的接缝方法应符合设计要求。

观察检查。

2)一般项目：

①骨架隔墙表面应平整光滑、色泽一致、洁净、无裂缝，接缝应均匀、顺直。

观察和手摸检查。

②骨架隔墙上的孔洞、槽、盒应位置正确、套割吻合、边缘整齐。

观察检查。

③骨架隔墙内的填充材料应干燥，填充应密实、均匀、无下坠。

轻敲检查及检查隐蔽工程验收记录。

④骨架隔墙安装的允许偏差和检验方法应符合下表规定。

骨架隔墙安装的允许偏差和检验方法

项次	项目	允许偏差（mm）		检验方法
		纸面石膏板	人造木板、水泥纤维板	
1	立面垂直度	3	4	用 2m 垂直检测尺检查
2	表面平整度	3	3	用 2m 靠尺和塞尺检查
3	阴阳角方正	3	3	用直角检测尺检查
4	接缝直线度	—	3	拉 5m 线，不足 5m 拉通线，用钢直尺检查
5	压条直线度	—	3	拉 5m 线，不足 5m 拉通线，用钢直尺检查
6	接缝高低差	1	1	用钢直尺和塞尺检查

注：本表摘自《建筑装饰装修工程质量验收规范》(GB 50210—2001)。

三、活动隔墙工程检验批质量验收记录

活动隔墙工程检验批质量验收记录表
GB 50210—2001

030503□□

工程名称			××工程	分部(子分部)工程名称	**活动隔墙**	验收部位	×××
施工单位			××建筑工程集团公司		专业工长	×××	项目经理	×××
施工执行标准 名称及编号			建筑装饰装修工程质量验收规范(GB 50210—2001)				
分包单位				分包项目经理		施工班组长	

		施工质量验收规范的规定		施工单位检查评定记录	监理(建设)单位 验收记录
主控项目	1	材料质量	第7.4.3条	✓	符合设计及施工 质量验收规范要 求,同意验收
	2	轨道安装	第7.4.4条	✓	
	3	构配件安装	第7.4.5条	✓	
	4	制作方法,组合方式	第7.4.6条	✓	
一般项目	1	表面质量	第7.4.7条	✓	符合设计及施工 质量验收规范要 求,同意验收
	2	孔洞、槽、盒要求	第7.4.8条	✓	
	3	隔墙推拉	第7.4.9条	✓	
	4	安装允许偏差	垂直度(mm)	3	✓	
			表面平整度(mm)	2	✓	
			接缝直线度(mm)	3	✓	
			接缝高低差(mm)	2	✓	
			接缝宽度(mm)	2	✓	

施工单位检 查评定结果	经检查,主控项目全部合格,一般项目满足规范规定要求,检查评定结果为合格。 项目专业质量检查员:×××　　　　　　　　　　　　　　　　××年×月×日
监理(建设) 单位验收结论	同意施工单位评定结果,验收合格。 监理工程师:××× (建设单位项目专业技术负责人)　　　　　　　　　　　　××年×月×日

《活动隔墙工程检验批质量验收记录表》填表说明：

(1)资料流程：本表由施工单位在完成本工序后填写，并报送监理单位；监理单位审批后返还施工单位，各相关单位存档。

(2)相关规定与要求：

1)主控项目：

①活动隔墙所用墙板、配件等材料的品种、规格、性能和木材的含水率应符合设计要求。有阻燃、防潮等特性要求的工程，材料应有相应性能等级的检测报告。

观察和检查产品合格证书、进场验收记录、性能检测报告和复验报告。

②活动隔墙轨道必须与基体结构连接牢固，并应位置正确。

尺量和手扳检查。

③活动隔墙用于组装、推拉和制动的构配件必须安装牢固、位置正确。推拉必须安全、平稳、灵活。

尺量和手扳检查，推拉检查。

④活动隔墙制作方法、组合方式应符合设计要求。

观察检查。

2)一般项目：

①活动隔墙表面应色泽一致、严整光滑、洁净，线条应顺直、清晰。

观察和手摸检查。

②活动隔墙上的孔洞、槽、盒应位置正确、套割吻合、边缘整齐。

观察和尺量检查。

③活动隔墙推拉应无噪声。

推拉检查。

④活动隔墙安装的允许偏差的检验方法应符合下表的规定。

活动隔墙安装的允许偏差和检验方法

项次	项　目	允许偏差(mm)	检验方法
1	立面垂直度	3	用2m垂直检测尺检查
2	表面平整度	2	用2m靠尺和塞尺检查
3	接缝直线度	3	拉5m线，不足5m拉通线，用钢直尺检查
4	接缝高低差	2	用钢直尺和塞尺检查
5	接缝宽度	2	用钢直尺检查

注：本表摘自《建筑装饰装修工程质量验收规范》(GB 50210—2001)。

四、玻璃隔墙工程检验批质量验收记录

玻璃隔墙工程检验批质量验收记录表
GB 50210—2001

030504□□

工程名称		××工程	分部(子分部)工程名称	玻璃隔墙	验收部位	×××
施工单位		××建筑工程集团公司		专业工长 ×××	项目经理	×××
施工执行标准 名称及编号		建筑装饰装修工程质量验收规范(GB 50210—2001)				
分包单位			分包项目经理		施工班组长	

		施工质量验收规范的规定		施工单位检查评定记录	监理(建设)单位 验收记录
主控项目	1	材料质量	第7.5.3条	✓	符合设计及施工 质量验收规范要 求,同意验收
	2	砌筑或安装	第7.5.4条	✓	
	3	砖隔墙拉结筋	第7.5.5条	✓	
	4	板隔墙安装	第7.5.6条	✓	
一般项目	1	表面质量	第7.5.7条	✓	符合设计及施工 质量验收规范要 求,同意验收
	2	接缝	第7.5.8条	✓	
	3	嵌缝及勾缝	第7.5.9条	✓	
	4	安装允许偏差	第7.5.10条	✓	

施工单位检 查评定结果	经检查,主控项目全部合格,一般项目满足规范规定要求,检查评定结果为合格。 项目专业质量检查员:×××　　　　　　　　　　　　　　　××年×月×日
监理(建设) 单位验收结论	同意施工单位评定结果,验收合格。 监理工程师:××× (建设单位项目专业技术负责人)　　　　　　　　　　　　××年×月×日

《玻璃隔墙工程检验批质量验收记录表》填表说明：

(1)资料流程：本表由施工单位在完成本工序后填写，并报送监理单位；监理单位审批后返还施工单位，各相关单位存档。

(2)相关规定与要求：

1)主控项目。

①玻璃隔墙工程所用材料的品种、规格、性能、图案和颜色应符合设计要求，玻璃板隔墙应使用安全玻璃。

观察和检查产品合格证书、进场验收记录和性能检测报告。

②玻璃砖隔墙的砌筑或玻璃板隔墙的安装方法应符合设计要求。

观察检查。

③玻璃砖隔墙砌筑中埋设的拉结筋必须与基体结构连接牢固，并应位置正确。

手扳和尺量检查及检查隐蔽工程验收记录。

④玻璃板隔墙的安装必须牢固。玻璃板隔墙胶垫的安装应正确。

观察和手推检查及检查施工记录。

2)一般项目。

①玻璃隔墙表面应色泽一致、平整洁净、清晰美观。

观察检查。

②玻璃隔墙接缝应横平竖直，玻璃应无裂痕、缺损和划痕。

观察检查。

③玻璃板隔墙嵌缝及玻璃砖隔墙勾缝应密实平整、均匀顺直、深浅一致。

观察检查。

④玻璃隔墙安装的允许偏差和检验方法应符合下表的规定。

玻璃隔墙安装的允许偏差和检验方法

项次	项 目	允许偏差(mm)		检验方法
		玻璃砖	玻璃板	
1	立面垂直度	3	2	用2m垂直检测尺检查
2	表面平整度	3	—	用2m靠尺和塞尺检查
3	阴阳角方正	—	2	用直角检测尺检查
4	接缝直线度	—	2	拉5m线，不足5m拉通线，用钢直尺检查
5	接缝高低差	3	2	用钢直尺和塞尺检查
6	接缝宽度	—	1	用钢直尺检查

注：本表摘自《建筑装饰装修工程质量验收规范》(GB 50210—2001)。

第八章 饰面工程资料

第一节 饰面工程资料分类

饰面工程资料分类见表8-1。

表 8-1　　　　　　　　　　　　饰面工程资料分类

类别及编号	表格编号 (或资料来源)	资料名称		备　注
施工技术 资料(C2)	施工单位编制	施工组织设计及施工方案		
	C2-1	技术交底 记录	饰面板安装工程技术交底	具体样式可参照本 书第二章第二节相关 内容
			饰面砖粘帖工程技术交底	
	C2-2	图纸会审记录		见本书第二章
	C2-3	设计变更通知单		见本书第二章
	C2-4	工程洽商记录		见本书第二章
施工物资 资料(C4)	C4-1	材料、构配件进场检验记录		
	C4-10	水泥试验报告		见本书第三章
	C4-11	砂试验报告		见本书第三章
	供应单位提供	饰面板材性能检测报告		
	供应单位提供	饰面石材性能检测报告		
	供应单位提供	饰面砖性能检测报告		
施工记录 (C5)	C5-1	隐蔽工程检查记录		
	C5-2	预检记录		见本书第三章
	C5-3	施工检查记录		见本书第三章
	C5-4	交接检查记录		见本书第三章
施工试验 记录(C6)	C6-14	饰面砖粘结强度试验报告		
施工质量验收 记录(C7)	030601	饰面板安装工程检验批质量验收记录		
	030602	饰面砖粘贴工程检验批质量验收记录		

第二节 饰面工程施工物资资料

C4-1 材料、构配件进场检验记录

工程名称	××工程				检验日期	××年×月×日	
序号	名称	规格型号	进场数量	生产厂家 合格证号	检验项目	检验结果	备注
1	砂岩大理石板材	自然随形	××m²	××石材厂 ××××	外观质量 证明文件	合格	
2	印度红花岗石板材	1200mm×600mm ×20mm	××m²	××石材厂 ××××	外观质量 证明文件	合格	
3	陶瓷墙砖	250mm×330mm ×8mm	××t	××建材有限公司 ××××	外观质量 证明文件	合格	
4	瓷质砖	300mm×300mm ×7mm	××t	××建材有限公司 ××××	外观质量 证明文件	合格	

检验结论：

以上材料经外观检查合格,材质、规格型号及数量经复查均符合设计及施工规范要求,产品质量证明文件齐全。

签字栏	建设(监理)单位	施工单位	××建筑装饰装修工程公司	
		专业质检员	专业工长	检验员
	×××	×××	×××	×××

本表由施工单位填写并保存。

第三节 饰面工程施工记录

一、饰面板安装隐蔽工程检查记录

表 C5-1 隐蔽工程检查记录

编号：×××

工程名称		××工程	
隐检项目	饰面板安装	隐检日期	××年×月×日
隐检部位		三层②～⑧/Ⓑ～Ⓕ轴线 5.200m 标高	

隐检依据：施工图图号 __建施一2,建施一32__ ，设计变更/洽商(编号 __／__)及有关国家现行标准等。
主要材料名称及规格/型号： __75 竖龙骨 75mm×50mm×0.6mm φ8 膨胀螺栓__

隐检内容：

(1)混凝土墙面 75 竖龙骨间距是 500mm,固定方法是在混凝土墙体上打入 55mm×12mm×12mm 木楔,地龙骨段长 250mm 做连接件,用 35mm 木螺丝把连接件固定在混凝土墙面,再把 75 竖龙骨嵌入连接槽内,用 4mm×16mm 抽芯铝铆钉固定。每根竖龙骨受 4 个连接件固定,连接件间距是 950mm。

(2)陶粒砖墙面的 75 竖龙骨间距是 500mm,固定方法是在砖墙体上打入 55mm×12mm×12mm 木楔,用 75 天地龙骨段长 250mm 做连接件,用 35mm 木螺丝把连接件固定在砖墙面,再把 75 竖龙骨嵌入连接件槽内,用 4mm×16mm 抽芯铝铆钉固定,每根竖龙骨受 4 个连接件固定,连接件间距是 850mm。

(3)75 地龙骨用 φ8 膨胀螺栓固定在地面上,φ8 膨胀螺栓间距是 800mm。把 75 竖龙骨嵌入 75 地龙骨槽内,用 4mm×16mm 抽芯铝铆钉固定。

(4)75 竖龙骨嵌入 75 天龙骨槽内,用 4mm×16mm 抽芯铝铆钉固定。

(5)隔墙位置正确,连接牢固,各种材料均完好,垂直度、平整度等符合规范要求,所用材料符合图纸要求,各种质保资料齐全。

隐检内容已完成,请予以检查。

申报人：×××

检查意见：

经检查,上述内容均符合设计要求和《建筑装饰装修工程质量验收规范》(GB 50210—2001)的规定。
检查结论： ☑同意隐蔽□□ □不同意,修改后进行复查

复查结论：

复查人： 复查日期：

签字栏	建设(监理)单位	施工单位	××建筑装饰装修工程公司	
		专业技术负责人	专业质检员	专业工长
	×××	×××	×××	×××

本表由施工单位填写,建设单位、施工单位、城建档案馆各保存一份。

二、饰面砖粘贴隐蔽工程检查记录

C5-1 隐蔽工程检查记录

编号___×××___

工程名称		××工程	
隐检项目	饰面砖粘贴	隐检日期	××年×月×日
隐检部位	五层　④~⑫/ⓒ~Ⓚ轴线　6.500m标高		

隐检依据:施工图图号___建施—4、建施—34___,设计变更/治商(编号___/___)及有关国家现行标准等。
主要材料名称及规格/型号:___釉面瓷质内墙砖　300mm×600mm×7mm___。

隐检内容:

(1)釉面瓷质内墙砖规格符合设计要求。

(2)墙面混凝土剔平、油污清洗干净。

(3)1:1聚合物水泥砂浆甩点均匀。

(4)不同材质基层交接处钉钢板网。

申报人:×××

检查意见:

经检查,上述内容均符合设计要求及《建筑装饰装修工程质量验收规范》(GB 50210—2001)的规定。

检查结论:　☑同意隐蔽　　□不同意,修改后进行复查

复查结论:

复查人:　　　　　　　　　　　　　　　　　　　　　　　复查日期:

签字栏	建设(监理)单位	施工单位	××建筑装饰装修工程公司	
		专业技术负责人	专业质检员	专业工长
	×××	×××	×××	×××

本表由施工单位填写,建设单位、施工单位、城建档案馆各保存一份。

第四节　饰面工程施工试验记录

表 C6-14　　　　　　　　　　　饰面砖粘结强度试验报告

编号：×××
试验编号：××-0008
委托编号：××-00185

工程名称		×××工程		试验编号		××-001
委托单位		×××供电局		试验委托人		×××
饰面砖品种及牌号		彩色釉面陶瓷墙砖　××牌		粘贴层次		
饰面砖生产厂及规格		×××厂　100mm×100mm		粘贴面积（mm²）		300
基本材料		粘结材料	砂浆	粘结剂		/
抽样部位		二层东侧外墙	龄期(d)	28	施工日期	××年×月×日
检验类型			环境温度(℃)	19	试验日期	××年×月×日
仪器及编号		×××				

序号	试件尺寸(mm)		受力面积（mm²）	拉力（kN）	粘贴强度（MPa）	破坏状态（序号）	平均强度（MPa）
	长	宽					
1	100	100	1000	50	4.9		
2	100	100	1000	50	5.3		5.10
3	100	100	1000	50	5.1		

结论：

依据《建筑工程饰面砖粘结强度检验标准》(JGJ 110—2008)标准，符合饰面砖粘接强度要求。

批准	×××	审核	×××	试验	×××
试验单位	××工程公司试验室				
报告日期	××年×月×日				

《饰面砖粘结强度试验报告》填表说明：

（1）填写单位：试验报告由具备相应资质等级的检测单位出具后随相关资料进入资料流程。

（2）相关规定与要求：

1）地面回填应有《土工击实试验报告》和《回填土试验报告》。

2）装饰装修工程使用的砂浆和混凝土应有配合比通知单和强度试验报告；有抗渗要求的还应有《抗渗试验报告》。

3）外墙饰面砖粘贴前和施工过程中，应在相同基层上做样板件，并对样板件的饰面砖粘结强度进行检验，填写《饰面砖粘结强度检验报告》，检验方法和结果判定应符合相关标准规定。

4）后置埋件应有现场拉拔试验报告。

（3）本表由建设单位、施工单位各保存一份。

第五节 饰面工程施工质量验收记录

一、饰面板安装工程检验批质量验收记录

饰面板安装工程检验批质量验收记录表
GB 50210—2001

030601□□

工程名称	××工程	分部(子分部)工程名称	饰面工程	验收部位	×××
施工单位	××建筑工程集团公司		专业工长	×××	项目经理	×××
施工执行标准名称及编号	建筑装饰装修工程质量验收规范(GB 50210—2001)				
分包单位		分包项目经理		施工班组长	

		施工质量验收规范的规定		施工单位检查评定记录	监理(建设)单位验收记录
主控项目	1	材料质量	第8.2.2条	√	符合设计及施工质量验收规范要求,同意验收
	2	饰面板孔、槽	第8.2.3条	√	
	3	饰面板安装	第8.2.4条	√	
一般项目	1	饰面板表面质量	第8.2.5条	√	符合设计及施工质量验收规范要求,同意验收
	2	饰面板嵌缝	第8.2.6条	√	
	3	湿作业施工	第8.2.7条	√	
	4	饰面板孔洞套割	第8.2.8条	√	
	5	安装允许偏差	第8.2.9	√	

施工单位检查评定结果	经检查,主控项目全部合格,一般项目满足规范规定要求,检查评定结果为合格。 项目专业质量检查员:×××　　　　　　　××年×月×日
监理(建设)单位验收结论	同意施工单位评定结果,验收合格。 监理工程师:××× (建设单位项目专业技术负责人)　　　　　　　××年×月×日

《饰面板安装工程检验批质量验收记录表》填表说明：

（1）资料流程：本表由施工单位在完成本工序后填写，并报送监理单位；监理单位审批后返还施工单位，各相关单位存档。

（2）相关规定与要求：

1）主控项目：

①饰面板的品种、规格、颜色和性能应符合设计要求，木龙骨、木饰面板和塑料面板的燃烧性能等级应符合设计要求。

观察和检查产品合格证书、进场验收记录和性能检测报告。

②饰面板孔槽的数量、位置和尺寸应符合设计要求。

检查进场验收记录和施工记录。

③饰面板安装工程的预埋件（或后置埋件）、连接件的数量、规格、位置、连接方法和防腐处理必须符合设计要求后置埋件的现场拉拔强度必须符合设计要求。饰布板安装必须牢固。

手扳检查：检查进场验收记录、现场拉拔检测报告；隐蔽工程验收记录和施工记录。

2）一般项目：

①饰面板表面应平整、洁净、色泽一致，无裂纹和缺损。石材表面应无泛碱等污染。

观察检查。

②饰面板嵌缝应密实、平直，宽度和深度应符合设计要求，嵌填材料色泽应一致。

观察和尺量检查。

③采用湿作业法施工的饰面板工程，石材应进行防碱背涂处理。饰面板与基体之间的灌注材料应饱满、密实。

用小锤轻击和检查施工记录。

④饰面板上的孔洞应套割吻合，边缘应整齐。

观察检查。

⑤饰面板安装的允许偏差和检验方法应符合下表规定。

饰面板安装的允许偏差和检验方法

项次	项　目	允许偏差（mm）							检验方法
		石材			瓷板	木材	塑料	金属	
		光面	剁斧石	蘑菇石					
1	立面垂直度	2	3	3	2	1.5	2	2	用2m垂直检测尺检查
2	表面平整度	2	3	—	1.5	1	3	3	用2m靠尺和塞尺检查
3	阴阳角方正	2	4	4	2	1.5	3	3	用直角检测尺检查
4	接缝直线度	2	4	4	2	1	1	1	拉5m线，不足5m拉通线，用钢直尺检查
5	墙裙、勒脚上口直线度	2	3	3	2	2	2	2	拉5m线，不足5m拉通线，用钢直尺检查
6	接缝高低差	0.5	3	—	0.5	0.5	1	1	用钢直尺和塞尺检查
7	接缝宽度	1	2	2	1	1	1	1	用钢直尺检查

注：本表摘自《建筑装饰装修工程质量验收规范》(GB 50210—2001)。

二、饰面砖粘贴工程检验批质量验收记录

饰面砖粘贴工程检验批质量验收记录表
GB 50210—2001

030602□□

工程名称		××工程	分部(子分部)工程名称		饰面工程	验收部位		×××
施工单位		××建筑工程集团公司	专业工长		×××	项目经理		×××
施工执行标准名称及编号			建筑装饰装修工程质量验收规范(GB 50210—2001)					
分包单位			分包项目经理			施工班组长		
施工质量验收规范的规定					施工单位检查评定记录		监理(建设)单位验收记录	
主控项目	1	饰面砖质量	第8.3.2条		√		符合设计及施工质量验收规范要求,同意验收	
	2	饰面砖粘贴材料	第8.3.3条		√			
	3	饰面板粘贴	第8.3.4条		√			
	4	满粘法施工	第8.3.5条		√			
一般项目	1	饰面砖表面质量	第8.3.6条		√		符合设计及施工质量验收规范要求,同意验收	
	2	阴阳角及非整砖	第8.3.6条		√			
	3	墙面突出物	第8.3.8条		√			
	4	饰面砖接缝、填嵌、宽深	第8.3.9条		√			
	5	滴水线	第8.3.10		√			
	6	允许偏差	第8.3.11		√			
施工单位检查评定结果		经检查,主控项目全部合格,一般项目满足规范规定要求,检查评定结果为合格。 项目专业质量检查员:×××　　　　　　　　　　××年×月×日						
监理(建设)单位验收结论		同意施工单位评定结果,验收合格。 监理工程师:××× (建设单位项目专业技术负责人)　　　　　　××年×月×日						

《饰面砖粘贴工程检验批质量验收记录表》填表说明：

(1)资料流程：本表由施工单位在完成本工序后填写，并报送监理单位；监理单位审批后返还施工单位，各相关单位存档。

(2)相关规定与要求。

1)主控项目：

①饰面砖的品种、规格、图案、颜色和性能应符合设计要求。

观察和检查产品合格证书、进场验收记录、性能检测报告和复验报告。

②饰面砖粘帖工程的找平、防水、粘结和勾缝材料及施工方法应符合设计要求和国家现行产品标准和工程技术标准的规定。

检查产品合格证书、复验报告和隐蔽工程验收记录。

③饰面砖粘贴必须牢固。

检查样板件粘结强度检测报告和施工记录。

④满粘法施工的饰面砖工程应无空鼓、裂缝。

2)一般项目：

①饰面砖表面应平整、洁净、色泽一致，无裂纹和缺损。

观察检查。

②阴阳角处搭接方式、非整砖使用部位应符合设计要求。

观察检查。

③墙面突出物周围的饰面砖应整砖套割吻合，边缘应整齐。墙裙、贴脸突出墙面的厚度应一致。

观察和尺量检查。

④饰面砖接缝应平直、光滑，填嵌应连续、密实；宽度和深度应符合设计要求。

观察和尺量检查。

⑤有排水要求的部位应做滴水线(槽)。滴水线(槽)应顺直，流水坡向应正确，坡度应符合设计要求。

观察和用水平尺检查。

⑥饰面砖粘贴的允许偏差和检验方法应符合下表的规定。

表 10-56 　　　　　　　　　　　饰面砖粘贴的允许偏差和检验方法

项次	项　目	允许偏差(mm)		检验方法
		外墙面砖	内墙面砖	
1	立面垂直度	3	2	用 2m 垂直检测尺检查
2	表面平整度	4	3	用 2m 靠尺和塞尺检查
3	阴阳角方正	3	3	用直角检测尺检查
4	接缝直线度	3	2	拉 5m 线，不足 5m 拉通线，用钢直尺检查
5	接缝高低差	1	0.5	用钢直尺和塞尺检查
6	接缝宽度	1	1	用钢直尺检查

注：本表摘自《建筑装饰装修工程质量验收规范》(GB 50210—2001)。

第九章 幕墙工程资料

第一节 幕墙工程资料分类

幕墙工程资料分类见表 9-1。

表 9-1 　　　　　　　　　　　　　　幕墙工程资料分类

类别及编号	表格编号 (或资料来源)	资料名称		备　注
施工技术 资料(C2)	施工单位编制	施工组织设计及施工方案		
	C2-1	技术交底 记录	玻璃幕墙工程技术交底	具体样式可参照本书 第二章第二节相关内容
			金属幕墙工程技术交底	
			石材幕墙工程技术交底	
	C2-2	图纸会审记录		见本书第二章
	C2-3	设计变更通知单		见本书第二章
	C2-4	工程洽商记录		见本书第二章
施工物资 资料(C4)	C4-1	材料、构配件进场检验记录		
	供应单位提供	幕墙性能检测报告(三性试验)		
	供应单位提供	幕墙用硅酮结构胶检测报告		
	供应单位提供	幕墙用玻璃性能检测报告		
	供应单位提供	幕墙用金属板性能检测报告		
	检测单位提供	幕墙用安全玻璃复试报告		
	检测单位提供	幕墙用铝型板复试报告		
	检测单位提供	幕墙用石材复试报告		
	检测单位提供	幕墙用结构胶复试报告		
施工记录 (C5)	C5-1	隐蔽工程检查记录		
	C5-2	预检记录		见本书第三章
	C5-3	施工检查记录		
	C5-4	交接检查记录		
	专业施工单位 提供	幕墙注胶检查记录		
施工试验 记录(C6)	检测单位提供	幕墙双组分硅酮结构胶混匀性及拉断试验报告		
施工质量验 收记录(C7)	030701	玻璃幕墙工程检验批质量验收记录		
	030702	金属幕墙工程检验批质量验收记录		
	030703	石材幕墙工程检验批质量验收记录		

第二节　幕墙工程施工物资资料

表 C4-1　　　　　　　　　　　　　材料、构配件进场检验记录

编号：　×××

工程名称			××工程		检验日期	××年×月×日	
序号	名　称	规格型号	进场数量	生产厂家 合格证号	检验项目	检验结果	备　注
1	铝合金型材	6061－T6	××t	××铝材公司 ××××	外观、质量证明文件	合格	
2	热镀锌空心型钢	200mm×100mm×4mm	××t	××钢材公司 ××××	外观、质量证明文件	合格	
3	防火钢化	8mm＋9Amm＋6mm	××m²	××建材有限公司 ××××	外观、质量证明文件	合格	
4	黑珍珠花岗石	300mm×300mm×20mm	××m²	××建材有限公司 ××××	外观、质量证明文件	合格	
5	铝箔黑棉板	1200mm×600mm×135mm	××m²	××建材有限公司 ××××	外观、质量证明文件	合格	
6	硅酮结构密封胶	DC995	××支	××建材有限公司 ××××	外观、质量证明文件	合格	

检验结论：

　　以上材料经外观检查合格,材质、规格型号及数量经复查均符合设计及规范要求,产品证明证件齐全。

签字栏	建设(监理)单位	施工单位	××建筑装饰工程公司	
		专业质检员	专业工长	检验员
	×××	×××	×××	×××

本表由施工单位填写并保存。

第三节　幕墙工程施工记录

一、隐蔽工程检查记录

1. 玻璃幕墙隐蔽工程检查记录

C5-1　　　　　　　　　　　　　隐蔽工程检查记录

编号：___×××___

工程名称	××工程		
隐检项目	玻璃幕墙	隐检日期	××年×月×日
隐检部位	8层　①～⑲/⑧～①轴线　34.200m 标高		

隐检依据：施工图图号＿＿＿**建施－125**＿＿＿，设计变更/洽商(编号＿＿＿＿＿/＿＿＿＿＿)及有关国家现行标准等。
　　主要材料名称及规格/型号：＿＿＿**幕墙玻璃、×型爪件、连接件**＿＿＿。

隐检内容：

(1)幕墙玻璃、×型爪件、连接件均符合设计要求。

(2)连接件与爪件间连接紧密,连接件上隔离垫圈安装位置正确。

(3)爪件上两爪孔中心距离偏差符合质量偏差要求。

(4)幕墙伸缩缝,防震缝及转角节点,符合设计要求。

以上隐检内容已做完,请予以检查。

申报人：×××

检查意见：

经检查,材料、构件规格与质量均符合设计要求,施工安装符合《建筑装饰装修工程质量验收规范》(GB 50210—2001)的规定。

检查结论：　☑同意隐蔽　　□不同意,修改后进行复查

复查结论：

复查人：　　　　　　　　　　　　　　　　　　　　　　　　复查日期：

签字栏	建设(监理)单位	施工单位	××幕墙装饰工程公司	
		专业技术负责人	专业质检员	专业工长
	×××	×××	×××	×××

本表由施工单位填写,建设单位、施工单位、城建档案馆各保存一份。

2. 金属幕墙隐蔽工程检查记录

C5-1 隐蔽工程检查记录

编号：　×××

工程名称	××工程		
隐检项目	铝合金板幕墙	隐检日期	××年×月×日
隐检部位	六层 ②～⑤/Ｆ轴线 4.700m 标高		

隐检依据：施工图图号　　**建施－35**　　，设计变更/治商（编号　　　／　　　）及有关国家现有标准等。

主要材料名称及规格/型号：　　**铝合金型材、角码、螺栓**　　。

隐检内容：

(1)铝合金型材及紧固件等合格证、检测报告齐全，其物理力学性能符合设计要求，合格。

(2)构架采用铝合金型材，先安两边立柱，后安横梁，并已用螺栓或通过角码用螺栓固定牢固。

(3)各种不同金属材料的接触面已采用绝缘垫片分隔。

以上隐检内容已做完，请予检查。

申报人：×××

检查意见：

经检查，上述项目均符合设计要求及《建筑装饰装修工程质量验收规范》(GB 50210—2001)的规定。

检查结论： ☑同意隐蔽 □不同意，修改后进行复查

复查结论：

复查人： 复查日期：

签字栏	建设(监理)单位	施工单位	××幕墙装饰工程公司	
		专业技术负责人	专业质检员	专业工长
	×××	×××	×××	×××

本表由施工单位填写，建设单位、施工单位、城建档案馆各保存一份。

3. 石材幕墙隐蔽工程检查记录

C5-1 　　　　　　　　　　隐蔽工程检查记录

编号：×××

工程名称	××工程		
隐检项目	幕墙	隐检日期	××年×月×日
隐检部位	一层　　⑤～⑩/Ⓔ～Ⓕ轴线　　12.500m 标高		

隐检依据：施工图图号　　**建施－132**　　，设计变更/洽商（编号　　　/　　　）及有关国家现行标准等。

主要材料名称及规格/型号：　　**工字钢、连接件、不锈钢螺栓、镀锌背板、玻璃岩棉、镀锌钢框架**　　。

隐检内容：

(1)根据施工图纸分格尺寸及标高线，将连接件焊于埋件上，焊缝涂刷防锈漆。

(2)工字钢与连接件之间用 30mm×80mm 不锈钢螺栓连接固定，工字钢与挂件用 M12×57 镀锌螺栓连接、调整高度，三面焊接。

(3)镀锌背板与工字钢用 M5×15 镀锌螺栓连接，间距为 40mm，并调节平整度。

(4)镀锌背板内侧安装玻璃岩棉，交接处用铝箔胶纸粘贴，以 400mm 间距粘贴棉钉；镀锌背板外侧接缝填塞泡沫棒，并用道康宁 791 硅酮密封胶注胶处理。

(5)镀锌背板喷涂红色防锈漆 1 道，12h 后喷涂黑色光泽漆 1 道，再过 12h 后喷涂黑色光泽漆 1 道。

(6)钢框架上口 2 个耳片与挂件 2 个角的切口紧靠嵌接，4 个角用 M8×80 镀锌螺栓定位并安装牢固。

以上隐检内容已做完，请予以检查。

申报人：×××

检查意见：

经检查，石材幕墙骨架材料品种、规格、数量等符合设计要求，施工安装符合《建筑装饰装修工程质量验收规范》(GB 50210—2001)的规定。

检查结论：　☑同意隐蔽　　□不同意，修改后进行复查

复查结论：

复查人：　　　　　　　　　　　　　　　　　　　　复查日期：

签字栏	建设(监理)单位	施工单位	××幕墙装饰工程公司	
		专业技术负责人	专业质检员	专业工长
	×××	×××	×××	×××

本表由施工单位填写，建设单位、施工单位、城建档案馆各保存一份。

二、施工检查记录

1. 幕墙淋水检查记录

C5-3 幕墙淋水检查记录

编号：×××

工程名称	××工程	检查日期	××年×月×日
检查部位	九层北立面玻璃幕墙	淋水时间	从××年×月×日×时 至××年×月×日×时

检查方式及内容：

　　幕墙淋水试验装置安装在被检幕墙的外表面，喷水水嘴离幕墙 600mm，在被检幕墙表面形成连续水幕，每一检验区域喷淋面积为 2000mm×2000mm，喷水量 160L，喷淋时间持续 5min。

检查结果：

　　经室内详细观察无渗漏现象。

复查意见：

复查人：　　　　　　　　　　　　　　　　　　　　　　复查日期：

签字栏	建设(监理)单位	施工单位	××幕墙装饰工程公司	
		专业技术负责人	专业质检员	专业工长
	×××	×××	×××	×××

本表由施工单位填写，建设单位、施工单位各保存一份。

2. 幕墙注胶检查记录

C5-3　　　　　　　　　　　　　**幕墙注胶检查记录**

编号：×××

工程名称	××工程	检查项目	幕墙注胶
检查部位	7～10层南立面幕墙	检查日期	××年×月×日

检查内容：

(1)密封胶表面光滑，无裂缝现象，接口处厚度和颜色一致。

(2)注胶饱满、平整、密实、无缝隙。

(3)密封胶粘结形式、宽度符合设计要求，厚度不小于3.5mm。

检查结论：

经检查，幕墙注胶符合设计及施工规范的要求。

复查意见：

复查人：　　　　　　　　　　　　　　　　　　　　　　　　复查日期：

施工单位	××幕墙装饰公司	
专业技术负责人	专业质检员	专业工长
×××	×××	×××

本表由施工单位填写并保存。

三、交接检查记录

C5-4
交接检查记录

编号：　×××　

工程名称		××大厦	
移交单位名称	××建筑工程公司	接收单位名称	××幕墙装饰工程公司
交接部位	西立面幕墙基准轴线	检查日期	××年×月×日

交接内容：

　　结构施工单位移交的(平面、高程)基准线误差复核。

检查结果：

　　经检查,交接内容均符合设计、施工技术方案要求。

复查意见：

复查人：　　　　　　　　　　　　　　　　　　　　　　　　复查日期：

见证单位意见：

　　检查内容与结果符合要求,同意移交。

见证单位名称:××建设监理公司

签字栏	移交单位	接收单位	见证单位
	×××	×××	×××

　1. 本表由移交、接收和见证单位各保存一份。

　2. 见证单位应根据实际检查情况,并汇总移交和接收单位意见形成见证单位意见。

第四节 幕墙工程施工质量验收记录

一、玻璃幕墙工程检验批质量验收记录

玻璃幕墙工程检验批质量验收记录表
（主控项目）
GB 50210—2001
（Ⅰ）

030701□□

工程名称	××工程	分部(子分部) 工程名称	幕墙工程	验收部位	×××
施工单位	××建筑工程集团公司		专业工长 ×××	项目经理	×××
施工执行标准名 称及编号	建筑装饰装修工程质量验收规范(GB 50210—2001)				
分包单位		分包项目经理		施工班组长	

		施工质量验收规范的规定		施工单位检查评定记录	监理(建设)单位验收 记录
主控项目	1	各种材料、构件、组件	第9.2.2条	√	符合设计及施工质 量验收规范要求,同 意验收
	2	造型和立面分格	第9.2.3条	√	
	3	玻璃	第9.2.4条	√	
	4	与主体结构连接件	第9.2.5条	√	
	5	螺栓防松及焊接连接	第9.2.6条	√	
	6	玻璃下端托条	第9.2.7条	√	
	7	明框幕墙玻璃安装	第9.2.8条	√	
	8	超过4m高全玻璃幕墙安装	第9.2.9条	√	
	9	点支承幕墙安装	第9.2.10条	√	
	10	细部	第9.2.11条	√	
	11	幕墙防水	第9.2.12条	√	
	12	结构胶、密封胶打注	第9.2.13条	√	
	13	幕墙开启窗	第9.2.14条	√	
	14	防雷装置	第9.2.15条	√	

施工单位检查评 定结果	经检查,主控项目全部合格,一般项目满足规范规定要求,检查评定结果为合格。 项目专业质量检查员:×××　　　　　　　　　　　　　　　　××年×月×日
监理(建设)单位 验收结论	同意施工单位评定结果,验收合格。 监理工程师:××× (建设单位项目专业技术负责人)　　　　　　　　　　　　　××年×月×日

玻璃幕墙工程检验批质量验收记录表
（一般项目）
GB 50210—2001

（Ⅱ）

030701□□

工程名称	××工程	分部(子分部)工程名称	幕墙工程	验收部位	×××
施工单位	××建筑工程集团公司		专业工长	×××	项目经理	×××
施工执行标准名称及编号	建筑装饰装修工程质量验收规范(GB 50210—2001)				
分包单位		分包项目经理		施工班组长	

		施工质量验收规范的规定			施工单位检查评定记录	监理(建设)单位验收记录
一般项目	1	表面质量	第9.2.16条		√	符合设计及施工质量验收规范要求,同意验收
	2	玻璃表面质量	第9.2.17条		√	
	3	铝合金型材表面质量	第9.2.18条		√	
	4	明框外露框或压条	第9.2.19条		√	
	5	密封胶缝	第9.2.20条		√	
	6	防火保温材料	第9.2.21条		√	
	7	隐蔽节点	第9.2.22条		√	
	8	明框幕墙安装允许偏差(mm)	幕墙垂直度	幕墙高度≤30m	10	√	
				30m＜幕墙高度≤60m	15	√	
				60m＜幕墙高度≤90m	20	√	
				幕墙高度＞90m	25	√	
			幕墙水平度	幕墙幅宽≤2m	5	√	
				幕墙幅宽＞35m	7	√	
			构件直线度		2	√	
			构件水平度	构件长度≤2m	2	√	
				构件长度＞2m	3	√	
			相邻构件错位		1	√	
			分格框对角线长度差	对角线长度≤2m	3	√	
				对角线长度＞2m	4	√	

施工单位检查评定结果	经检查,主控项目全部合格,一般项目满足规范规定要求,检查评定结果为合格。 项目专业质量检查员：×××　　　　　　　　　　　　　　　××年×月×日
监理(建设)单位验收结论	同意施工单位评定结果,验收合格。 监理工程师：××× (建设单位项目专业技术负责人)　　　　　　　　　　　　××年×月×日

《玻璃幕墙工程检验批质量验收记录表》填表说明：

(1)资料流程:本表由施工单位在完成本工序后填写,并报送监理单位;监理单位审批后返还施工单位,各相关单位存档。

(2)相关规定与要求:

1)主控项目:

①玻璃幕墙工程所使用的各种材料、构件和组件的质量,应符合设计要求及国家现行产品标准和工程技术规范的规定。

检查材料、构件、组件的产品合格证书、进场验收记录、性能检测报告和材料的复验报告。

②玻璃幕墙的造型和立面分格应符合设计要求。

观察和尺量检查。

③玻璃幕墙使用的玻璃应符合下列规定:

a. 幕墙应使用安全玻璃,玻璃的品种、规格、颜色、光学性能及安装方向应符合设计要求。

b. 幕墙玻璃的厚度不应小于6.0mm。全玻幕墙玻璃肋的厚度不应小于12mm。

c. 幕墙的中空玻璃应采用双道密封。明框幕墙的中空玻璃应采用聚硫密封胶及丁基密封胶;隐框和半隐框幕墙的中空玻璃应采用硅酮结构密封胶及丁基密封胶;镀膜面应在中空玻璃的第2或第3面上。

d. 幕墙的夹层玻璃应采用聚乙烯醇缩丁醛(PVB)胶片干法加工合成的夹层玻璃。点支承玻璃幕墙的夹层玻璃的夹层胶片(PVE)厚度不应小于0.76mm。

e. 钢化玻璃表面不得有损伤;8.0mm以下的钢化玻璃应进行引爆处理。

f. 所有幕墙玻璃均应进行边缘处理。

观察和尺量检查;检查施工记录。

④玻璃幕墙与主体结构连接的各种预埋件、连接件、紧固件必须安装牢固,其数量、规格、位置、连接方法和防腐处理应符合设计要求。观察和检查隐蔽工程验收记录和施工记录。

⑤各种连接件、紧固件的螺栓应有防松动措施;焊接连接应符合设计要求和焊接规范的规定。

观察和检查隐蔽工程验收记录和施工记录。

⑥隐框或半隐框玻璃幕墙,每块玻璃下端应设置两个铝合金或不锈钢托条,其长度不应小于100mm,厚度不应小于2mm,托条外端应低于玻璃外表面2mm。观察和检查施工记录。

⑦明框玻璃幕墙的玻璃安装应符合下列规定:

a. 玻璃槽口与玻璃的配合尺寸应符合设计要求和技术标准的规定。

b. 玻璃与构件不得直接接触,玻璃四周与构件凹槽底部应保持一定的空隙,每块玻璃下部应至少放置两块宽度与槽口宽度相同、长度不小于100mm的弹性定位垫块;玻璃两边嵌入量及空隙应符合设计要求。

c. 玻璃四周橡胶条的材质、型号应符合设计要求,镶嵌应平整,橡胶条长度应比边框内槽长1.5～2.0%,橡胶条在转角处应斜面断开,并应用粘结剂粘结牢固后嵌入槽内。

检验方法:观察;检查施工记录。

⑧高度超过4m的全玻幕墙应吊挂在主体结构上,吊夹具应符合设计要求,玻璃与玻璃、玻璃与玻璃肋之间的缝隙,应采用硅酮结构密封胶填嵌严密。

观察和检查施工记录及隐蔽工程验收记录。

⑨点支承玻璃幕墙应采用带万向头的活动不锈钢爪,其钢爪间的中心距离应大于250mm。

观察和尺量检查。

⑩玻璃幕墙四周、玻璃幕墙内表面与主体结构之间的连接节点、各种变形缝、墙角的连接节

点应符合设计要求和技术标准的规定。

观察和检查隐蔽工程验收记录和施工记录。

⑪玻璃幕墙应无渗漏。在易渗漏部位进行淋水检查。

⑫玻璃幕墙结构胶和密封胶的打注应饱满、密实、连续、均匀、无气泡,宽度和厚度应符合设计要求和技术标准的规定。

观察和尺量检查;检查施工记录。

⑬玻璃幕墙开启窗的配件应齐全,安装应牢固,安装位置和开启方向、角度应正确。开启应灵活,关闭应严密,观察和开闭检查。

⑭玻璃幕墙的防雷装置必须与主体结构的防雷装置可靠连接。

观察和检查隐蔽工程验收记录和施工记录。

2)一般项目:

①玻璃幕墙表面应平整、洁净;整幅玻璃的色泽应均匀一致;不得有污染和镀膜损坏。

观察检查。

②每平方米玻璃的表面质量符合《建筑装饰装修工程质量验收规范》(GB 50210—2001)表9.2.17的规定。

③一个分格铝合金型材的表面质量和检验方法应符合《建设装饰装修工程质量验收规范》(GB 50210—2001)表9.2.18的规定。

④明框玻璃幕墙的外露框或压条应横平竖直,颜色、规格应符合设计要求,压条安装应牢固。单元玻璃幕墙的单元拼缝或隐框玻璃幕墙的分格玻璃拼缝应横平竖直、均匀一致。

观察和手扳检查;检查进场验收记录。

⑤玻璃幕墙的密封胶缝应横平竖直、深浅一致、宽窄均匀、光滑顺直。

观察和手摸检查。

⑥防火、保温材料填充应饱满、均匀,表面应密实、平整。

检查隐蔽工程验收记录。

⑦玻璃幕墙隐蔽节点的遮封装修应牢固、整齐、美观。

观察和手扳检查。

⑧明框玻璃幕墙安装的允许偏差用经纬仪、水平仪、拉线和尺量检查。

⑨隐框、半隐框玻璃幕墙安装允许偏差,用经纬仪、水平仪、拉线和尺量检查。

⑩明框玻璃幕墙安装的允许偏差和检验方法应符合下表的规定。

明框玻璃幕墙安装的允许偏差和检验方法

项次	项　目		允许偏差 (mm)	检验方法
1	幕墙垂直度	幕墙高度≤30m	10	用经纬仪检查
		30m<幕墙高度≤60m	15	
		60m<幕墙高度≤90m	20	
		幕墙高度>90m	25	
2	幕墙水平度	幕墙幅宽≤35m	5	用水平仪检查
		幕墙幅宽>35m	7	

项 次	项 目		允许偏差 (mm)	检验方法
3	构件直线度		2	用2m靠尺和塞尺检查
4	构件水平度	构件长度≤2m	2	用水平仪检查
		构件长度>2m	3	
5	相邻构件错位		1	用钢直尺检查
6	分格框对角线 长度差	对角线长度≤2m	3	用钢尺检查
		对角线长度>2m	4	

注:本表摘自《建筑装饰装修工程质量验收规范》(GB 50210—2001)。

⑪隐框、半隐框玻璃幕墙安装的允许偏差和检验方法应符合下表的规定。

隐框、半隐框玻璃幕墙安装的允许偏差和检验方法

项 次	项 目		允许偏差 (mm)	检验方法
1	幕墙垂直度	幕墙高度≤30m	10	用经纬仪检查
		30m<幕墙高度≤60m	15	
		60m<幕墙高度≤90m	20	
		幕墙高度>90m	25	
2	幕墙水平度	层高≤3m	3	用水平仪检查
		层高>3m	5	
3	幕墙表面平整度		2	用2m靠尺和塞尺检查
4	板材立面垂直度		2	用垂直检测尺检查
5	板材上沿水平度		2	用1m水平尺和钢直尺检查
6	相邻板材板角错位		1	用钢直尺检查
7	阳角方正		2	用直角检测尺检查
8	接缝直线度		3	拉5m线,不足5m拉通线,用钢直尺检查
9	接缝高低差		1	用钢直尺和塞尺检查
10	接缝宽度		1	用钢直尺检查

注:本表摘自《建筑装饰装修工程质量验收规范》(GB 50210—2001)。

二、金属幕墙工程检验批质量验收记录

金属幕墙工程检验批质量验收记录表
（主控项目）
GB 50210—2001
（Ⅰ）

030702□□

工程名称	××工程	分部(子分部)工程名称	幕墙工程	验收部位	×××
施工单位	××建筑工程集团公司	专业工长	×××	项目经理	×××
施工执行标准名称及编号	建筑装饰装修工程质量验收规范(GB 50210—2001)				
分包单位		分包项目经理		施工班组长	

		施工质量验收规范的规定		施工单位检查评定记录	监理(建设)单位验收记录
主控项目	1	材料、配件质量	第9.3.2条	√	符合设计及施工质量验收规范要求,同意验收
	2	造型和立面分格	第9.3.3条	√	
	3	金属面板质量	第9.3.4条	√	
	4	预埋件、后置件	第9.3.5条	√	
	5	连接与安装	第9.3.6条	√	
	6	防火、保温、防潮材料	第9.3.7条	√	
	7	框架及连接件防腐	第9.3.8条	√	
	8	防雷装置	第9.3.9条	√	
	9	连接节点	第9.3.10条	√	
	10	板缝注胶	第9.3.11条	√	
	11	防水	第9.3.12条	√	

施工单位检查评定结果	经检查,主控项目全部合格,一般项目满足规范规定要求,检查评定结果为合格。 项目专业质量检查员:×××　　　　　　　　　　　　　　××年×月×日
监理(建设)单位验收结论	同意施工单位评定结果,验收合格。 监理工程师:××× (建设单位项目专业技术负责人)　　　　　　　　　　××年×月×日

金属幕墙工程检验批质量验收记录表
（一般项目）
GB 50210—2001
（Ⅱ）

030702□□

工程名称	××工程	分部(子分部)工程名称		幕墙工程.		验收部位	×××	
施工单位	××建筑工程集团公司			专业工长	×××	项目经理	×××	
施工执行标准名称及编号	建筑装饰装修工程质量验收规范（GB 50210—2001）							
分包单位		分包项目经理				施工班组长		

		施工质量验收规范的规定			施工单位检查评定记录	监理(建设)单位验收记录
一般项目	1	表面质量		第9.3.13条	√	符合设计及施工质量验收规范要求,同意验收
	2	压条安装		第9.3.14条	√	
	3	密封胶缝		第9.3.15条	√	
	4	滴水线		第9.3.16条	√	
	5	表面质量		第9.3.17条	√	
	6	金属幕墙安装允许偏差	幕墙垂直度	幕墙高度≤30m	10	√	
				30m<幕墙高度≤60m	15	√	
				60m<幕墙高度≤90m	20	√	
				幕墙高度>90m	25	√	
			幕墙水平度	层高≤3m	3	√	
				层高>3m	5	√	
			幕墙表面平整度		2	√	
			板材立面垂直度		3	√	
			板材上沿水平度		2	√	
			相邻板材板角错位		1	√	
			阳角方正		2	√	
			接缝直线度		3	√	
			接缝高低差		1	√	
			接缝宽度		1	√	

施工单位检查评定结果	经检查,主控项目全部合格,一般项目满足规范规定要求,检查评定结果为合格。 项目专业质量检查员:×××　　　　　　　　　　　　××年×月×日
监理(建设)单位验收结论	同意施工单位评定结果,验收合格。 监理工程师:××× (建设单位项目专业技术负责人)　　　　　　　　××年×月×日

《金属幕墙工程检验批质量验收记录表》填表说明：

(1)资料流程：本表由施工单位在完成本工序后填写，并报送监理单位；监理单位审批后返还施工单位，各相关单位存档。

(2)相关规定与要求：

1)主控项目：

①金属幕墙工程所使用的各种材料和配件，应符合设计要求及国家现行产品标准和工程技术规范的规定。

检查产品合格证书、性能检测报告、材料进场验收记录和复验报告。

②金属幕墙的造型和立面分格应符合设计要求。

观察和尺量检查。

③金属面板的品种、规格、颜色、光泽及安装方向应符合设计要求。

观察和检查进场验收记录。

④金属幕墙主体结构上的预埋件、后置埋件的数量、位置及后置埋件的拉拔力必须符合设计要求。

检查拉拔力检测报告和隐蔽工程验收记录。

⑤金属幕墙的金属框架立柱与主体结构预埋件的连接、立柱与横梁的连接、金属面板的安装必须符合设计要求，安装必须牢固。

手扳检查；检查隐蔽工程验收记录。

⑥金属幕墙的防火、保温、防潮材料的设置应符合设计要求，并应密实、均匀、厚度一致。

检查隐蔽工程验收记录。

⑦金属框架及连接件的防腐处理应符合设计要求，检查隐蔽工程验收记录和施工记录。

⑧金属幕墙的防雷装置必须与主体结构的防雷装置可靠连接。

检查隐蔽工程验收记录。

⑨各种变形缝、墙角的连接节点应符合设计要求和技术标准的规定。

观察和检查隐蔽工程验收记录。

⑩金属幕墙的板缝注胶应饱满、密实、连续、均匀、无气泡，宽度和厚度应符合设计要求和技术标准的规定。

观察和尺量检查；检查施工记录。

⑪金属幕墙应无渗漏。

在易渗漏部位进行淋水检查。

2)一般项目：

①金属板表面应平整、洁净、色泽一致。

观察检查。

②金属幕墙的压条应平直、洁净、接口严密、安装牢固。

观察和手扳检查。

③金属幕墙的密封胶缝应横平竖直、深浅一致、宽窄均匀、光滑顺直。

观察检查。

④金属幕墙上的滴水线、流水坡向应正确、顺直。

观察和水平尺检查。

⑤每平方米金属板的表面质量和检验方法应符合下表的规定。

每平方米金属板的表面质量和检验方法

项次	项目	质量要求	检验方法
1	明显划伤和长度＞100mm的轻微划伤	不允许	观察
2	长度≤100mm的轻微划伤	≤8条	用钢尺检查
3	擦伤总面积	≤500mm²	用钢尺检查

⑥金属幕墙安装的偏差用经纬仪、水平仪、靠尺、塞尺、垂直检测尺及拉线尺量检查。

⑦金属幕墙安装的允许偏差和检验方法应符合下表的规定。

金属幕墙安装的允许偏差和检验方法

项次	项 目		允许偏差（mm）	检验方法
1	幕墙垂直度	幕墙高度≤30m	10	用经纬仪检查
		30m＜幕墙高度≤60m	15	
		60m＜幕墙高度≤90m	20	
		幕墙高度＞90m	25	
2	幕墙水平度	层高≤3m	3	用水平仪检查
		层高＞3m	5	
3	幕墙表面平整度		2	用2m靠尺和塞尺检查
4	板材立面垂直度		3	用垂直检测尺检查
5	板材上沿水平度		2	用1m水平尺和钢直尺检查
6	相邻板材板角错位		1	用钢直尺检查
7	阳角方正		2	用直角检测尺检查
8	接缝直线度		3	拉5m线,不足5m拉通线,用钢直尺检查
9	接缝高低差		1	用钢直尺和塞尺检查
10	接缝宽度		1	用钢直尺检查

注:本表摘自《建筑装饰装修工程质量验收规范》(GB 50210—2001)。

三、石材幕墙工程检验批质量验收记录

石材幕墙工程检验批质量验收记录表
（主控项目）
GB 50210—2001
（Ⅰ）

030703□□

工程名称	××工程	分部(子分部)工程名称	幕墙工程	验收部位	×××
施工单位	××建筑工程集团公司		专业工长	×××	项目经理	×××
施工执行标准名称及编号	建筑装饰装修工程质量验收规范（GB 50210—2001）				
分包单位		分包项目经理		施工班组长	

		施工质量验收规范的规定		施工单位检查评定记录	监理(建设)单位验收记录
主控项目	1	材料质量	第9.4.2条	✓	符合设计及施工质量验收规范要求,同意验收
	2	外观质量	第9.4.3条	✓	
	3	石材孔、槽	第9.4.4条	✓	
	4	预埋件和后置埋件	第9.4.5条	✓	
	5	构件连接	第9.4.6条	✓	
	6	框架和连接件防腐	第9.4.7条	✓	
	7	防雷装置	第9.4.8条	✓	
	8	防火、保温、防潮材料	第9.4.9条	✓	
	9	结构变形缝、墙角连接点	第9.4.10条	✓	
	10	表面和板缝处理	第9.4.11条	✓	
	11	板缝注胶	第9.4.12条	✓	
	12	防水	第9.4.13条	✓	

施工单位检查评定结果	经检查,主控项目全部合格,一般项目满足规范规定要求,检查评定结果为合格。 项目专业质量检查员：×××　　　　　　　　　　　　　××年×月×日
监理(建设)单位验收结论	同意施工单位评定结果,验收合格。 监理工程师：××× (建设单位项目专业技术负责人)　　　　　　　　××年×月×日

石材幕墙工程检验批质量验收记录表
(一般项目)
GB 50210—2001
(Ⅱ)

030703□□

工程名称	××工程	分部(子分部)工程名称	幕墙工程	验收部位	×××
施工单位	××建筑工程集团公司	专业工长	×××	项目经理	×××
施工执行标准名称及编号	建筑装饰装修工程质量验收规范(GB 50210—2001)				
分包单位		分包项目经理		施工班组长	

		施工质量验收规范的规定			施工单位检查评定记录	监理(建设)单位验收记录
一般项目	1	表面质量		第9.4.14条	√	符合设计及施工质量验收规范要求,同意验收
	2	压条		第9.4.15条	√	
	3	细部质量		第9.4.16条	√	
	4	密封胶缝		第9.4.17条	√	
	5	滴水线		第9.4.18条	√	
	6	石材表面质量		第9.4.19条	√	
	7	石材幕墙安装允许偏差(mm)	幕墙垂直度	幕墙高度≤30m	10	√	
				30m<幕墙高度≤60m	15	√	
				60m<幕墙高度≤90m	20	√	
				幕墙高度>90m	25	√	
			幕墙水平度	3	√	
			幕墙表面平整度	光2 麻3	√	
			板材立面垂直度	3	√	
			板材上沿水平度	2	√	
			相邻板材板角错位	1	√	
			阳角方正	光2 麻4	√	
			接缝直线度	光3 麻4	√	
			接缝高低差	光1 麻1	√	
			接缝宽度	光1 麻2	√	

施工单位检查评定结果	经检查,主控项目全部合格,一般项目满足规范规定要求,检查评定结果为合格。 项目专业质量检查员:××× ××年×月×日
监理(建设)单位验收结论	同意施工单位评定结果,验收合格。 监理工程师:××× (建设单位项目专业技术负责人) ××年×月×日

《石材幕墙工程检验批质量验收记录表》填表说明：

(1)资料流程：本表由施工单位在完成本工序后填写，并报送监理单位；监理单位审批后返还施工单位，各相关单位存档。

(2)相关规定与要求：

1)主控项目。

①石材幕墙工程所用材料的品种、规格、性能和等级，应符合设计要求及国家现行产品标准和工程技术规范的规定。石材的弯曲强度不应小于8.0MPa；吸水率应小于0.8%。石材幕墙的铝合金挂件厚度不应小于4.0mm，不锈钢挂件厚度不应小于3.0mm。

观察和尺量检查；检查产品合格证书、性能检测报告、材料进场验收记录和复验报告。

②石材幕墙的造型、立面分格、颜色、光泽、花纹和图案应符合设计要求。

观察检查。

③石材孔、槽的数量、深度、位置、尺寸应符合设计要求。

检查进场验收记录或施工记录。

④石材幕墙主体结构上的预埋件和后置埋件的位置、数量及后置埋件的拉拔力必须符合设计要求。

检查拉拔力检测报告和隐蔽工程验收记录。

⑤石材幕墙的金属框架立柱与主体结构预埋件的连接、立柱与横梁的连接、连接件与金属框架的连接、连接件与石材面板的连接必须符合设计要求，安装必须牢固。

手扳检查；检查隐蔽工程验收记录。

⑥金属框架和连接件的防腐处理应符合设计要求。

检验方法：检查隐蔽工程验收记录。

⑦石材幕墙的防雷装置必须与主体结构防雷装置可靠连接。

观察和检查隐蔽工程验收记录和施工记录。

⑧石材幕墙的防火、保温、防潮材料的设置应符合设计要求，填充应密实、均匀、厚度一致。

检查隐蔽工程验收记录。

⑨各种结构变形缝、墙角的连接节点应符合设计要求和技术标准的规定。

检查隐蔽工程验收记录和施工记录。

⑩石材表面和板缝的处理应符合设计要求。

观察检查。

⑪石材幕墙的板缝注胶应饱满、密实、连续、均匀、无气泡，板缝宽度和厚度应符合设计要求和技术标准的规定。

观察和尺量检查；检查施工记录。

⑫石材幕墙应无渗漏。

在易渗漏部位进行淋水检查。

2)一般项目。

①石材幕墙表面应平整、洁净，无污染、缺损和裂痕。颜色和花纹应协调一致，无明显色差，无明显修痕。

观察检查。

②石材幕墙的压条应平直、洁净、接口严密、安装牢固。

观察和手扳检查。

③石材接缝应横平竖直、宽窄均匀；阴阳角石板压向应正确，板边合缝应顺直；凸凹线出墙厚

度应一致,上下口应平直;石材面板上洞口、槽边应套割吻合,边缘应整齐。

观察和尺量检查。

④石材幕墙的密封胶缝应横平竖直、深浅一致、宽窄均匀、光滑顺直。

观察检查。

⑤石材幕墙上的滴水线、流水坡向应正确、顺直。

观察和用水平尺检查。

⑥每平方米石材的表面质量符合下表的规定。

每平方米石材的表面质量和检验方法

项次	项　目	质量要求	检验方法
1	明显划伤和长度＞100mm 的轻微划伤	不允许	观察
2	长度≤100mm 的轻微划伤	≤8 条	用钢尺检查
3	擦伤总面积	≤500mm²	用钢尺检查

⑦石材幕墙安装的允许偏差和检验方法应符合下表的规定。

石材幕墙安装的允许偏差和检验方法

项次	项　目		允许偏差(mm)		检验方法
			光面	麻面	
1	幕墙垂直度	幕墙高度≤30m	10		用经纬仪检查
		30m＜幕墙高度≤60m	15		
		60m＜幕墙高度≤90m	20		
		幕墙高度＞90m	25		
2	幕墙水平度		3		用水平仪检查
3	板材立面垂直度		3		用水平仪检查
4	板材上沿水平度		2		用 1m 水平尺和钢直尺检查
5	相邻板材板角错位		1		用钢直尺检查
6	幕墙表面平整度		2	3	用垂直检测尺检查
7	阳角方正		2	4	用直角检测尺检查
8	接缝直线度		3	4	拉 5m 线,不足 5m 拉通线,用钢直尺检查
9	接缝高低差		1	—	用钢直尺和塞尺检查
10	接缝宽度		1	2	用钢直尺检查

注:本表摘自《建筑装饰装修工程质量验收规范》(GB 50210—2001)。

第十章　涂饰工程资料

第一节　涂饰工程资料分类

涂饰工程资料分类见表 10-1。

表 10-1　　　　　　　　　　　　　　涂饰工程资料分类

类别及编号	表格编号 （或资料来源）	资料名称		备注
施工技术 资料（C2）	施工单位编制	施工组织设计及施工方案		
	C2-1	技术交底 记录	水性涂料涂饰工程技术交底	具体样式可参照本书第二章第二节相关内容
			溶剂型涂料涂饰工程技术交底	
			美术涂饰工程技术交底	
	C2-2	图纸会审记录		见本书第二章
	C2-3	设计变更通知单		见本书第二章
	C2-4	工程洽商记录		见本书第二章
施工物资 资料（C4）	C4-1	材料、构配件进场检验记录		
	供应单位提供	涂料性能检测报告		
	供应单位提供	防火涂料性能检测报告		
	C4-15	防水涂料试验报告		见本书第三章
施工质量 验收记录（C7）	030801	水性涂料涂饰工程检验批质量验收记录		
	030802	溶剂型涂料涂饰工程检验批质量验收记录		
	030803	美术涂饰工程检验批质量验收记录		

第二节　涂饰工程施工物资资料

表 C4-1　　　　　　　　　　　　材料、构配件进场检验记录

编号：×××

工程名称				××工程	检验日期	××年×月×日	
序号	名称	规格型号	进场数量	生产厂家 合格证号	检验项目	检验结果	备注
1	硅橡胶防水	××	××桶	××建材有限公司 ××××	外观质量 证明文件	合格	
2	饰面型防火涂料	××	××桶	××建材有限公司 ××××	外观质量 证明文件	合格	
3	内墙乳胶漆	××	××桶	××建材有限公司 ××××	外观质量 证明文件	合格	
4							
5							

检验结论：

以上材料经外观检查合格，材料、规格及数量经复查均符合设计和规范要求，产品证明文件齐全。

签字栏	建设（监理）单位	施工单位	××建筑装饰装修工程公司	
		专业质检员	专业工长	检验员
	×××	×××	×××	×××

本表由施工单位填写并保存。

第三节　涂饰工程施工质量验收记录

一、水性涂料涂饰工程检验批质量验收记录

水性涂料涂饰工程检验批质量验收记录表
GB 50210—2001

030801□□

工程名称	××工程	分部(子分部)工程名称	涂饰工程	验收部位	×××
施工单位	××建筑工程集团公司	专业工长	×××	项目经理	×××
施工执行标准名称及编号	建筑装饰装修工程质量验收规范(GB 50210—2001)				
分包单位		分包项目经理		施工班组长	

		施工质量验收规范的规定			施工单位检查评定记录	监理(建设)单位验收记录
主控项目	1	材料质量		第10.2.2条	√	符合设计及施工质量验收规范要求,同意验收
	2	涂饰颜色和图案		第10.2.3条	√	
	3	涂饰综合质量		第10.2.4条	√	
	4	基层处理		第10.2.5条	√	
一般项目	1	与其他材料和设备衔接处		第10.2.9条	√	符合设计及施工质量验收规范要求,同意验收
	2	薄涂料涂饰质量允许偏差	颜色 普通涂饰	均匀一致	√	
			颜色 高级涂饰	均匀一致	√	
			泛碱、咬色 普通涂饰	允许少量轻微	√	
			泛碱、咬色 高级涂饰	不允许	√	
			流坠、疙瘩 普通涂饰	允许少量轻微	√	
			流坠、疙瘩 高级涂饰	不允许	√	
			砂眼、刷纹 普通涂饰	允许少量轻微砂眼、刷纹通顺	√	
			砂眼、刷纹 高级涂饰	无砂眼、无刷纹	√	
			装饰线、分色线直线度 普通涂饰	2	√	
			装饰线、分色线直线度 高级涂饰	1	√	
	3	厚涂料涂饰质量允许偏差	颜色 普通涂饰	均匀一致	√	
			颜色 高级涂饰	均匀一致	√	
			泛碱、咬色 普通涂饰	允许少量轻微	√	
			泛碱、咬色 高级涂饰	不允许	√	
			点状分布 普通涂饰	—	√	
			点状分布 高级涂饰	疏密均匀	√	
	4	复层涂饰质量允许偏差	颜色	均匀一致	√	
			泛碱、咬色	不允许	√	
			喷点疏密程度	均匀,不允许连片	√	

施工单位检查评定结果	经检查,主控项目全部合格,一般项目满足规范规定要求,检查评定结果为合格。 项目专业质量检查员:×××　　　　　　　　　　　　　　　　××年×月×日
监理(建设)单位验收结论	同意施工单位评定结果,验收合格。 监理工程师:××× (建设单位项目专业技术负责人)　　　　　　　　　　　　　　××年×月×日

《水性涂料涂饰工程检验批质量验收记录表》填表说明：

（1）资料流程：本表由施工单位在完成本工序后填写，并报送监理单位；监理单位审批后返还施工单位，各相关单位存档。

（2）相关规定与要求：

1）主控项目：

①水性涂料涂饰工程所用涂料的品种、型号和性能应符合设计要求。

检查产品合格证书、性能检测报告和进场验收记录。

②水性涂料涂饰工程的颜色、图案应符合设计要求。

观察检查。

③水性涂料涂饰工程应涂饰均匀、粘结牢固，不得漏涂、透底、起皮和掉粉。

观察和手摸检查。

④水性涂料涂饰工程的基层处理。

a. 混凝土、抹灰基层上，应先涂刷抗碱封闭底漆。

b. 旧墙上应清理除去疏松的旧装饰层，并涂界面剂。

c. 混凝土、抹灰层涂刷溶剂型涂料时，含水率不大于 8%；涂刷乳液型涂料时，含水率不大于10%；木材基层的含水率不大于 12%。

d. 基层腻子应平整、坚实、牢固、无粉化、起皮及裂缝，内墙腻子的粘结强度应符合《建筑室内用腻子》(JG/T 3049)的规定。

e. 厨房、卫生间必须用耐水腻子。

观察和手摸检查；检查施工记录。

2）一般项目：

①涂层与其他装修材料和设备衔接处应吻合，界面应清晰。

观察检查。

②薄涂料的涂饰质量观察及拉线检查。

③厚涂料的涂饰质量观察检查。

④复层涂料的涂饰质量观察检查。

二、溶剂型涂料涂饰工程检验批质量验收记录

溶剂型涂料涂饰工程检验批质量验收记录表

GB 50210—2001

030802□□

工程名称	××工程	分部(子分部)工程名称	涂饰工程	验收部位	×××
施工单位	××建筑工程集团公司	专业工长	×××	项目经理	×××
施工执行标准名称及编号	建筑装饰装修工程质量验收规范(GB 50210—2001)				
分包单位		分包项目经理		施工班组长	

		施工质量验收规范的规定			施工单位检查评定记录	监理(建设)单位验收记录
主控项目	1	涂料质量		第10.3.2条	√	符合设计及施工质量验收规范要求,同意验收
	2	颜色、光泽、图案		第10.3.3条	√	
	3	涂饰综合质量		第10.3.4条	√	
	4	基层处理		第10.3.5条	√	
一般项目	1	与其他材料、设备衔接处界面应清晰		第10.3.8条	√	符合设计及施工质量验收规范要求,同意验收
	2	色漆涂饰质量	颜色	普通涂饰 均匀一致	√	
				高级涂饰 均匀一致	√	
			光泽、光滑	普通涂饰 光泽基本均匀 光滑无挡手感	√	
				高级涂饰 光泽均匀一致光滑	√	
			刷纹	普通涂饰 刷纹通顺	√	
				高级涂饰 无刷纹	√	
			裹棱、流坠、皱皮	普通涂饰 明显处不允许	√	
				高级涂饰 不允许	√	
			装饰线、分色线直线度	普通涂饰 2	√	
				高级涂饰 1	√	
	3	清漆涂饰质量	颜色	普通涂饰 基本一致	√	
				高级涂饰 均匀一致	√	
			木纹	普通涂饰 棕眼刮平、木纹清楚	√	
				高级涂饰 棕眼刮平、木纹清楚	√	
			光泽、光滑	普通涂饰 光泽基本均匀 光滑无挡手感	√	
				高级涂饰 光泽均匀一致光滑	√	
			刷纹	普通涂饰 无刷纹	√	
				高级涂饰 无刷纹	√	
			裹棱、流坠、皱皮	普通涂饰 明显处不允许	√	
				高级涂饰 不允许	√	
施工单位检查评定结果		经检查,主控项目全部合格,一般项目满足规范规定要求,检查评定结果为合格。 项目专业质量检查员:××× ××年×月×日				
监理(建设)单位验收结论		同意施工单位评定结果,验收合格。 监理工程师:××× (建设单位项目专业技术负责人) ××年×月×日				

《溶剂型涂料涂饰工程检验批质量验收记录表》填表说明：

(1)资料流程：本表由施工单位在完成本工序后填写，并报送监理单位；监理单位审批后返还施工单位，各相关单位存档。

(2)相关规定与要求：

1)主控项目：

①溶剂型涂料涂饰工程所选用涂料的品种、型号和性能应符合设计要求。

检查产品合格证书、性能检测报告和进场验收记录。

②溶剂型涂料涂饰工程的颜色、光泽、图案应符合设计要求。

观察检查。

③溶剂型涂料涂饰工程应涂饰均匀、粘结牢固，不得漏涂、透底、起皮和反锈。

观察和手摸检查。

④溶剂型涂料涂饰工程的基层处理。

a. 混凝土、抹灰基层上，应先涂刷抗碱封闭底漆。

b. 旧墙上应清理除去疏松的旧装饰层，并涂界面剂。

c. 混凝土、抹灰层涂刷溶剂型涂料时，含水率不大于 8%；涂刷乳液型涂料时，含水率不大于 10%；木材基层的含水率不大于 12%。

d. 基层腻子应平整、坚实、牢固、无粉化、起皮及裂缝，内墙腻子的粘结强度应符合《建筑室内用腻子》(JG/T 3049)规定。

e. 厨房、卫生间必须用耐水腻子。

观察和手摸检查；检查施工记录。

2)一般项目。

①涂层与其他装修材料和设备衔接处应吻合，界面应清晰。

观察检查。

②色漆的涂饰质量观察和手摸检查。

③清漆的涂饰质量观察和手摸检查。

三、美术涂饰工程检验批质量验收记录

美术涂饰工程检验批质量验收记录表
GB 50210—2001

030803□□
010301□□

工程名称	××工程	分部(子分部)工程名称	涂饰工程		验收部位	×××
施工单位	××建筑工程集团公司		专业工长	×××	项目经理	×××
施工执行标准名称及编号	建筑装饰装修工程质量验收规范(GB 50210—2001)					
分包单位		分包项目经理			施工班组长	

施工质量验收规范的规定				施工单位检查评定记录	监理(建设)单位验收记录
主控项目	1	材料质量	第10.4.2条	✓	符合设计及施工质量验收规范要求,同意验收
	2	涂饰综合质量	第10.4.3条	✓	
	3	基层处理	第10.4.4条	✓	
	4	套色、花纹、图案	第10.4.5条	✓	
一般项目	1	表面质量	第10.4.6条	✓	符合设计及施工质量验收规范要求,同意验收
	2	仿花纹理涂饰表面质量	第10.4.7条	✓	
	3	套色涂饰图案	第10.4.8条	✓	

施工单位检查评定结果	经检查,主控项目全部合格,一般项目满足规范规定要求,检查评定结果为合格。 项目专业质量检查员:×××　　　　　　　　　　　　　××年×月×日
监理(建设)单位验收结论	同意施工单位评定结果,验收合格。 监理工程师:××× (建设单位项目专业技术负责人)　　　　　　　　　　　××年×月×日

《美术涂饰工程检验批质量验收记录表》填表说明：

(1)资料流程：本表由施工单位在完成本工序后填写，并报送监理单位；监理单位审批后返还施工单位，各相关单位存档。

(2)相关规定与要求：

1)主控项目：

①美术涂饰所用材料的品种、型号和性能应符合设计要求。

观察和检查产品合格证书、性能检测报告和进场验收记录。

②美术涂饰工程应涂饰均匀、粘结牢固，不得漏涂、透底、起皮、掉粉和反锈。

观察和手摸检查。

③美术涂饰工程的基层处理。

a. 混凝土、抹灰基层上，应先涂刷抗碱封闭底漆。

b. 旧墙上应清理除去疏松的旧装饰层，并涂界面剂。

c. 混凝土、抹灰层涂刷溶剂型涂料时，含水率不大于 8%；涂刷乳液型涂料时，含水率不大于 10%；木材基层的含水率不大于 12%。

d. 基层腻子应平整、坚实、牢固、无粉化、起皮及裂缝，内墙腻子的粘结强度应符合《建筑室内用腻子》(JG/T 3049)的规定。

e. 厨房、卫生间必须用耐水腻子。

观察和手摸检查；检查施工记录。

④美术涂饰的套色、花纹和图案应符合设计要求。

观察检查。

2)一般项目：

①美术涂饰表面应洁净，不得有流坠现象。

②仿花纹涂饰的饰面应具有被摹仿材料的纹理。

③套色涂饰的图案不得移位，纹理和轮廓应清晰。

各项均为观察检查。

第十一章 裱糊与软包工程资料

第一节 裱糊与软包工程资料分类

裱糊与软包工程资料分类见表 11-1。

表 11-1 裱糊与软包工程资料分类

类别与编号	表格编号（或资料来源）	资料名称		备 注
施工技术资料(C2)	C2-1	技术交底记录	裱糊工程技术交底	具体样式可参照本书第二章第二节相关内容
			软包工程技术交底	
	C2-2	图纸会审记录		见本书第二章
	C2-3	设计变更通知单		见本书第二章
	C2-4	工程洽商记录		见本书第二章
施工物资资料(C4)	C4-1	材料、构配件进场检验记录		
	供应单位提供	壁纸、墙布防火、阻燃性能检测报告		
施工质量验收记录(C7)	030901	裱糊工程检验批质量验收记录		
	030902	软包工程检验批质量验收记录		

第二节 裱糊与软包工程施工物资资料

表 C4-1 材料、构配件进场检验记录

编号：＿×××＿

工程名称	××大厦			检验日期		××年×月×日		
序号	名称	规格型号（mm）	进场数量	生产厂家 合格证号		检验项目	检验结果	备注
1	中碱无蜡玻璃纤维布	14×17	××m²	××建材厂×××		外观质量证明文件	合格	
2	布基墙纸	1.37×27.8	××m²	××建材厂×××		外观质量证明文件	合格	
3	108 胶粘剂	Ⅰ型	××桶	××建材厂×××		外观质量证明文件	合格	

检验结论：

以上材料外观检查合格，材质、规格及数量经复查均符合设计及规范要求，产品证明文件齐全。

签字栏	建设（监理）单位	施工单位	××装饰装修工程公司	
		专业质检员	专业工长	检验员
	×××	×××	×××	×××

本表由施工单位填写并保存。

第三节 裱糊与软包工程施工质量验收记录

一、裱糊工程检验批质量验收记录

裱糊工程检验批质量验收记录表
GB 50210—2001

030901□□

工程名称	××工程	分部(子分部)工程名称		裱糊工程		验收部位	×××
施工单位	××建筑工程集团公司			专业工长	×××	项目经理	×××
施工执行标准名称及编号	建筑装饰装修工程质量验收规范(GB 50210—2001)						
分包单位		分包项目经理				施工班组长	

施工质量验收规范的规定				施工单位检查评定记录	监理(建设)单位验收记录
主控项目	1	材料质量	第11.2.2条	✓	符合设计及施工质量验收规范要求,同意验收
	2	基层处理	第11.2.3条	✓	
	3	各幅拼接	第11.2.4条	✓	
	4	壁纸、墙布粘贴	第11.2.5条	✓	
一般项目	1	裱糊表面质量	第11.2.6条	✓	符合设计及施工质量验收规范要求,同意验收
	2	壁纸压痕及发泡层	第11.2.7条	✓	
	3	与装饰线、设备线盒交接	第11.2.8条	✓	
	4	壁纸、墙布边缘	第11.2.9条	✓	
	5	壁纸、墙布阴、阳角无接缝	第11.2.10条	✓	

施工单位检查评定结果	经检查,主控项目全部合格,一般项目满足规范规定要求,检查评定结果为合格。 项目专业质量检查员:×××　　　　　　　　　　　　　　　　××年×月×日
监理(建设)单位验收结论	同意施工单位评定结果,验收合格。 监理工程师:××× (建设单位项目专业技术负责人)　　　　　　　　　　　　　××年×月×日

《裱糊工程检验批质量验收记录表》填表说明：

(1)资料流程：本表由施工单位在完成本工序后填写，并报送监理单位；监理单位审批后返还施工单位，各相关单位存档。

(2)相关规定与要求：

1)主控项目：

①壁纸、墙布的种类、规格、图案、颜色和燃烧性能等级必须符合设计要求及国家现行标准的有关规定。

检查产品合格证书、进场验收记录和性能检测报告和观察检查。

②裱糊工程基层处理质量。

a. 混凝土、抹灰基层上，应先涂刷抗碱封闭底漆。

b. 旧墙上应清理除去疏松的旧装饰层，并涂界面剂。

c. 混凝土、抹灰层涂刷溶剂型涂料时，含水率不大于8%；涂刷乳液型涂料时，含水率不大于10%；木材基层的含水率不大于12%。

d. 基层腻子应平整、坚实、牢固、无粉化、起皮及裂缝，腻子的粘结强度应符合《建筑室内用腻子》(JG/T 3049)的规定。

e. 基层表面平整度、立面垂直度及阴阳角方正应达到《建筑装饰装修工程质量验收规范》(GB 50210—2001)第4.2.11条高级抹灰的要求。

f. 基层表面颜色应一致。

g. 裱糊前应用封闭底胶涂刷基层。

③裱糊后各幅拼接应横平竖直，拼接处花纹、图案应吻合，不离缝，不搭接，不显拼缝。拼缝检查距离墙面1.5m处正视检查。

④壁纸、墙布应粘贴牢固，不得有漏贴、补贴、脱层、空鼓和翘边。

观察和手摸检查。

2)一般项目：

①裱糊后的壁纸、墙布表面应平整，色泽应一致，不得有波纹起伏、气泡、裂缝、皱折及斑污，斜视时应无胶痕。

②复合压花壁纸的压痕及发泡壁纸的发泡层应无损坏。

③壁纸、墙布与各种装饰线、设备线盒应交接严密。

④壁纸、墙布边缘应平直整齐，不得有纸毛、飞刺。

⑤壁纸、墙布阴角处搭接应顺光，阳角处应无接缝。

各项均为观察检查。

二、软包工程检验批质量验收记录

软包工程检验批质量验收记录表
GB 50210—2001

030902□□

工程名称	××工程	分部(子分部)工程名称		软包工程	验收部位	×××
施工单位	××建筑工程集团公司			专业工长	×××	项目经理	×××
施工执行标准名称及编号	建筑装饰装修工程质量验收规范(GB 50210—2001)					
分包单位		分包项目经理			施工班组长	

		施工质量验收规范的规定			施工单位检查评定记录	监理(建设)单位验收记录
主控项目	1	材料质量	第11.3.2条		√	符合设计及施工质量验收规范要求,同意验收
	2	安装位置、构造做法	第11.3.3条		√	
	3	龙骨、衬板、边框安装	第11.3.4条		√	
	4	单块面料	第11.3.5条		√	
一般项目	1	软包表面质量	第11.3.6条		√	符合设计及施工质量验收规范要求,同意验收
	2	边框安装质量	第11.3.7条		√	
	3	清漆涂饰	第11.3.8条		√	
	4	安装允许偏差	垂直度(mm)	3	√	
			边框宽度、高度(mm)	0;-2	√	
			对角线长度差(mm)	3	√	
			裁口、线条接缝高低差(mm)	1	√	

施工单位检查评定结果	经检查,主控项目全部合格,一般项目满足规范规定要求,检查评定结果为合格。 项目专业质量检查员:×××　　　　　　　　　　　　　×× 年×月×日
监理(建设)单位验收结论	同意施工单位评定结果,验收合格。 监理工程师:××× (建设单位项目专业技术负责人)　　　　　　　　×× 年×月×日

《软包工程检验批质量验收记录表》填表说明：

(1)资料流程：本表由施工单位在完成本工序后填写，并报送监理单位；监理单位审批后返还施工单位，各相关单位存档。

(2)相关规定与要求：

1)主控项目：

①软包面料、内衬材料及边框的材质、颜色、图案、燃烧性能等级和木材的含水率应符合设计要求及国家现行标准的有关规定。

观察和检查产品合格证书、进场验收记录和性能检测报告。

②软包工程的安装位置及构造做法应符合设计要求。

观察和尺量检查；检查施工记录。

③软包工程的龙骨、衬板、边框应安装牢固，无翘曲，拼缝应平直。

观察和手板检查。

④单块软包面料不应有接缝，四周应绷压严密。

观察和手摸检查。

2)一般项目：

①软包工程表面应平整、洁净，无凹凸不平及皱折；图案应清晰、无色差，整体应协调美观。

观察检查。

②软包边框应平整、顺直、接缝吻合。其表面涂饰质量应符合《建筑装饰装修工程质量验收规范》(GB 50210—2001)第 10 章的有关规定。

观察和手摸检查。

③清漆涂饰木制边框的颜色、木纹应协调一致。

观察检查。

④软包工程安装的允许偏差，用 1m 垂直检测尺、钢尺及塞尺检查。

第十二章　细部工程资料

第一节　细部工程资料分类

细部工程资料分类见表12-1。

表 12-1　　　　　　　　　　细部工程资料分类

类别与编号	表格编号（或资料来源）	资料名称		备注
施工技术资料（C2）	施工单位编制	施工组织设计及施工方案		
	C2-1	技术交底记录	橱柜制作与安装工程技术交底	具体样式参照本书第二章第二节相关内容
			窗帘盒、窗台板、散热器罩制作与安装工程技术交底	
			木门套制作与安装工程技术交底	
			护栏、扶手安装工程技术交底	
			花饰制作与安装工程技术交底	
	C2-2	图纸会审记录		见本书第二章
	C2-3	设计变更通知单		见本书第二章
	C2-4	工程洽商记录		见本书第二章
施工物资资料（C4）	C4-1	材料、构配件进场检验记录		见本书第三章
施工记录（C5）	C5-1	隐蔽工程检查记录		
施工质量验收记录（C7）	031001	橱柜制作与安装工程检验批质量验收记录		
	031002	窗帘盒、窗台板和散热器罩制作与安装工程检验批质量验收记录		
	031003	门窗套制作与安装检验批质量验收记录		
	031004	护栏和扶手制作与安装工程检验批质量验收记录		
	031005	花饰制作与安装工程检验批质量验收记录		

第二节　细部工程施工记录

表 C5-1　　　　　　　　　　隐蔽工程检查记录

编号：＿×××＿

工程名称	××工程		
隐检项目	细部工程	隐检日期	××年×月×日
隐检部位	六层　③～⑩/Ⓔ～Ⓖ轴线		

隐检依据：施工图图号＿建施－23＿，设计变更/洽商（编号＿／＿）及有关国家现行标准等。
主要材料名称及规格/型号：＿金属护栏＿。

隐检内容：

(1)栏杆中心线符合设计图纸、施工规范要求。

(2)护栏材料为 20mm×40mm×1.5mm 型钢管焊接而成，地坪下底部焊接 20mm×40mm×60mm 长底脚，符合设计要求。

(3)后置连接件为 60mm×60mm×6mm 钢板，预埋件间距为 600mm，用 $\phi8$ 膨胀螺栓固定在原混凝土地面上。

(4)护栏底脚与连接件钢板焊接，焊缝长 20mm。

(5)焊缝饱满，敲掉焊渣，涂上防锈漆。

隐检内容已完成，请予以检查。

申报人：×××

检查意见：

经检查，符合设计要求和《建筑装饰装修工程质量验收规范》(GB 50210—2001)的规定。

检查结论：　☑同意隐蔽　□不同意，修改后进行复查

复查结论：

复查人：　　　　　　　　　　　　　　　　　　　复查日期：

签字栏	建设(监理)单位	施工单位	××装饰装修工程公司	
		专业技术负责人	专业质检员	专业工长
	×××	×××	×××	×××

本表由施工单位填写，建设单位、施工单位、城建档案馆各保存一份。

第三节 细部工程施工质量验收记录

一、橱柜制作与安装工程检验批质量验收记录

橱柜制作与安装工程检验批质量验收记录表

GB 50210—2001

031001□□

工程名称	××工程		分部(子分部)工程名称		**细部工程**	验收部位	×××
施工单位	××建筑工程集团公司			专业工长	×××	项目经理	×××
施工执行标准名称及编号	建筑装饰装修工程质量验收规范(GB 50210—2001)						
分包单位			分包项目经理			施工班组长	

		施工质量验收规范的规定			施工单位检查评定记录	监理(建设)单位验收记录
主控项目	1	材料质量		第12.2.3条	✓	符合设计及施工质量验收规范要求,同意验收
	2	预埋件或后置件		第12.2.4条	✓	
	3	制作、安装、固定方法		第12.2.5条	✓	
	4	橱柜配件		第12.2.6条	✓	
	5	抽屉和柜门		第12.2.7条	✓	
一般项目	1	橱柜表面质量		第12.2.8条	✓	符合设计及施工质量验收规范要求,同意验收
	2	橱柜裁口		第12.2.9条	✓	
	3	橱柜安装允许偏差	外形尺寸(mm)		✓	
			立面垂直度(mm)		✓	
			门与框架的平行度(mm)		✓	

施工单位检查评定结果	经检查,主控项目全部合格,一般项目满足规范规定要求,检查评定结果为合格。 项目专业质量检查员:×××　　　　　　　　　　　　　　××年×月×日
监理(建设)单位验收结论	同意施工单位评定结果,验收合格。 监理工程师:××× (建设单位项目专业技术负责人)　　　　　　　××年×月×日

《橱柜制作与安装工程检验批质量验收记录表》填表说明：

(1)资料流程：本表由施工单位在完成本工序后填写，并报送监理单位；监理单位审批后返还施工单位。各相关单位存档。

(2)相关规定与要求：

1)主控项目：

①橱柜制作与安装所用材料的材质和规格、木材的燃烧性能等级和含水率、花岗石的放射性及人造木板的甲醛含量应符合设计要求及国家现行标准的有关规定。

观察：检查产品合格证书、进场验收记录、性能检测报告和复验报告。

②橱柜安装预埋件或后置埋件的数量、规格、位置应符合设计要求。

检查隐蔽工程验收记录和施工记录。

③橱柜的造型、尺寸、安装位置、制作和固定方法应符合设计要求。橱柜安装必须牢固。

观察和尺量检查、手扳检查。

④橱柜配件的品种、规格应符合设计要求。配件应齐全，安装应牢固。

观察和手扳检查；检查进场验收记录。

⑤橱柜的抽屉和柜门应开关灵活、回位正确。

观察和开闭检查。

2)一般项目：

①橱柜表面应平整、洁净、色泽一致，不得有裂缝、翘曲及损坏。

观察检查。

②橱柜裁口应顺直、拼缝应严密。

观察检查。

③橱柜安装的允许偏差，尺量及1m垂直检测尺检查。

二、窗帘盒、窗台板和散热器罩制作与安装工程检验批质量验收记录

窗帘盒、窗台板和散热器罩制作与安装工程检验批质量验收记录表
GB 50210—2001

031002□□

工程名称	××工程	分部(子分部)工程名称		细部工程	验收部位	×××
施工单位	××建筑工程集团公司		专业工长	×××	项目经理	×××
施工执行标准 名称及编号	建筑装饰装修工程质量验收规范(GB 50210—2001)					
分包单位		分包项目经理			施工班组长	

		施工质量验收规范的规定			施工单位检查评定记录	监理(建设)单位 验收记录
主控项目	1	材料质量		第12.3.3条	√	符合设计及施工质量验收规范要求,同意验收
	2	造型尺寸、安装、固定		第12.3.4条	√	
	3	窗帘盒配件		第12.3.5条	√	
一般项目	1	表面质量		第12.3.6条	√	符合设计及施工质量验收规范要求,同意验收
	2	与墙面、窗框衔接		第12.3.7条	√	
	3	安装允许偏差	水平度	2	√	
			上口、下口直线度	3	√	
			两端距窗洞口长度差	2	√	
			两端出大部厚度差	3	√	

施工单位检查评定结果	经检查,主控项目全部合格,一般项目满足规范规定要求,检查评定结果为合格。 项目专业质量检查员:×××　　　　　　　　　　　　　　　　××年×月×日
监理(建设)单位验收结论	同意施工单位评定结果,验收合格。 监理工程师:××× (建设单位项目专业技术负责人)　　　　　　　　　　　　　　××年×月×日

《窗帘盒、窗台板和散热器罩制作与安装工程检验批质量验收记录表》填表说明：

(1)资料流程：本表由施工单位在完成本工序后填写，并报送监理单位；监理单位审批后返还施工单位，各相关单位存档。

(2)相关规定与要求：

1)主控项目：

①窗帘盒、窗台板和散热器罩制作与安装所使用材料的材质和规格、木材的燃烧性能等级和含水率、花岗石的放射性及人造木板的甲醛含量应符合设计要求及国家现行标准的有关规定。

观察和检查产品合格证书、进场验收记录、性能检测报告和复验报告。

②窗帘盒、窗台板和散热器罩的造型、规格、尺寸、安装位置和固定方法必须符合设计要求。窗帘盒、窗台板和散热器罩的安装必须牢固。

观察，尺量检查；手扳检查。

③窗帘盒配件的品种、规格应符合设计要求，安装应牢固。

手扳检查；检查进场验收记录。

2)一般项目：

①窗帘盒、窗台板和散热器罩表面应平整、洁净、线条顺直、接缝严密、色泽一致，不得有裂缝、翘曲及损坏。

观察检查。

②窗帘盒、窗台板和散热器罩与墙面、窗框的衔接应严密，密封胶缝应顺直、光滑。

观察检查。

③窗帘盒、窗台板和散热器罩安装的允许偏差用水平尺、塞尺及拉线尺量检查。

三、门窗套制作与安装工程检验批质量验收记录

门窗套制作与安装工程检验批质量验收记录表
GB 50210—2001

031003□□

工程名称		××工程	分部(子分部)工程名称		细部工程		验收部位		×××
施工单位			××建筑工程集团公司			专业工长	×××	项目经理	×××
施工执行标准名称及编号		建筑装饰装修工程质量验收规范(GB 50210—2001)							
分包单位			分包项目经理				施工班组长		
施工质量验收规范的规定						施工单位检查评定记录		监理(建设)单位验收记录	
主控项目	1	材料质量		第12.4.3条		✓		符合设计及施工质量验收规范要求,同意验收	
	2	造型、尺寸固定		第12.4.4条		✓			
一般项目	1	表面质量		第12.4.5条		✓		符合设计及施工质量验收规范要求,同意验收	
	2	安装允许偏差	正、侧面垂直度(mm)		3	✓			
			门窗套上口水平度(mm)		1	✓			
			门窗套上口直线度(mm)		3	✓			
施工单位检查评定结果		经检查,主控项目全部合格,一般项目满足规范规定要求,检查评定结果为合格。 项目专业质量检查员:×××						××年×月×日	
监理(建设)单位验收结论		同意施工单位评定结果,验收合格。 监理工程师:××× (建设单位项目专业技术负责人)						××年×月×日	

《门窗套制作与安装工程检验批质量验收记录表》填表说明：

(1)资料流程：本表由施工单位在完成本工序后填写，并报送监理单位；监理单位审批后返还施工单位，各相关单位存档。

(2)相关规定与要求：

1)主控项目：

①门窗套制作与安装所使用材料的材质、规格、花纹和颜色、木材的燃烧性能等级和含水率、花岗石的放射性及人造木板的甲醛含量应符合设计要求及国家现行标准的有关规定。

观察，检查产品合格证书、进场验收记录、性能检测报告和复验报告。

②门窗套的造型、尺寸和固定方法应符合设计要求，安装应牢固。

观察、尺量和手扳检查。

2)一般项目：

①门窗套表面应平整、洁净、线条顺直、接缝严密、色泽一致，不得有裂缝、翘曲及损坏。

观察检查。

②门窗套安装的允许偏差用1m垂直检测尺、塞尺及拉线尺量检查。

四、护栏和扶手制作与安装工程检验批质量验收记录

护栏和扶手制作与安装工程检验批质量验收记录表

GB 50210—2001

031004□□

工程名称		××工程	分部(子分部)工程名称		**细部工程**	验收部位	×××
施工单位		**××建筑工程集团公司**		专业工长	×××	项目经理	×××
施工执行标准 名称及编号		**建筑装饰装修工程质量验收规范(GB 50210—2001)**					
分包单位			分包项目经理			施工班组长	
		施工质量验收规范的规定			施工单位检查评定记录	监理(建设)单位 验收记录	
主控项目	1	材料质量		第12.5.3条	✓	符合设计及施工质量验 收规范要求,同意验收	
	2	造型、尺寸		第12.5.4条	✓		
	3	预埋件及连接		第12.5.5条	✓		
	4	护栏高度、位置与安装		第12.5.6条	✓		
	5	护栏玻璃		第12.5.7条	✓		
一般项目	1	转角、接缝及表面质量		第12.5.8条	✓	符合设计及施工质量验 收规范要求,同意验收	
	2	安装允许偏差	护栏垂直度(mm)	3	✓		
			栏杆间距(mm)	3	✓		
			扶手直线度(mm)	4	✓		
			扶手高度(mm)	3	✓		
施工单位检 查评定结果		经检查,主控项目全部合格,一般项目满足规范规定要求,检查评定结果为合格。 项目专业质量检查员:×××　　　　　　　　　　　　　　　　　　　××年×月×日					
监理(建设) 单位验收结论		同意施工单位评定结果,验收合格。 监理工程师:××× (建设单位项目专业技术负责人)　　　　　　　　　　　　　　　××年×月×日					

《护栏和扶手制作与安装工程检验批质量验收记录表》填表说明：

（1）资料流程：本表由施工单位在完成本工序后填写，并报送监理单位；监理单位审批后返还施工单位，各相关单位存档。

（2）相关规定与要求：

1）主控项目：

①护栏和扶手制作与安装所使用材料的材质、规格、数量和木材、塑料的燃烧性能等级应符合设计要求。

观察和检查产品合格证书、进场验收记录和性能检测报告。

②护栏和扶手的造型、尺寸及安装位置应符合设计要求。

观察和尺量检查；检查进场验收记录。

③护栏和扶手安装预埋件的数量、规格、位置以及护栏与预埋件的连接节点应符合设计要求。

检查隐蔽工程验收记录和施工记录。

④护栏高度、栏杆间距、安装位置必须符合设计要求。护栏安装必须牢固。

观察、尺量和手扳检查。

⑤护栏玻璃应使用公称厚度不小于12mm的钢化玻璃或钢化夹层玻璃。当护栏一侧距楼地面高度为5m及以上时，应使用钢化夹层玻璃。

观察和尺量检查；检查产品合格证书和进场验收记录。

2）一般项目：

①护栏和扶手转角弧应符合设计要求，接缝应严密，表面应光滑，色泽应一致，不得有裂缝、翘曲及损坏。

观察和手摸检查。

②护栏和扶手安装的允许偏差用1m垂直检测尺及拉线尺量检查。

五、花饰制作与安装工程检验批质量验收记录

花饰制作与安装工程检验批质量验收记录表

GB 50210—2001

031005□□

工程名称	××工程	分部(子分部)工程名称		细部工程	验收部位	×××
施工单位	××建筑工程集团公司		专业工长	×××	项目经理	×××
施工执行标准名称及编号	建筑装饰装修工程质量验收规范(GB 50210—2001)					
分包单位		分包项目经理			施工班组长	

施工质量验收规范的规定					施工单位检查评定记录	监理(建设)单位验收记录
主控项目	1	材料质量		第12.6.3条	√	符合设计及施工质量验收规范要求,同意验收
	2	造型、尺寸		第12.6.4条	√	
	3	安装位置与固定方法		第12.6.5条	√	
一般项目	1	表面质量		第12.6.6条	√	符合设计及施工质量验收规范要求,同意验收
	2	安装允许偏差	条型条花饰的水平度或垂直度	每m	室内	1	√	
					室外	2	√	
				全长	室内	3	√	
					室外	6	√	
		单位花饰中心位置偏移		室内	10	√	
				室外	15	√	

施工单位检查评定结果	经检查,主控项目全部合格,一般项目满足规范规定要求,检查评定结果为合格。 项目专业质量检查员:×××　　　　　　　　　　　　　××年×月×日
监理(建设)单位验收结论	同意施工单位评定结果,验收合格。 监理工程师:××× (建设单位项目专业技术负责人)　　　　　　　　　　　××年×月×日

《花饰制作与安装工程检验批质量验收记录表》填表说明：

(1)资料流程：本表由施工单位在完成本工序后填写，并报送监理单位；监理单位审批后返还施工单位，各相关单位存档。

(2)相关规定与要求：

1)主控项目：

①花饰制作与安装所使用材料的材质、规格应符合设计要求。

观察和检查产品合格证书和进场验收记录。

②花饰的造型、尺寸应符合设计要求。

观察和尺量检查。

③花饰的安装位置和固定方法必须符合设计要求，安装必须牢固。

观察、尺量和手扳检查。

2)一般项目：

①花饰表面应洁净，接缝应严密吻合，不得有歪斜、裂缝、翘曲及损坏。

观察检查。

②花饰安装的允许偏差用 1m 垂直检测尺及拉线尺量检查。

第十三章　装饰装修工程监理资料

第一节　监理管理资料

装饰装修工程监理管理资料见表 13-1。

表 13-1　　　　　　　　　　　　装饰装修工程监理管理资料

序号	资料名称	说　明
1	监理月报	项目监理部每月以《监理月报》的形式向建设单位报告本月的监理工作情况。使建设单位了解工程的基本情况,同时掌握工程进度、质量、投资及施工合同的各项目标完成的监理控制情况。 监理月报的内容包括:工程概况、施工单位项目组织系统、工程进度、工程质量、工程计量与工程款支付、材料、构配件与设备情况、合同其他事项的处理情况、天气对施工影响的情况、项目监理部组成与工作统计、本月监理工作小结和下月监理工作重点。监理月报应由项目总监理工程师组织编制,签署后,报送建设单位和监理单位
2	监理会议纪要	监理会议纪要应由项目监理部根据会议记录整理,经总监理工程师审阅,由与会各方代表会签
3	监理工作日志	以项目监理部的监理工作为记载对象,从监理工作开始起至监理工作结束止,应由专人负责逐日记载
4	监理工作总结	施工阶段监理工作结束后,监理单位应向建设单位提交项目监理工作总结。 监理工作总结的内容包括:工程概况、监理组织机构、监理人员和投入的监理设施、监理合同履行情况、监理工作成效、施工过程中出现的问题及其处理情况和建议、工程照片(必要时)等。监理工作总结应由总监理工程师主持编写并审批

第二节　监理工作记录

一、施工组织设计(方案)报审资料

表 A2　　　　　　　　　　施工组织设计(方案)报审表

工程名称:　<u>××装饰装修工程</u>　　　　　　　　　　　　编号:　<u>×××</u>

致:　<u>××监理公司</u>　(监理单位)

　　我方已根据施工合同的有关规定完成了　<u>××装饰装修</u>　工程施工组织设计(方案)的编制,并经我单位上级技术负责人审查批准,请予以审查。

　　附:施工组织设计(方案)。

　　　　　　　　　　　　　　　　承包单位(章)　<u>××装饰装修工程公司</u>

　　　　　　　　　　　　　　　　　　　项目经理　<u>×××</u>

　　　　　　　　　　　　　　　　　　　日　期　<u>××年×月×日</u>

专业监理工程师审查意见：

  施工组织设计（方案）合理、可行，且审批手续齐全，拟同意承包单位按该施工组织设计（方案）组织施工，请总监理工程师审核。

  若不符合要求，专业监理工程师审查意见应简要指出不符合要求之处，并提出修改补充意见后签署"暂不同意（部分或全部应指明）承包单位按该施工组织设计（方案）组织施工，待修改完善后再报，请总监理工程师审核"。

专业监理工程师 ×××

日 期 ××年×月×日

总监理工程师审查意见：

  同意专业监理工程师审查意见，同意承包单位按该施工组织设计（方案）组织施工。

  如不同意专业监理工程师的审查意见，应简要指明与专业监理工程师审查意见中的不同之处，签署修改意见；并签认最终结论"不同意承包单位按该施工组织设计（方案）组织施工（修改后再报）"。

项目监理机构 ××监理公司××项目监理部

总监理工程师 ×××

日 期 ××年×月×日

《施工组织设计(方案)报审表》填表说明：

(1)根据有关要求,须项目监理机构审批的施工组织设计(方案)在实施前报项目监理机构审核、签认。

(2)承包单位按施工合同规定时间向项目监理机构报送自审手续完备的施工组织设计(方案),总监理工程师在合同规定时间内完成审核工作。

(3)施工组织设计(方案)审核应在项目实施前完成,施工组织设计(方案)未经项目监理机构审核、签认,该项工程不得施工。总监理工程师对施工组织设计(方案)审查、签认,不解除承包单位的责任。

(4)"＿＿＿＿＿＿＿＿工程施工组织设计(方案)":填写相应的建设项目、单位工程、分部工程、分项工程或关键工序名称。

(5)附件:指需要审核的施工组织总设计,单位工程施工组织设计或施工方案。

(6)专业监理工程师审查意见:专业监理工程师对施工组织设计(方案)应审核其完整性、符合性、适用性、合理性、可操作性及实现目标的保证措施。且从以下几方面进行审核:

1)设计(方案)中承包单位的审批手续齐全。

2)承包单位现场项目管理机构的质量管理、技术管理、质量保证体系健全,质量保证措施切实可行且有针对性。

3)施工现场总体布置是否合理,是否有利于保证工程的正常顺利施工,是否有利于工程保证质量,施工总平面图布置是否与地貌环境、建筑平面协调一致。

4)施工组织设计(方案)中工期、质量目标应与施工合同相一致。

5)施工组织设计中的施工布置和程序应符合本工程的特点及施工工艺,满足设计文件要求。

6)施工组织设计应优先选用成熟的、先进的施工技术,且对本工程的质量、安全和降低造价有利。

7)进度计划应采用流水施工方法和网络计划技术,以保证施工的连续性和均衡性,且工、料、机进场应与进度计划保持协调性。

8)施工机械设备的选择是否考虑了对施工质量的影响与保证。

9)安全、环保、消防和文明施工措施切实可行并符合有关规定。

10)施工组织设计(方案)的主要内容齐全。

11)施工组织设计中若有提高工程造价的,项目监理机构应取得建设单位同意。

根据以上审核情况,如符合要求,专业监理工程师审查意见应签署"施工组织设计(方案)合理、可行,且审批手续齐全,拟同意承包单位按该施工组织设计(方案)组织施工,请总监理工程师审核"。如不符合要求,专业监理工程师审查意见应简要指出不符合要求之处,并提出修改补充意见后签署"暂不同意(部分或全部应指明)承包单位按该施工组织设计(方案)组织施工,待修改完善后再报,请总监理工程师审核"。

(7)总监理工程师审核意见:总监理工程师对专业监理工程师的结果进行审核,如同意专业监理工程师的审查意见,应签署"同意专业监理工程师审查意见,同意承包单位按该施工组织设计(方案)组织施工";如不同意专业监理工程师的审查意见,应简要指明与专业监理工程师审查意见中的不同之处,签署修改意见;并签认最终结论"不同意承包单位按该施工组织设计(方案)组织施工(修改后再报)"。

二、施工测量放线报审资料

表 A4 　　　　　　　　　　施工测量放线　报验申请表

工程名称：＿＿××工程＿＿　　　　　　　　　　　　　　　　　　编号：＿＿×××＿＿

致：＿＿××监理公司＿＿（监理单位）

我单位已完成了＿＿××工程施工测量放线＿＿工作,现报上该工程报验申请表,请予以审查和验收。

附件：

(1)测量放线的部位及内容。

序号	工程部位名称	测量放线内容	专职测量员(岗位证书编号)	备 注
1	四层②～⑦/Ⓐ～Ⓓ	柱轴线控制线、墙柱轴线及边线、门窗洞口位置线等	×××(＊＊＊＊＊＊＊＊＊) ×××(＊＊＊＊＊＊＊＊＊)	30m 钢尺 DS3 级 水准仪
2	四层⑥～⑨/Ⓔ～Ⓗ轴	柱轴线控制线、柱边线等	×××(＊＊＊＊＊＊＊＊＊) ×××(＊＊＊＊＊＊＊＊＊)	

(2)放线的依据材料＿1＿页。

(3)放线成果表＿5＿页。

　　　　　　　　　　　　　　　　　　　　承包单位(章)＿＿××建筑工程公司＿＿

　　　　　　　　　　　　　　　　　　　　　　　项目经理＿＿×××＿＿

　　　　　　　　　　　　　　　　　　　　　　　日　期＿＿××年×月×日＿＿

审查意见：

经检查,符合工程施工图的设计要求,达到了《建筑工程施工测量规程》的精度要求。

　　　　　　　　　　　　　　　　　　项目监理机构＿＿××监理公司××项目监理部＿＿

　　　　　　　　　　　　　　　　　　　　总/专业监理工程师＿＿×××＿＿

　　　　　　　　　　　　　　　　　　　　日　期＿＿××年×月×日＿＿

《施工测量放线报验申请表》填表说明：

(1)承包单位施工测量放线完毕，自检合格后报项目监理机构复核确认。

(2)测量放线的专职测量人员资格及测量设备应是已经项目监理机构确认的。

(3)工程或部位的名称：工程定位测量填写工程名称，轴线、标高测量填写所测量项目部位名称。

(4)放线内容：指测量放线工作内容的名称，如轴线测量、标高测量等。

(5)专职测量人员（岗位证书编号）：指承担这次测量放线工作的专职测量人员及其岗位证书编号。

(6)备注：施工测量放线使用测量仪器的名称、型号、编号。

(7)测量放线依据材料及放线成果：依据材料是指施工测量方案、建设单位提供的红线桩、水准点等材料；放线成果指承包单位测量放线所放出的控制线及其施工测量放线记录表（依据材料应是已经项目监理机构确认的）。

(8)专业监理工程师审查意见：专业监理工程师根据对测量放线资料的审查和现场实际复测情况签署意见。

三、工程进度控制资料

表 A1 工程开工/复工报审表

工程名称：　××装饰装修工程　　　　　　　　　　　　　　　　　编号：　×××

致：　××监理公司　（监理单位）

我方承担的　××装饰装修　工程,已完成了以下各项工作,具备了开工/复工条件,特此申请施工,请核查并签发开工/复工指令。

附:(1)开工报告(略)。

　　(2)证明文件:

　　　　①建设工程施工许可证(复印件)。

　　　　②施工组织设计。

　　　　③施工测量放线。

　　　　④现场主要管理人员和特殊工种人员资格证、上岗证。

　　　　⑤现场管理人员、机具、施工人员进场。

　　　　⑥工程主要材料已落实。

　　　　⑦施工现场道路、水、电、通讯等已达到开工条件。

　　　　　　　　　　　　　　　　　　承包单位(章)　××装饰装修工程公司

　　　　　　　　　　　　　　　　　　　　项目经理　　　×××

　　　　　　　　　　　　　　　　　　　　日　　期　××年×月×日

审查意见:

(1)经查《建设工程施工许可证》已办理。

(2)施工现场主要管理人员和特殊工种人员资格证、上岗证符合要求。

(3)施工组织设计已批准。

(4)主要人员(项目经理、专业技术管理人员等)已进场,部分材料已进场。

(5)施工现场道路、水、电、通信已达到开工要求。

　　综上所述,工程已符合开工条件,同意开工!

　　　　　　　　　　　　　　　　项目监理机构　××监理公司××工程项目监理部

　　　　　　　　　　　　　　　　　　总监理工程师　　　×××

　　　　　　　　　　　　　　　　　　　日　　期　××年×月×日

《工程开工报审表》填表说明：

（1）工程满足开工条件后，承包单位报项目监理机构复核和批复开工时间。

（2）整个项目一次开工，只填报一次，如工程项目中含有多个单位工程且开工时间不同，则每个单位工程都应填报一次。

（3）工程名称：指相应的建设项目或单位工程名称，应与施工图的工程名称一致。

（4）开工的各种证明材料：承包单位应将《建设工程施工许可证》（复印件）、施工组织设计、施工测量放线资料、现场主要管理人员和特殊工种人员资格证和上岗证、现场管理人员、机具、施工人员进场情况、工程主要材料落实情况以及施工现场道路、水、电、通信等是否已达到开工条件等证明文件作为附件同时报送。

（5）审查意见：总监理工程师应指定专业监理工程师对承包单位的准备情况进行检查，除检查所报内容外，还应对施工现场临时设施是否满足开工要求，地下障碍物是否清除或查明，测量控制桩、试验室是否经项目监理机构审查确认等进行检查并逐项记录检查结果，报项目总监理工程师审核；总监理工程师确认具备开工条件时签署同意开工时间，并报告建设单位。否则，应简要指出不符合开工条件要求之处。

（6）总监理工程师签发《工程开工报审表》后报建设单位备案，如《委托监理合同》中需建设单位批准，项目总监审核后报建设单位，由建设单位批准。工期自批准开工之日起计算。

（7）《工程开工报审表》除委托监理合同中注明需建设单位批准外均由总监理工程师最终签发。

（8）工程开工报审的一般程序：

1）承包单位自查认为施工准备工作已完成，具备开工条件时，向项目监理机构报送《工程开工报审表》及相关资料。

2）专业监理工程师审核承包单位报送的《工程开工报审表》及相关资料，现场核查各项准备工作的落实情况，报项目总监理工程师审批。

3）项目总监理工程师根据专业监理工程师的审核，签署审查意见，具备开工条件时按《委托监理合同》的授权报建设单位备案或审批。

表 A4 　　　　　　　　　　 __施工进度计划__ 　报验申请表

工程名称：　__××装饰装修工程__　　　　　　　　　　　　　　　　编号：　__×××__

致：　__××监理公司__　（监理单位）

　　我单位已完成了　__××装饰装修工程××年×月装饰装修工程施工进度计划编制__　工作,现报上该工程报验申请表,请予以审查和验收。

　　附件:__××年×月装饰装修工程施工进度计划(说明、图表、工程量、工作量、资源配置)1 份。__

承包单位(章)　__××装饰装修工程公司__

项目经理　__×××__

日　期　__××年×月×日__

审查意见：

　　经审查,本月编制的施工进度计划具有可行性和可操作性,与工程实际情况相符合,满足合同工期及总控制计划的要求,予以通过。

　　同意按此计划组织施工。

项目监理机构　__××监理公司××项目监理部__

总/专业监理工程师　__×××__

日　期　__××年×月×日__

《施工进度计划报验申请表》填表说明：

(1)施工进度计划报验申请是承包单位根据已批准的施工总进度计划，按施工合同约定或监理工程师要求编制的，施工进度计划报项目监理机构审查、确认和批准。

(2)监理机构对施工进度的审查或批准，并不解除承包单位对施工进度计划的责任和义务。

(3)"＿＿＿＿＿＿工作"填写所报进度计划的工程名称及时间。

(4)对施工进度计划，主要进行如下审核：

1)进度安排是否符合工程项目建设总进度，计划中总目标和分目标的要求，是否符合施工合同中开、竣工日期的规定。

2)施工总进度计划中的项目是否有遗漏，分期施工是否满足分批动用的需要和配套动用的要求。

3)施工顺序的安排是否符合施工工艺的要求。

4)劳动力、材料、构配件、施工机具及设备、施工水、电等生产要素的供应计划是否能保证进度计划的实现，供应是否均衡，需求高峰期是否有足够能力实现计划供应。

5)由建设单位提供的施工条件（资金、施工图纸、施工场地、采供的物资设备等），承包单位在施工进度计划中所提出的供应时间和数量是否明确、合理，是否有造成建设单位违约而导致工程延期和费用索赔的可能。

6)工期是否进行了优化，进度安排是否合理。

7)总、分包单位分别编制的各单项工程施工进度计划之间是否相协调，专业分工与计划衔接是否明确合理。

(5)通过专业监理工程师的审核，提出审查意见报总监理工程师，总监理工程师审核后如同意承包单位所报计划，则应签署"本月编制的施工进度计划具有可行性和可操作性，与工程实际情况相符合，满足合同工期及总控制计划的要求，予以通过。同意按此计划组织施工"。如不同意承包单位所报计划，则签署"不同意按此进度计划施工"，并就不同意的原因及理由简要列明。

(6)施工进度计划（调整计划）报审程序：

1)承包单位按施工合同要求的时间编制好施工进度计划，并填报《施工进度计划报验申请表》报监理机构。

2)总监理工程师指定专业监理工程师对承包单位所报的《施工进度计划报验申请表》，及有关资料进行审查，并向总监理工程师报告。

3)总监理工程师按施工合同要求的时间，对承包单位所报《施工进度计划报验申请表》予以确认或提出修改意见。

表 A7　　　　　　　　　　　　　　　**工程临时延期申请表**

工程名称：＿＿×ד装饰装修工程＿＿＿　　　　　　　　　　　　编号：＿×××＿

致：＿＿×ד监理公司＿＿（监理单位）

　　根据施工合同条款＿＿第××＿＿条的规定，由于＿＿**建设单位在项目部完成一至四层装饰装修施工后未能及时支付工程款,造成项目部资金周转困难的**＿＿原因,我方申请工程延期,请予以批准。

附件：

　　(1)工程延期的依据及工期计算：

　　　　①资金周转困难,工程材料不能及时到位。

　　　　②合同中的相关约定。

　　　　③影响施工进度网络计划。

　　　　④工期计算(略)。

　　　　合同竣工日期：××年×月×日

　　　　申请延长竣工日期：××年×月×日

　　(2)证明材料(略)。

　　　　　　　　　　　　　　　　承包单位＿×ד装饰装修工程公司＿

　　　　　　　　　　　　　　　　　　项目经理＿＿×××＿＿

　　　　　　　　　　　　　　　　日　期＿××年×月×日＿

《工程临时延期申请表》填表说明：

(1)工程临时延期报审是发生了施工合同约定由建设单位承担的延长工期事件后,承包单位提出的工期索赔,应报项目监理机构审核确认。

(2)总监理工程师在签认工程延期前应与建设单位、承包单位协商,宜与费用索赔一并考虑处理。

(3)总监理工程师应在施工合同约定的期限内签发《工程临时延期申请表》,或发出要求承包单位提交有关延期的进一步详细资料的通知。

(4)临时批准延期时间不能长于工程最终延期批准的时间。

(5)"根据合同条款_____条的规定":填写提出工期索赔所依据的施工合同条目。

(6)"由于_____原因":填写导致工期拖延的事件。

(7)工期延长的依据及工期计算:指索赔所依据的施工合同条款;导致工程延期事件的事实;工程拖延的计算方式及过程。

(8)合同竣工日期:指建设单位与承包单位签订的施工合同中确定的竣工日期或已最终批准的竣工日期。

(9)申请延长竣工日期:指合同竣工日期加上本次申请延长工期后的竣工日期。

(10)证明材料:指本期申请延长的工期所有能证明非承包单位原因导致工程延期的证明材料。

(11)可能导致工程延期的原因:

1)监理工程师发出工程变更指令导致工程量增加。

2)施工合同中规定的任何可能造成工程延期的原因,如延期交图、工程暂停及不利的外界条件等。

3)异常恶劣的气候条件。

4)由建设单位造成的任何延误、干扰或障碍等,如按施工合同未及时提供场地、未及时付款等。

5)施工合同规定,承包单位自身外的其他任何原因。

(12)工程临时延期报审程序:

1)承包单位在施工合同规定的期限内,向项目监理机构提交对建设单位的延期(工期索赔)意向通知书。

2)总监理工程师指定专业监理工程师收集与延期有关的资料。

3)承包单位在承包合同规定的期限内向项目监理机构提交《工程临时延期申请表》。

4)总监理工程师指定专业监理工程师初步审查《工程临时延期申请表》是否符合有关规定。

5)总监理工程师进行延期核查,并在初步确定延期时间后,与承包单位及建设单位进行协商。

6)监理工程师应在施工合同规定的期限内签署《工程临时延期审批表》;或在施工合同规定期限内,发出要求承包单位提交有关延期的进一步详细资料的通知,待收到承包单位补交的详细资料后,按上述4)、5)、6)条程序进行。

表 B4　　　　　　　　　　　　　　**工程临时延期审批表**

工程名称：　<u>××装饰装修工程</u>　　　　　　　　　　　　　　　　编号：　<u>×××</u>

致：　<u>××装饰装修工程公司</u>　（承包单位）

　　根据施工合同条款　<u>×</u>　条的规定,我方对你方提出的　<u>××装饰装修</u>　工程延期申请(第　<u>×××</u>　号)要求延长工期　<u>15</u>　日历天的要求,经过审核评估：

　☑　暂时同意工期延长　<u>15</u>　日历天。使竣工日期(包括已指令延长的工期)从原来的　<u>××</u>　年　<u>11</u>　月　<u>20</u>　日延迟到　<u>××</u>　年　<u>12</u>　月　<u>5</u>　日。请你方执行。

　□　不同意延长工期,请按约定的竣工日期组织施工。

说明：

工程延期事件发生在已批准的网络进度计划的关键线路上,经建设单位与承包单位协商,暂时同意延长工期 15 天。

项目监理机构　<u>××监理公司××项目监理部</u>

总监理工程师　<u>×××</u>

日　期　<u>××年×月×日</u>

《工程临时延期审批表》填表说明：

（1）工程临时延期报审是发生了施工合同约定由建设单位承担的延长工期事件后，承包单位提出的工期索赔，报项目监理机构审核确认。

（2）总监理工程师在签认工程延期前应与建设单位、承包单位协商，宜与费用索赔一并考虑处理。

（3）总监理工程师应在施工合同约定的期限内签发《工程临时延期审批表》，或发出要求承包单位提交有关延期的进一步详细资料的通知。

（4）临时批准延期时间不能长于工程最终延期批准的时间。

（5）"根据施工合同条款＿＿＿＿条的规定，我方对你方提出的＿＿＿＿工程延期申请……"，分别填写处理本次延长工期所依据的施工合同条目和承包单位申请延长工期的原因。

（6）"（第＿＿＿＿号）"：填写承包单位提出的《工程临时延期申请表》编号。

（7）竣工日期：指建设单位与承包单位签订的施工合同中确定的竣工日期或已最终批准的竣工日期。

（8）申请延长竣工日期：指合同竣工日期加上本次申请延长工期后的竣工日期。

（9）审查意见：专业监理工程师针对承包单位提出的《工程临时延期申请表》，首先审核在延期事件发生后，承包单位在合同规定的有效期内是否以书面形式向专业监理工程师提出延期意向通知；其次审查承包单位在合同规定有效期内向专业监理工程师提交的延期依据及延长工期的计算；第三，专业监理工程师对提交的延期报告应及时进行调查核实，与监理同期记录进行核对、计算，并将审查情况报告总监理工程师。总监理工程师同意临时延期时在暂同意延长工期前"□"内划"√"，延期天数按核实天数。"竣工日期"指"合同竣工日期"；"延迟到的竣工日期"指"合同竣工日期"加上暂同意延期天数后的日期。否则，在不同意延长工期前"□"内划"√"。

（10）说明：指总监理工程师同意或不同意工程临时延期的理由和依据。

（11）总监理工程师在做出临时延期批准时，不应认为其具有临时性而放松控制。

（12）可能导致工程延期的原因：

1）监理工程师发出工程变更指令导致工程量增加。

2）施工合同中规定的任何可能造成工程延期的原因，如延期交图、工程暂停及不利的外界条件等。

3）异常恶劣的气候条件。

4）由建设单位造成的任何延误、干扰或障碍等，如按施工合同未及时提供场地、未及时付款等。

5）施工合同规定，承包单位自身外的其他任何原因。

表 B5 　　　　　　　　　　　**工程最终延期审批表**

工程名称：__×× 装饰装修工程__　　　　　　　　　　　　　　　　编号：__×××__

致：__×× 装饰装修工程公司__（承包单位） 　　根据施工合同条款__×__条的规定，我方对你方提出的__×× 装饰装修__工程延期申请(第__×××__号)要求延长工期__20__日历天的要求，经过审核评估： 　　☑　最终同意工期延长__20__日历天。使竣工日期(包括已指令延长的工期)从原来的__××__年__11__月__30__日延迟到__××__年__12__月__20__日。请你方执行。 　　□　不同意延长工期，请按约定竣工日期组织施工。   　　说明： 　　因建设单位在承包单位完成一至四层装饰装修施工任务后，未能按合同约定及时给付工程进度款，从而造成了水泥、钢材等原材料不能及时购置进场投入工程施工使用，经甲乙双方协商，同意延长工期。   　　　　　　　　　　　　　　　　　　　　　项目监理机构__×× 监理公司 ×× 项目监理部__ 　　　　　　　　　　　　　　　　　　　　　　　总监理工程师__×××__ 　　　　　　　　　　　　　　　　　　　　　　　日　期__×× 年 × 月 × 日__

《工程最终延期审批表》填表说明：

（1）工程最终延期审批是在影响工期事件结束，承包单位提出最后一个《工程临时延期申请表》批准后，经项目监理机构详细地研究评审影响工期事件全过程对工程总工期的影响后，批准承包单位有效延期时间。

（2）总监理工程师在签认工程延期前应与建设单位、承包单位协商，宜与费用索赔一并考虑处理。

（3）"根据施工合同条款_____条的规定，我方对你方提出的_____工程延期申请……"：分别填写处理本次延长工期所依据的施工合同条目和承包单位申请延长工期的原因。

（4）"（第_____号）"：填写承包单位提出的最后一个《工程临时延期申请表》编号。

（5）审批意见：在影响工期事件结束，承包单位提出最后一个《工程临时延期申请表》批准后，总监理工程师应指定专业监理工程师复查工程延期及临时延期审批的全部情况，详细地研究评审影响工期事件对工程总工期的影响程度、应由建设单位承担的责任和承包单位采取缩小延期事件影响的措施等，根据复查结果，提出同意工期延长的日历天数，或不同意延长工期的意见，报总监理工程师最终审批，若不符合施工合同约定的工程延期条款或经计算不影响最终工期，项目监理机构总监理工程师在不同意延长工期前"□"内划"√"，需延长工期时在同意延长工期前"□"内划"√"。

（6）同意工期延长的日历天数为：由影响工期事件原因使最终工期延长的总天数。

（7）原竣工日期：指施工合同签订的工程竣工日期或已批准的竣工日期。

（8）延迟到的竣工日期：原竣工日期加上同意工期延长的日历天数后的日期。

（9）说明：详实说明本次影响工期事件和工期拖延的事实和程度，处理本次延长工期所依据的施工合同条款，工期延长计算所采用的方法及计算过程等。

（10）工程延期的最终延期时间应是承包单位的最后一个延期批准后的累计时间，但并不是每一项延期时间的累加，如果后面批准的延期内包含有前一个批准延期的内容，则前一项延期的时间不能予以累计。

（11）工程延期审批的依据：承包单位延期申请能够成立并获得总监理工程师批准的依据如下：

1）工期拖延事件是否属实，强调实事求是。

2）是否符合本工程施工合同规定。

3）延期事件是否发生在工期网络计划图的关键线路上，即延期是否有效合理。

4）延期天数的计算是否正确，证据资料是否充足。

上述四条中，只有同时满足前三条，延期申请才能成立。至于时间的计算，监理工程师可根据自己的记录，做出公正合理的计算。

上述前三条中，最关键的一条就是第三条，即：延期事件是否发生在工期网络计划图的关键线路上。因为在承包单位所报的延期申请中，有些虽然满足前两个条件，但并不一定是有效和合理的，只有有效和合理的延期申请才能被批准。也就是说，所发生工期拖延的工程项目必须是会影响到整个工程工期的工程项目，如果发生工期拖延的工程项目并不影响整个工程完工期，那么，延期就不会被批准。

项目是否在关键线路上的确定，一般常用方法是：监理工程师根据最新批准的进度计划来确定关键线路上的工程项目。利用网络图来确定关键线路，是最直观的方法。

表 B2   **工程暂停令**

工程名称：　×××装饰装修工程　　　　　　　　　　　　　　　　　编号：　×××　

致：　×××装饰装修工程公司　（承包单位）

　　由于　吊顶工程施工过程中有部分吊杆长度没有达到设计要求的　原因，现通知你方必须于　××　年　×　月　×　日时起，对本工程的　一层　⑩~⑫/Ⓔ~Ⓕ轴线　2.600m 标高　部位（工序）实施暂停施工，并按下述要求做好各项工作：

（1）对此部位吊杆进行全面的质量检查并做好检查记录。

（2）对不符合要求的吊杆进行处理，使其符合设计要求。

（3）对达不到设计长度的吊杆进行重新验算，由设计签发《工程变更单》报项目监理部签认。

（4）完成上述内容后，填报《工程复工报审表》到项目监理部。

项目监理机构　×××监理公司×××项目监理部　

总监理工程师　×××　

日　　期　××年×月×日

《工程暂停令》填表说明：

（1）施工过程中发生了需要停工处理事件，总监理工程师签发《工程暂停令》。

（2）工程暂停指令，总监理工程师应根据暂停工程的影响范围和影响程度，按照施工合同和委托监理合同的约定签发。

（3）工程暂停原因是由承包单位的原因造成的，承包单位申请复工时，除了填报《工程复工报审表》外，还应报送针对导致停工原因所进行的整改工作报告等有关材料。

（4）工程暂停原因是由于非承包单位的原因造成时，也就是建设单位的原因或应由建设单位承担责任的风险或其他事件时，总监理工程师在签发《工程暂停令》之后，应尽快按施工合同的规定处理因工程暂停引起的与工期、费用等有关问题。

（5）"由于……原因"：应简明扼要地准确填写工程暂停原因。暂停原因主要有：

1）建设单位要求暂停施工，且工程需要暂停施工。

2）为了保证工程质量而需要进行停工处理的：

①未经监理机构审查同意，擅自变更设计或修改施工方案进行施工的。

②有特殊要求的施工人员未通过专业监理工程师审查或经审查不合格进入现场施工的。

③擅自使用未经监理机构审查认可的分包单位进入现场施工的。

④使用未经专业监理工程师验收或验收不合格的材料、构配件、设备或擅自使用未经审查认可的代用材料的。

⑤工序施工完成后，未经监理机构验收或验收不合格而擅自进行下一道工序施工的。

⑥隐蔽工程未经专业监理工程师验收确认合格而擅自隐蔽的。

⑦施工中出现质量异常情况，经监理机构指出后，承包单位未采取有效改正措施或措施不力、效果不好仍继续作业的。

⑧已发生质量事故迟迟不按监理机构要求进行处理，或已发生隐患、质量事故，如不停工则质量隐患、质量事故将继续发展，或已发生质量事故，承包单位隐蔽不报、私自处理的。

3）施工出现了安全隐患，总监理工程师认为有必要停工以消除隐患。

4）发生了必须暂时停止施工的紧急事件。

5）承包单位未经许可擅自施工，或拒绝项目管理机构管理。

（6）"＿＿＿＿＿＿部位（工序）"：指根据停工原因的影响范围和影响程度，填写本暂停指令所停工工程的范围。

（7）要求做好各项工作：指工程暂停后要求承包单位所做的有关工作，如对停工工程的保护措施，针对工程质量问题的整改、预防措施等。

（8）当引起工程暂停的原因不是非常紧急（如由于建设单位的资金问题、拆迁等），同时工程暂停会影响一方（尤其是承包单位）的利益时，总监理工程师应在签发暂停令之前，就工程暂停引起的工期和费用补偿等与承包单位、建设单位进行协商，如果总监理工程师认为暂停施工是妥善解决的较好办法时，也应当签发工程暂停令。

（9）签发工程暂停令时，必须注明是全部停工还是局部停工，不得含混。

（10）建设单位要求停工的，但是监理工程师经过独立判断，也认为有必要暂停施工时，可签发工程暂停指令，反之，经过总监理工程师的独立判断，认为没有必要停工，则不应签发工程暂停令。

（11）当发生上述第（5）条第2）、3）、4）款的情况时，不论建设单位是否要求停工，总监理工程师均应按程序签发工程暂停令。

表 A1   工程开王/复工报审表

工程名称：　　××装饰装修工程　　 编号：　×××

致：　××监理公司　（监理单位）

   我方承担的　　××装饰装修　工程，已完成了以下各项工作，具备了开王/复工条件，特此申请施工，请核查并签发开王/复工指令。

   附：

   (1)对第二层④～⑦/④～⑭轴范围内的门窗已按工程变更单(编号:×××)的要求施工完毕。

   (2)对完成的工程变更单的内容自检合格。

承包单位(章)　××装饰装修工程公司

项目经理　　　×××

日　　期　　××年×月×日

审查意见：

   (1)承包单位已完成工程变更单所发生的工程项目。

   (2)工程暂停的原因已经消除,证据齐全、有效。

     综上所述,工程具备了复工条件,同意复工!

项目监理机构　××监理公司××项目监理部

总监理工程师　　　×××

日　　期　　××年×月×日

《工程复工报审表》填表说明：

（1）工程暂停原因消失，承包单位向项目监理机构申请复工。

（2）对项目监理机构不同意复工的复工报审，承包单位按要求完成后仍用该表报审。

（3）"_____工作"：填写相应停工工程项目名称。

（4）附件：工程暂停原因是由承包单位的原因引起时，承包单位应报告整改情况和预防措施；工程暂停原因是由非承包单位的原因引起时，承包单位仅提供工程暂停原因消失证明。

（5）审查意见：总监理工程师应指定专业监理工程师对复工条件进行复核，在施工合同约定的时间内完成对复工申请的审批，符合复工条件的签署"工程具备了复工条件，同意复工"；不符合复工条件的签署"不同意复工"，并注明不同意复工的原因和对承包单位的要求。

（6）复工申请的审查程序：

1）承包单位按《工程暂停令》的要求，自查符合了复工条件向项目监理机构报送《工程复工报审表》及其附件。

2）总监理工程师应及时指定监理工程师进行审查，工程暂停是由非承包单位原因引起时，签认《工程复工报审表》时，只需要看引起暂停施工的原因是否还存在；工程暂停是由承包单位的原因引起时，复工审查时不仅要审查其停工因素是否消除，还要审查其是否查清了导致停工因素产生的原因和制定了针对性的整改措施、预防措施，还要复核其各项措施是否得到贯彻落实。

3）总监理工程师根据审查情况，应当在收到《工程复工报审表》后48小时内完成对复工申请的审批。项目监理机构未在收到承包人复工申请后48小时（或施工合同规定时间）内提出审查意见，承包单位可自行复工。

四、工程质量控制资料

表 A3　　　　　　　　　　　　　分包单位资格报审表

工程名称：　××装饰装修工程　　　　　　　　　　　　　　　　　编号：　×××

致：　××监理公司　（监理单位）

　　经考察，我方认为拟选择的　××装饰装修工程公司　（分包单位)具有承担下列工程的施工资质和施工能力，可以保证本工程项目按合同的规定进行施工。分包后，我方仍承担总包单位的全部责任。请予以审查和批准。

　　附：

　　(1)分包单位资质材料:《建筑业企业资质证书》(复印件)、《企业法人营业执照》(副本)。

　　(2)分包单位业绩材料。(近三年完成的与分包工程工作内容类似工程及工程质量的情况)

分包工程名称(部位)	工程数量	拟分包工程合同额	分包工程占全部工程
建筑装饰装修工程	××××	××万(人民币)	×%

承包单位(章)　××建筑工程公司

项目经理　×××

日　期　××年×月×日

专业监理工程师审查意见：

　　该分包单位具备分包条件，拟同意分包，请总监理工程师审核。

　　(如认为不具备分包条件应简要指出不符合条件之处，并签署"拟不同意分包，请总监理工程师审查"的意见)

专业监理工程师　×××

日　期　××年×月×日

总监理工程师审查意见：

　　同意(不同意)分包。

　　(如不同意专业监理工程师意见，应简要指明与专业监理工程师的审查意见的不同之处，并签认是否同意分包的意见)

项目监理机构　××监理公司××项目监理部

总监理工程师　×××

日　期　××年×月×日

《分包单位资格报审表》填表说明：

（1）分包单位资格报审是总承包单位在分包工程开工前，对分包单位的资格报项目监理机构审查确认。

（2）未经总监理工程师确认，分包单位不得进场施工，总监理工程师对分包单位资格的确认不解除总承包单位应负的责任。

（3）施工合同中已明确或经过招标确认的分包单位（即建设单位书面确认的分包单位），承包单位可不再对分包单位资格进行报审。

（4）分包单位：按所报分包单位《企业法人营业执照》全称填写。

（5）分包单位资质材料：指按建设部第87号令颁布的《建筑业企业资质管理规定》，经建设行政主管部门进行资质审查核发的，具有相应专业承包企业资质等级和建筑业劳务分包企业资质的《建筑业企业资质证书》和《企业法人营业执照》副本。

（6）分包单位业绩材料：指分包单位近三年完成的与分包工程工作内容类似工程及工程质量的情况。

（7）分包工程名称（部位）：指拟分包给所报分包单位的工程项目名称（部位）。

（8）工程数量：指分包工程项目的工作量（工程量）。

（9）拟分包工程合同额：指在拟签订的分包合同中签订的金额。

（10）分包工程占全部工程：指分包工程工作量占全部工程工作量的百分比。

（11）专业监理工程师审查意见：专业监理工程师应对承包单位所报材料逐一进行审核，主要审查内容：对取得施工总承包企业资质等级证书的分包单位，审查其核准的营业范围与拟承担的分包工程是否相符；对取得专业承包企业资质证书的分包单位，审查其核准的等级和范围与拟承担分包工程是否相符；对取得建筑业劳务分包企业资质的，审查其核准的资质与拟承担的分包工程是否相符。在此基础上，项目监理机构和建设单位认为必要时，会同承包单位对分包单位进行考查，主要核实承包单位的申报材料与实际情况是否属实。

专业监理工程师在审查承包单位报送分包单位有关资料，考查核实的（必要时）基础上，提出审查意见、考察报告（必要时）附报表后，根据审查情况，如认定该分包单位具备分包条件，则批复"该分包单位具备分包条件，拟同意分包，请总监理工程师审核"，如认为不具备分包条件应简要指出不符合条件之处，并签署"拟不同意分包，请总监理工程师审查"的意见。

（12）总监理工程师审批意见：总监理工程师对专业监理工程师的审查意见、考察报告进行审核，如同意专业监理工程师意见，签署"同意（不同意）分包"；如不同意专业监理工程师意见，应简要指明与专业监理工程师的审查意见的不同之处，并签认是否同意分包的意见。

（13）分包单位资格报审程序：

1）承包单位应在工程项目开工前或拟分包的分项、分部工程开工前，填写《分包单位资格报审表》，附上经其自审认可的分包单位的有关资料，报项目监理机构审核。

2）项目监理机构应在施工合同规定的期限内完成或提出进一步补充有关资料的审批工作。

3）项目监理机构和建设单位认为必要时，可会同承包单位对分包单位进行实地考察，以验证分包单位有关资料的真实性。

4）分包单位的资格符合有关规定并满足工程需要，由总监理工程师签发《分包单位资格报审表》予以确认。

5）分包合同签订后，承包单位将分包合同报项目监理机构备案。

（14）分包单位资格报审内容：

1）承包单位对部分分项、分部工程（主体结构工程除外）实行分包必须符合施工合同的规定。

2)分包单位的营业执照、企业资质等级证书、特种行业施工许可证、国外（境外）企业在国内承包工程许可证。

3)分包单位的业绩。

4)分包工程内容和范围。

5)专职管理人员和特种作业人员的资格证、上岗证。

表A4　　　　　　　　**隐蔽(检验批、分项、分部)工程　报验申请表**

工程名称：　×× 装饰装修工程　　　　　　　　　　　　　　　　　　编号：　×××

致：　×× 监理公司　(监理单位)

　　我单位已完成了　×× 装饰装修工程 ×× 隐蔽(检验批、分项、分部)工程的施工　工作，现报上该工程报验申请表，请予以审查和验收。

附件：

《隐蔽工程报验申请表》应附有《隐蔽工程验收记录》和有关分项(检验批)工程质量验收及测试资料等内容。

《检验批工程报验申请表》应附有《检验批质量验收记录》、施工操作依据和质量检查记录等内容。

《分项工程报验申请表》应附有《分项工程质量验收记录》等内容。

《分部(子分部)工程报验申请表》应附有《分部(子分部)工程质量验收记录》及工程质量验收规范要求的质量控制资料、安全和功能检验(检测)报告、观感质量验收资料等内容。

　　　　　　　　　　　　　　　　　　　　　　　　承包单位(章)　×× 装饰装修工程公司

　　　　　　　　　　　　　　　　　　　　　　　　　　　　　项目经理　×××

　　　　　　　　　　　　　　　　　　　　　　　　　　　　　日　期　××年×月×日

审查意见：

　　(1)所报附件材料真实、齐全、有效。

　　(2)所报隐蔽(检验批、分项、分部)工程施工质量符合施工验收规范和设计要求。

　　综上所述，该隐蔽(检验批、分项、分部)工程施工质量可评为合格。

　　(对未经监理人员验收或验收不合格的、需旁站而未旁站或没有旁站记录、或旁站记录签字不全的隐蔽工程、检验批，监理工程师不得签认，承包单位严禁进行下一道工序的施工。)

　　　　　　　　　　　　　　　　　　　　　　　　项目监理机构　×× 监理公司 ×× 项目监理部

　　　　　　　　　　　　　　　　　　　　　　　　　　总/专业监理工程师　×××

　　　　　　　　　　　　　　　　　　　　　　　　　　　　　日　期　××年×月×日

《_____工程报验申请表》填表说明：

(1)承包单位按约定的验收单元施工完毕,自检合格后报请项目监理机构检查验收。

(2)本表是隐蔽工程、检验批、分项工程、分部工程报验通用表。报验时按实际完成的工程名称填写。

(3)任一验收单元,未经项目监理机构验收确认不得进行下一工序。

(4)审查意见:专业监理工程师对所报隐蔽工程、检验批、分项工程资料认真核查,确认资料是否齐全、填报是否符合要求,并根据现场实地检查情况按表式项目签署审查意见,分部工程由总监理工程师组织验收,并签署验收意见。

(5)分包单位的报验资料,必须经总包单位审核后方可向监理单位报验。因此相关部位的签名必须由总包单位相应人员签署。

(6)工程报验程序:

1)隐蔽工程验收:

①隐蔽工程施工完毕,承包单位自检合格,填写《隐蔽工程报验申请表》,附《隐蔽工程验收记录》和有关分项(检验批)工程质量验收及测试资料向项目监理机构报验。

②承包单位应在隐蔽验收前48小时以书面形式通知监理验收内容、验收时间和地点。

③专业监理工程师应准时参加隐蔽工程验收,审核其自检结果和有关资料,现场实物检查、检测,符合要求的予以签认。否则,专业监理工程师应签发《监理工程师通知单》,详实指出不符合之处,要求承包单位整改。

2)检验批工程质量验收:

①检验批施工完毕,承包单位自检合格,填写《检验批工程报验申请表》,附《检验批质量验收记录》和施工操作依据、质量检查记录向项目监理机构报验。

②承包单位应在检验批验收前48小时以书面形式通知监理验收内容、验收时间和地点。

③专业监理工程师应按时组织承包单位项目专业质量检查员等进行验收,现场实物检查、检测,审核其有关资料,主控项目和一般项目的质量经抽样检查合格;施工操作依据、质量检查记录完整、符合要求,专业监理工程师应予以签认。否则,专业监理工程师应签发《监理工程师通知单》,详细指出不符合之处,要求承包单位整改。

④承包单位按《监理工程师通知单》要求整改完毕,自检合格后用《监理工程师通知回复单》报项目监理机构复核,符合要求后予以确认。

3)对未经监理人员验收或验收不合格的、需旁站而未旁站或没有旁站记录、或旁站记录签字不全的隐蔽工程、检验批,监理工程师不得签认,承包单位严禁进行下一道工序的施工。

4)分项工程质量验收:

①分项工程所含的检验批全部通过验收,承包单位整理验收资料,在自检评定合格后填写《分项工程报验申请表》,附《分项质量验收记录》报项目监理机构。

②专业监理工程师组织承包单位项目专业技术负责人等进行验收,对承包单位所报资料和该分项工程的所有检验批质量检查记录进行审查,构成分项工程的各检验批的验收资料文件完整,并且均已验收合格,专业监理工程师予以签认。

5)分部(子分部)工程质量验收:

①分部(子分部)工程所含的分项工程全部通过验收,承包单位整理验收资料,在自检评定合格后填写《分部(子分部)工程报验申请表》,附《分部(子分部)工程质量验收记录》及工程质量验收规范要求的质量控制资料、安全和功能检验(检测)报告等向项目监理机构报验。

②承包单位应在验收前72小时以书面形式通知监理验收内容、验收时间和地点。总监理工

程师按时组织承包单位项目经理(项目负责人)和技术、质量负责人等进行验收;地基与基础、主体结构分部工程的勘察、设计单位工程项目负责人和承包单位技术、质量部门负责人也应参加相关分部工程验收。

③分部(子分部)工程质量验收含报验资料核查和实体质量抽样检测(检查)。分部(子分部)工程所含分项工程的质量均已验收合格;质量控制资料完整;地基与基础、主体结构和设备安装等分部工程有关安全及功能的检验和抽样检测结果均符合有关规定;观感质量验收符合要求。总监理工程师应予以确认,在《分部(子分部)工程质量验收记录》签署验收意见,各参加验收单位项目负责人签字。否则,总监理工程师应签发《监理工程师通知单》,指出不符合之处,要求承包单位整改。

④承包单位按《监理工程师通知单》要求整改完毕,自检合格后用《监理工程师通知回复单》报项目监理机构复核,符合要求后予以确认。

表 A9 工程材料/构配件/设备报审表

工程名称：__××装饰装修工程__ 编号：__×××__

致：__××监理公司__（监理单位）

我方于__××__年__×__月__×__日进场的饰面板工程材料/构配件/设备数量如下（见附件）。现将质量证明文件及自检结果报上，拟用于下述部位：

__(1)一、二层外墙的中国红花岗石板材__

__(2)一、二层外墙的普通水泥__

__(3)一、二层外墙的砂，请予以审核__

附件：

(1)数量清单：

工程材料/构配件/设备名称	主要规格	单位	数量	取样报审表编号
中国红花岗石板材	600mm×500mm×18mm	m²	××	××××
普通水泥	P·O32.5	t	××	××××
砂	中砂	t	××	××××

(2)质量证明文件：

①出厂合格证 5 页。（如出厂合格证无原件，有抄件或原件复印件亦可。但抄件或原件复印件上要注明原件存放单位，抄件人和抄件、复印件单位签名并盖公章）

②厂家质量检验报告 5 页。

③进场复试报告 5 页。（复试报告一般应提供原件）

(3)自检结果：

工程材料质量证明资料齐全，观感质量及进场复试检验结果合格。

承包单位(章)__××装饰装修工程公司__

项目经理__×××__

日　期__××年×月×日__

审查意见：

经检查上述工程材料/构配件/设备，符合/不符合设计文件和规范的要求，准许/不准许进场，同意/不同意使用于拟定部位。

项目监理机构__××监理公司××项目监理部__

总/专业监理工程师__×××__

日　期__××年×月×日__

《工程材料/构配件/设备报审表》填表说明：

（1）工程材料/构配件/设备报审是承包单位对拟进场的主要工程材料、构配件、设备，在自检合格后报项目监理机构进行进场验收。

（2）对未经监理人员验收或验收不合格的工程材料、构配件、设备，监理人员应拒绝签认，承包单位不得在工程上使用，并应限期将不合格的材料、构配件、设备撤出现场。

（3）拟用于部位：指工程材料、构配件、设备拟用于工程的具体部位。

（4）材料/构配件/设备清单：按表列括号内容用表格形式填报。

（5）工程材料/构配件/设备质量证明资料：指生产单位提供的证明工程材料/构配件/设备质量合格的证明资料。如：合格证、性能检测报告等。凡无国家或省正式标准的新材料、新产品、新设备应有省级及以上有关部门鉴定文件。凡进口的材料、产品、设备应有商检的证明文件。如无出厂合格证原件，有抄件或原件复印件亦可。但抄件或原件复印件上要注明原件存放单位，抄件人和抄件、复印件单位签名并盖公章。

（6）自检结果：指所购材料、构配件、设备的承包单位对所购材料、构配件、设备，按有关规定进行自检及复试的结果。对建设单位采购的主要设备进行开箱检查监理人员应进行见证，并在其开箱检查记录签字。复试报告一般应提供原件。

（7）专业监理工程师审查意见：专业监理工程师对报验单所附的材料、构配件、设备清单、质量证明资料及自检结果认真核对，在符合要求的基础上对所进场材料、构配件、设备进行实物核对及观感质量验收，查验是否与清单、质量证明资料合格证及自检结果相符、有无质量缺陷等情况，并将检查情况记录在监理日记中，根据检查结果，如符合要求，将"不符合"、"不准许"、及"不同意"用横线划掉，反之，将"符合"、"准许"及"同意"划掉，并指出不符合要求之处。

（8）工程材料/构配件/设备报审程序：

1）承包单位应对拟进场的工程材料、构配件和设备（包括建设单位采购的工程材料、构配件、设备），按有关规定对工程材料进行自检和复试，对构配件进行自检，对设备进行开箱检查，符合要求后填写《工程材料/构配件/设备报审表》，并附上清单、质量证明资料及自检结果报项目监理机构。

2）专业监理工程师应对承包单位报送的《工程材料/构配件/设备报审表》及其质量证明等资料进行审核，并应对进场的工程材料、构配件和设备实物，按照委托监理合同的约定或有关工程质量管理文件的规定比例，进行见证取样送检（见证取样送检情况应记录在监理日志中）。

3）对进口材料、构配件和设备，应按照事先约定，由建设单位、承包单位、供货单位、项目监理机构及其他有关单位进行联合检查，检查情况及结果应整理成纪要，并有有关各方代表签字。

4）经专业监理工程师审核检查合格，签认《工程材料/构配件/设备报审表》，对未经专业监理工程师验收或验收不合格的工程材料、构配件和设备，专业监理工程师应拒绝签认，并应签发《监理工程师通知单》，书面通知承包单位限期运出现场。

表 A6　　　　　　　　　　　监理工程师通知回复单

工程名称：　××装饰装修工程　　　　　　　　　　　　　　　　　　编号：　×××　

致：　××监理公司　（监理单位）

　我方接到编号为　×××　的监理工程师通知后,已按要求完成了　四层断桥铝合金门窗安装工程质量问题的整改　工作,现报上,请予以复查。

详细内容：

　我项目部收到编号为×××的《监理工程师通知单》后,立即组织有关人员对现场已完成的四层断桥铝合金门窗安装工程进行了全面的质量复查,共发现此类问题 10 处。并立即进行了整改处理:有问题的窗框等退回××门窗公司,并将进场验收合格的窗框立即安装完毕。

　经自检达到了《建筑装饰装修工程质量验收规范》(GB 50210—2001)的要求。同时对土建工程施工人员进行了质量意识教育,并保证在今后的施工过程中严格控制施工质量,确保工程质量目标的实现。

　　　　　　　　　　　　　　　　　　承包单位(章)　××装饰装修工程公司　
　　　　　　　　　　　　　　　　　　　　　　项目经理　×××　
　　　　　　　　　　　　　　　　　　　　　日　期　××年×月×日　

审查意见：

　经对编号为×××《监理工程师通知单》提出的问题的复查,项目部已按《监理工程师通知单》整改完毕,经检查符合要求。

　(如不符合要求,应具体指明不符合要求的项目或部位,签署"不符合要求,要求承包单位继续整改"的意见)

　　　　　　　　　　　　　　　　　　项目监理机构　××监理公司××项目监理部　
　　　　　　　　　　　　　　　　　　　总/专业监理工程师　×××　
　　　　　　　　　　　　　　　　　　　　　日　期　××年×月×日

《监理工程师通知回复单》填表说明：

(1)承包单位落实《监理工程师通知单》后,报项目监理机构检查复核。

(2)承包单位完成《监理工程师通知回复单》中要求继续整改的工作后,仍用此表回复。

(3)涉及应总监理工程师审批工作内容的回复单,应由总监理工程师审批。

(4)"我方收到编号为_____":填写所回复的《监理工程师通知单》的编号。

(5)"完成了_____工作":按《监理工程师通知单》要求完成的工作填写。

(6)详细内容:针对《监理工程师通知单》的要求,简要说明落实过程、结果及自检情况,必要时附有关证明资料。

(7)复查意见:专业监理工程师应详细核查承包单位所报的有关资料,符合要求后针对工程质量实体的缺陷整改进行现场检查,符合要求后填写"已按《监理工程师通知单》整改完毕,经检查符合要求"的意见,如不符合要求,应具体指明不符合要求的项目或部位,签署"不符合要求,要求承包单位继续整改"的意见。

表 B1　　　　　　　　　　监理工程师通知单

工程名称：　××装饰装修工程　　　　　　　　　　　　　　　　编号：　×××

致：　××装饰装修工程公司　（单位）

事由：

用于拌制混凝土和砂浆的水泥未按规定执行有见证取样和送检制度。

内容：

依照有关文件和现行建筑装饰装修工程施工质量验收规范及标准的要求，用于拌制混凝土和砂浆的水泥必须严格执行有见证取样及送检制度。见证组数应为总组数的 30％，10 组以下不少于 2 组，同时注意取样的连续性和均匀性，避免集中。

为此特发此通知，要求施工单位针对此项目的问题进行认真检查，并将检查结果报项目监理部。

项目监理机构　××监理公司××项目监理部

总/专业监理工程师　×××

日　期　××年×月×日

《监理工程师通知单》填表说明：

(1)在监理工作中,项目监理机构按委托监理合同授予的权限,对承包单位发出指令、提出要求,除另有规定外,均应采用此表。监理工程师现场发出的口头指令及要求,也应采用此表予以确认。

(2)监理通知,承包单位应签收和执行,并将执行结果用《监理工程师通知回复单》报监理机构复核。

(3)事由:指通知事项的主题。

(4)内容:在监理工作中,项目监理机构按委托监理合同授予的权限,对承包单位所发出的指令提出要求。针对承包单位在工程施工中出现的不符合设计要求、不符合施工技术标准、不符合合同约定的情况及偷工减料、使用不合格的材料、构配件和设备,纠正承包单位在工程质量、进度、造价等方面的违规、违章行为。

(5)承包单位对监理工程师签发的监理通知中的要求有异议时,应在收到通知后 24 小时内向项目监理机构提出修改申请,要求总监理工程师予以确认,但在未得到总监理工程师修改意见前,承包单位应执行专业监理工程师下发的《监理工程师通知单》。

不合格项处置记录

工程名称　 ××装饰装修工程　　　　　　　　　　　　　　　编号　×××

不合格项发生部位与原因：	

致　 ××装饰装修工程公司　（单位）：

由于以下情况的发生，使你单位在　 第五层北立南注胶施工时　发生严重☑/一般□不合格项，请及时采取措施予以整改。

具体情况：

经检查，注胶前板缝内清理不干净，胶缝表面不平整，玻璃被胶污染情况。

　　　　　　　　　　　　　　　　　　　　　　□自行整改
　　　　　　　　　　　　　　　　　　　　　　☑整改后报我方验收

签发单位名称　××监理公司　　　签发人（签字）　×××　　　日　期　××年×月×日

不合格项改正措施：

（1）注胶前充分清洁板门缝隙，充分清洁粘结面并加以干燥。

（2）注胶前在缝两侧贴保护胶纸，避免密封胶污染玻璃。

（3）注胶后及时将胶缝表面抹平，去掉多余的胶。

　　　　　　　　　　　　　　　　　　　整改限期　××年×月×日前完成　
　　　　　　　　　　　　　　　　　　　整改责任人（签字）　×××　
　　　　　　　　　　　　　　　　　　　单位负责人（签字）　×××　

不合格项整改结果：

致：　××监理公司　（签发单位）：
根据你方指示，我方已完成整改，请予以验收。

　　　　　　　　　　　　　　　　　　　单位负责人（签字）：　×××　
　　　　　　　　　　　　　　　　　　　日期：　××年×月×日　

整改结论：

同意验收。

　　　　　　　　　　　　　　　　　　　验收单位名称　××监理公司　
　　　　　　　　　　　　　　　　　　　验收人（签字）　×××　
　　　　　　　　　　　　　　　　　　　日　期　××年×月×日

《不合格项处置记录》填表说明：

(1)监理工程师在隐蔽工程验收和检验批验收中，针对不合格的工程应填写《不合格项处置记录》。

(2)本表由下达方填写，整改方填报整改结果。本表也适用于监理单位对项目监理部的考核工作。

(3)"使你单位在_____发生"栏填写不合格项发生的具体部位。

(4)"发生严重□/一般□不合格项"栏根据不合格项的情况来判定其性质，当发生严重不合格项时，在"严重"选择框处划"√"；当发生一般不合格项时，在"一般"选择框处划"√"。

(5)"具体情况"栏由监理单位签发人填写不合格项的具体内容，并在"自行整改"或"整改后报我方验收"选择框处划"√"。

(6)"签发单位名称"栏应填写监理单位名称。

(7)"签发人"栏应填写签发该表的监理工程师或总监理工程师。

(8)"不合格项改正措施"栏由整改方填写具体的整改措施内容。

(9)"整改期限"栏指整改方要求不合格项整改完成的时间。

(10)"整改责任人"栏一般为不合格项所在工序的施工负责人。

(11)"单位负责人"栏为整改责任人所在单位或部门负责人。

(12)"不合格项整改结果"栏填写整改完成的结果，并向签发单位提出验收申请。

(13)"整改结论"栏根据不合格项整改验收情况由监理工程师填写。

(14)"验收单位名称"为签发单位，即监理单位。

(15)"验收人"栏为签发人，即监理工程师或总监理工程师。

旁站监理记录

编号：__×××__

工程名称	××工程	日期	××年×月×日
气　候	最高气温 32℃　　最低气温 24℃		风力：2～3 级

旁站监理的部位或工序：地面①～⑧/Ⓐ～Ⓓ轴混凝土浇筑

旁站监理开始时间：××年×月×日　**10：00**

旁站监理结束时间：××年×月×日　**15：20**

施工情况：

　　采用商品混凝土,混凝土强度等级为 C25,配合比编号为×××。现场采用汽车泵 1 台进行混凝土的浇筑施工。

监理情况：

　　检查混凝土坍落度 4 次,实测坍落度为 150mm,符合混凝土配合比的要求。制作混凝土试块 2 组(编号:××、××,其中编号为××的试块为见证试块),混凝土浇筑过程符合施工验收规范的要求。

发现问题：

　　混凝土浇筑后没有及时进行覆盖。

处理意见：

　　在混凝土表面覆盖塑料布进行养护。

备注：

承包单位名称：__××建筑工程公司__	监理单位名称：__××监理公司__
质检员(签字)：__×××__	旁站监理人员(签字)：__×××__
××年×月×日	××年×月×日

《旁站监理记录》填表说明：

（1）旁站监理记录是指监理人员在房屋建筑工程施工阶段监理中，对关键部位、关键工序的施工质量，实施全过程现场跟班的监督活动所见证的有关情况的记录。

（2）房屋建筑工程的关键部位、关键工序包括：

1）在基础工程方面：土方回填、混凝土灌注桩浇筑，地下室连续墙、土钉墙、后浇带及其他混凝土、防水混凝土浇筑，卷材防水层细部构造处理，钢结构安装。

2）主体结构工程方面：梁柱节点钢筋隐蔽过程，混凝土浇筑，预应力张拉，装配式结构安装，钢结构安装，网架结构安装，索膜安装。

（3）承包单位根据项目监理机构制定的旁站监理方案，在需要实施的关键部位、关键工序进行施工前24小时，书面通知项目监理机构。

（4）凡旁站监理人员和承包单位现场质检人员未在旁站监理记录上签字的，不得进行下一道工序的施工。

（5）凡上述第（2）条规定的关键部位、关键工序未实施旁站监理或没有旁站监理记录的，专业监理工程师或总监理工程师不得在相应文件上签字。

（6）旁站监理记录在工程竣工验收后，由监理单位归档备查。

（7）施工情况：指所旁站部位（工序）的施工作业内容、主要施工机械、材料、人员和完成的工程数量等。

（8）监理情况：指旁站人员对施工作业情况的监督检查，其主要内容包括：

1）承包单位现场质检人员到岗情况、特殊工种人员持证上岗以及施工机械、建筑材料准备情况。

2）在现场跟班监督关键部位、关键工序的施工执行施工方案以及工程建设强制性标准情况。

3）核查进场建筑材料、建筑构配件、设备和商品混凝土的质量检验报告等。

（9）对旁站时发现的问题可先口头通知承包单位改正，然后应及时签发《监理工程师通知单》。

五、工程造价控制资料

表 B2-10(A5)　　　　　　　工程款支付申请表

工程名称：　××装饰装修工程　　　　　　　　　　　　　　　　编号：　×××

致：　××监理公司　（监理单位）

　　我方已完成了　地上1～8层室内外装饰装修工程施工　工作,按施工合同的规定,建设单位应在　××　年　×　月　×　日前支付该项工程款共(大写)　贰佰叁拾伍万柒仟贰佰捌拾玖元整　(小写：　￥2357289.00　),现报上　××装饰　工程付款申请表,请予以审查并开具工程款支付证书。

附件:

(1)工程量清单。

(略)

(2)计算方法。

(略)

承包单位(章)　××装饰装修工程公司

项目经理　×××

日　期　××年×月×日

《工程款支付申请表》填表说明：

(1)承包单位根据施工合同中工程款支付约定,向项目监理机构申请开具工程款支付证书。

(2)申请支付工程款金额包括合同内工程款、工程变更增减费用、批准的索赔费用,扣除应扣预付款、保留金及施工合同中约定的其他费用。

(3)"我方已完成了＿＿＿＿＿＿工作":填写经专业监理工程师验收合格的工程;定期支付进度款时填写本支付期内经专业监理工程师验收合格工程的工作量。

(4)工程量清单:指本次付款申请中的经专业监理工程师验收合格工程的工程量清单统计报表。

(5)计算方法:指以专业监理工程师签认的工程量按施工合同约定采用的有关定额(或其他计价方法的单价)的工程价款计算。

(6)根据施工合同约定,需建设单位支付工程预付款的,也采用此表向监理机构申请支付。

(7)工程款申请中如有其他和付款有关的证明文件和资料时,应附有相关证明资料。

表 B2-19(B3)　　　　　　　　　　工程款支付证书

工程名称：　××装饰装修工程　　　　　　　　　　　　　　　　　　　编号：　×××

致：　××装饰装修工程公司　（承包单位）

　　根据施工合同的规定,经审核承包单位的付款申请和报表,并扣除有关款项,同意本期支付工程款共(大写)　**贰佰柒拾万叁仟肆佰玖拾捌元整**　(小写：　**￥2703498**　)。请按合同规定及时付款。

　　其中：

　　(1)承包单位申报款为：　**贰佰玖拾陆万伍仟肆拾元整**

　　(2)经审核承包单位应得款为：　**贰佰捌拾叁万柒仟零伍拾伍元整**

　　(3)本期应扣款为：　**壹拾叁万叁仟伍佰伍拾柒元整**

　　(4)本期应付款为：　**贰佰柒拾万叁仟肆佰玖拾捌元整**

　　附件：

　　(1)承包单位的工程付款申请表及附件。

　　(2)项目监理机构审查记录。(略)

项目监理机构　××监理公司××项目监理部

总监理工程师　×××

日　期　××年×月×日

　　《工程款支付证书》填表说明：

　　(1)《工程款支付证书》是项目监理机构在收到承包单位的《工程款支付申请表》，根据施工合同和有关规定审查复核后签署的应向承包单位支付工程款的证明文件。

　　(2)建设单位：指建筑施工合同中的发包人。

　　(3)承包单位申报款：指承包单位向监理机构申报《工程款支付申请表》中申报的工程款额。

　　(4)经审核承包单位应得款：指经专业监理工程师对承包单位向监理机构填报《工程款支付申请表》审核后，核定的工程款额。包括合同内工程款、工程变更增减费用、经批准的索赔费用等。

　　(5)本期应扣款：指施工合同约定本期应扣除的预付款、保留金及其他应扣除的工程款的总和。

　　(6)本期应付款：指经审核承包单位应得款额减本期应扣款额的余额。

　　(7)承包单位的工程付款申请表及附件：指承包单位向监理机构申报的《工程款支付申请表》及其附件。

　　(8)项目监理机构审查记录：指总监理工程师指定专业监理工程师，对承包单位向监理机构申报的《工程款支付申请表》及其附件的审查记录。

　　(9)总监理工程师指定专业监理工程师对工程款支付申请中包括合同内工作量、工程变更增减费用、经批准的费用索赔、应扣除的预付款、保留金及施工合同约定的其他支付费用等项目应逐项审核，并填写审查记录，提出审查意见报总监理工程师审核签认。

表 B2-9(A8)　　　　　　　　　　　费用索赔申请表

工程名称：__×× 装饰装修工程__　　　　　　　　　　　　　　　　　　　　编号：__×××__

致：__×× 监理公司__（监理单位）

　根据施工合同条款__×__条的规定，由于__建设单位负责供货的吊顶铝板未按时到货__的原因，我方要求索赔金额（大写）__贰仟零伍拾__元，请予以批准。

　索赔的详细理由及经过：

　按合同约定，本工程的吊顶铝板由建设单位负责订货，因吊顶铝板未按约定时间运至现场，造成吊顶工程施工停工，因而使我方受到直接经济损失。

　索赔金额的计算：

　（根据实际情况，依照工程概预算定额计算）

　附：证明材料。

　　　　　　　　　　　　　　　　　　　　　　　　承包单位__×× 装饰装修工程公司__

　　　　　　　　　　　　　　　　　　　　　　　　　　项目经理__×××__

　　　　　　　　　　　　　　　　　　　　　　　　　　日　期__××年×月×日__

《费用索赔申请表》填表说明：

(1)费用索赔申请是承包单位向建设单位提出费用索赔,报项目监理机构审查、确认和批复。

(2)"根据合同条款＿＿＿＿＿条的规定":填写提出费用索赔所依据的施工合同条目。

(3)"由于＿＿＿＿＿原因":填写导致费用索赔的事件。

(4)索赔的详细理由及经过:指索赔事件是由于非承包单位的责任发生的造成承包单位直接经济损失等情况的详细理由及事件经过。

(5)索赔金额计算:指索赔金额计算书,索赔的费用内容一般包括:人工费、设备费、材料费、管理费等。

(6)证明材料:指上述两项所需的各种证明材料,包括如下内容:合同文件;监理工程师批准的施工进度计划;合同履行过程中的来往函件;施工现场记录;工地会议纪要;工程照片;监理工程师发布的各种书面指令;工程进度款支付凭证;检查和试验记录;汇率变化表;各类财务凭证;其他有关资料。

(7)费用索赔的报审程序:

1)承包单位在施工合同规定的期限(索赔事件发生后28天)内,向项目监理机构提交对建设单位的费用索赔意向通知。

2)总监理工程师指定专业监理工程师收集与索赔有关的资料,如各项记录、报表、文件、会议纪要等。

3)承包单位在承包合同规定的期限(发出索赔意向通知后28天)内向项目监理机构提交对建设单位的《费用索赔申请表》。

4)总监理工程师根据承包单位报送的《费用索赔审批表》,安排专业监理工程师进行审查,在符合《建设工程监理规范》第6.3.2条规定的条件时,予以受理。但是依法成立的施工合同另有规定时,按施工合同办理。

(8)承包单位向建设单位索赔的原因主要有:①合同文件内容出错引起的索赔;②由于图纸延迟交出造成索赔;③由于不利的实物障碍和不利的自然条件引起索赔;④由于建设单位提供的水准点、基线等测量资料不准确造成的失误与索赔;⑤承包单位依据专业监理工程师意见,进行额外钻孔及勘探工作引起索赔;⑥由建设单位风险所造成的损害的补救和修复所引起的索赔;⑦因施工中承包单位挖到化石、文物、矿产等珍贵物品,要停工处理引起的索赔;⑧由于需要加强道路与桥梁结构以承受"特殊超重荷载"而索赔;⑨由于建设单位雇佣其他承包单位的影响,并为其他承包单位提供服务提出索赔;⑩由于额外样品与试验而引起索赔;⑪由于对隐蔽工程的揭露或开孔检查引起的索赔;⑫由于工程中断引起的索赔;⑬由于建设单位延迟移交土地引起的索赔;⑭由于非承包单位原因造成了工程缺陷需要修复而引起的索赔;⑮由于要求承包单位调查和检查缺陷而引起的索赔;⑯由于工程变更引起的索赔;⑰由于变更合同总价格超过有效合同价的15%而引起索赔;⑱由于特殊风险引起的工程被破坏和其他款项支出而提出的索赔;⑲因特殊风险使合同终止后的索赔;⑳因合同解除后的索赔;㉑建设单位违约引起工程终止等的索赔;㉒由于物价变动引起的工程成本的增减的索赔;㉓由于后继法规的变化引起的索赔;㉔由于货币及汇率变化引起的索赔。

表 B2-18(B6) 　　　　　　　　**费用索赔审批表**

工程名称：　<u>××装饰装修工程</u>　　　　　　　　　　　　　　编号：　<u>×××</u>

致：　<u>××装饰装修工程公司</u>　（承包单位）

　　根据施工合同条款　<u>×</u>　条的规定，你方提出的　<u>因工程设计变更而造成的</u>　费用索赔申请（第　<u>×××</u>　号），索赔（大写）　<u>壹拾万伍仟肆佰陆拾贰元整</u>　，经我方审核评估：

　　□　不同意此项索赔。

　　☑　同意此项索赔，金额为（大写）　<u>壹拾万伍仟肆佰陆拾贰元整</u>　。

同意/不同意索赔的理由：

(1)费用索赔属于非承包方的原因。

(2)费用索赔的情况属实。

索赔金额的计算：

(1)同意四层②～⑤/①～⑥轴暗龙骨吊顶拆除重做的费用。

(2)同意工程设计变更增加的合同外的施工项目的费用。

(3)工程延期 3 天，增加管理费 1000 元。

　　　　　　　　　　　　　　　　　　　　项目监理机构　<u>××监理公司××项目监理部</u>

　　　　　　　　　　　　　　　　　　　　　　总监理工程师　<u>×××</u>

　　　　　　　　　　　　　　　　　　　　　　日　期　<u>××年×月×日</u>

《费用索赔审批表》填表说明：

(1)总监理工程师应在施工合同约定的期限内签发《费用索赔报审表》，或发出要求承包单位提交有关费用索赔的进一步详细资料的通知。

(2)"根据施工合同条款_____条的规定"：填写提出费用索赔所依据的施工合同条目。

(3)"我方对你方提出的_____工程延期申请"：填写导致费用索赔的事件。

(4)审查意见：专业监理工程师应首先审查索赔事件发生后，承包单位是否在施工合同规定的期限内(28天)，向专业监理工程师递交过索赔意向通知，如超过此期限，专业监理工程师和建设单位有权拒绝索赔要求；其次，审核承包单位的索赔条件是否成立；第三，应审核承包单位报送的《费用索赔申请表》，包括索赔的详细理由及经过，索赔金额的计算及证明材料；如不满足索赔条件，专业监理工程师应在"不同意此项索赔"前"□"内打"√"；如符合条件，专业监理工程师就初定的索赔金额向总监理工程师报告、由总监理工程师分别与承包单位及建设单位进行协商，达成一致或监理工程师公正地自主决定后，在"同意此项索赔"前"□"内打"√"，并把确定金额写明，如承包人对监理工程师的决定不同意，则可按合同中的仲裁条款提交仲裁机构仲裁。

(5)同意/不同意索赔的理由：同意索赔的理由应简要列明；对不同意索赔，或虽同意索赔但其中的不合理部分，如有下列情况应简要说明：

①索赔事项不属于建设单位或监理工程师的责任，而是其他第三方的责任；②建设单位和承包单位共同负有责任，承包单位必须划分和证明双方责任大小；③事实依据不足；④施工合同依据不足；⑤承包单位未遵守意向通知要求；⑥施工合同中的开脱责任条款已经免除了建设单位的补偿责任；⑦承包单位已经放弃索赔要求；⑧承包单位没有采取适当措施避免或减少损失；⑨承包单位必须提供进一步证据；⑩损失计算夸大等。

(6)索赔金额的计算：指专业监理工程师对批准的费用索赔金额的计算过程及方法。

(7)索赔成立应同时满足以下三个条件的要求：

1)索赔事件造成了承包单位直接经济损失。

2)索赔事件是由于非承包单位的责任发生的。

3)承包人按合同规定的期限和程序提交了索赔意向通知书和《费用索赔申请表》，并附有索赔凭证材料。

(8)专业监理工程师在审查确定索赔批准额时，要审查以下三个方面：

1)索赔事件发生的合同责任。

2)由于索赔事件的发生，施工成本及其他费用的变化和分析。

3)索赔事件发生后，承包单位是否采取了减少损失的措施。承包单位报送的索赔额中，是否包含了让索赔事件任意发展而造成的损失额。

专业监理工程师将审查结果向总监理工程师报告，由总监理工程师与承包单位和建设单位协商。

(9)项目监理机构在确定索赔批准额时，可采用实际费用法，索赔批准额等于承包单位为了某项索赔事件所支付的合理实际开支减去施工合同中的计划开支，再加上应得的管理费等。对承包单位提出的费用索赔应注意，索赔费用只能是承包单位实际发生的费用，而且必须符合工程所在地区的有关法规和规定。另外绝大部分的费用索赔是不包括利润的，只涉及黏土直接费和管理费，只有遇到工程变更时，才可以索赔到费用和利润。

第三节 竣工验收资料

一、工程竣工报验资料

表 B3-1(A10)　　　　　　　　　　工程竣工报验单

工程名称：__××装饰装修工程__　　　　　　　　　　　　　　　编号：__×××__

致：__××监理公司__（监理单位）

　　我方已按合同要求完成了 __××装饰装修__ 工程，经自检合格，请予以检查和验收。
　　附件：
　　(1)《单位(子单位)工程质量控制资料核查记录》。
　　(2)《单位(子单位)工程安全和功能检验资料核查及主要功能抽查记录》。
　　(3)《单位(子单位)工程观感质量检查记录》。

承包单位(章)　__××装饰装修工程公司__

项目经理　__×××__

日　期　__××年×月×日__

审查意见：

　　经初步验收，该工程
　　(1)符合/不符合我国现行法律、法规要求。
　　(2)符合/不符合我国现行工程建设标准。
　　(3)符合/不符合设计文件要求。
　　(4)符合/不符合施工合同要求。
　　综上所述，该工程初步验收合格/不合格，可以/不可以组织正式验收。

项目监理机构　__××监理公司××项目监理部__

总监理工程师　__×××__

日　期　__××年×月×日__

《工程竣工报验单》填表说明：

(1)单位(子单位)工程承包单位自检符合竣工条件后,向项目监理机构提出工程竣工验收。

(2)工程预验收通过后,总监理工程师应及时报告建设单位和编写《工程质量评估报告》文件。

(3)工程项目:指施工合同签订的达到竣工要求的工程名称。

(4)附件:指用于证明工程按合同约定完成并符合竣工验收要求的全部竣工资料。

(5)审查意见:总监理工程师组织专业监理工程师按现行的单位(子单位)工程竣工验收的有关规定逐项进行核查,并对工程质量进行预验收,根据核查和预验收结果,将"不符合"或"符合"用横线划掉;全部符合要求的,将"不合格"、"不可以"用横线划掉;否则,将"合格"、"可以"用横线划掉,并向承包单位列出不符合项目的清单和要求。

(6)单位(子单位)工程竣工应符合下列条件:

1)按承包合同已完成了设计文件的全部内容,且单位(子单位)工程所含分部(子分部)工程的质量均已验收合格。

2)质量控制材料完整。

3)单位(子单位)工程所含分部工程有关安全和功能的检测资料完整。

4)主要使用功能项目的抽查结果符合相关专业质量验收规范的规定。

5)观感质量验收符合要求。

(7)工程竣工预验报验程序:

1)单位(子单位)工程完成后,承包单位要依据质量标准、设计图纸等组织有关人员自检,并对检测结果进行评定,符合要求后填写《工程竣工报验单》并附工程验收报告和完整的质量资料报送项目监理机构,申请竣工预验收。

2)总监理工程师组织各专业监理工程师对竣工资料进行核查,构成单位工程的各分部工程均已验收,且质量验收合格;按《建筑工程施工质量验收统一标准》附录G(表G.0.1-2)和相关专业质量验收规范的规定,相关资料文件完整。

3)涉及安全和使用功能的分部工程有关安全和功能检验资料,按《建筑工程施工质量验收统一标准》附录G(表G.0.1-3)逐项复查。不仅要全面检查其完整性(不得有漏检缺项),而且对分部工程验收时补充进行的见证抽样检验报告也要复查。

4)总监理工程师应组织各专业监理工程师会同承包单位对各专业的工程质量进行全面检查、检测,按《建筑工程施工质量验收统一标准》附录G(表G.0.1-4)进行观感质量检查,对发现影响竣工验收的问题,签发《工程质量整改通知》,要求承包单位整改,承包单位整改完成,填报《监理工程师通知回复单》,由专业监理工程师进行复查,直至符合要求。

5)对需要进行功能试验的工程项目(包括单机试车和无负荷试车),专业监理工程师应督促承包单位及时进行试验,并对重要项目进行现场监督、检查,必要时请建设单位和设计单位参加。专业监理工程师应认真审查试验报告单。

6)专业监理工程师应督促承包单位搞好成品保护和现场清理。

7)经项目监理机构对竣工资料及实物全面检查,验收合格后由总监理工程师签署《工程竣工报验单》和竣工报告。

8)竣工报告经总监理工程师、监理单位法定代表人签字并加盖监理单位公章后,由施工单位向建设单位申请竣工。

9)总监理工程师组织专业监理工程师编写质量评估报告。总监理工程师、监理单位技术负责人签字并加盖监理单位公章后报建设单位。

二、工程质量评估报告

1. 工程质量评估报告编制要求

工程竣工预验收合格后,由项目总监理工程师向建设单位提交《工程质量评估报告》。《工程质量评估报告》包括工程概况、施工单位基本情况、主要采取的施工方法、工程地基基础和主体结构的质量状况、施工中发生过的质量事故和主要质量问题、原因分析和处理结果,以及对工程质量的综合评估意见。评估报告应由项目总监理工程师及监理单位技术负责人签认,并加盖公章。

2. 工程质量评估报告编制推荐范本

×× 工程

工程质量评估报告

单位技术负责人:×××

总监理工程师:×××

×××建设监理公司

××年×月×日

前　言

　　×××建设监理公司受×××××××公司的委托,对××工程实施监理工作。项目监理部于××××年×月×日开始对××工程进行施工阶段监理,经建设单位、设计单位、承包单位、监理单位的共同努力,××工程的建筑工程于××××年×月×日达到基本竣工条件。

一、工程基本情况

(一)工程概况

1. 项目特征

工程基本情况表

工程名称	工程地址	结构类型	层数		建筑面积 (m²)	基础埋深 (m)	总高度 (m)
			地下	地上			
××工程	××市××区	剪力墙结构	2	24	18222.25	−6.8	75.8
计划开工日期		××××年×月×日		计划竣工日期		××××年×月×日	
说明		总工期为14个月(包括地基处理)					

2. 地质概况

　　本工程依据××勘察设计院提供的《××岩土工程地质勘察报告》(编号××),采用人工复合地基,复合地基的承载力标准值 $f_{sp,k}=400\text{kPa}$,地下水对混凝土无侵蚀性。

3. 建筑特点

　　该楼为住宅楼,地下×层、地上×层,地下×层为五级人防、地下×层为自行车库、首层至×层为住宅、×层为电梯机房、×层为水箱间及机房,±0.000＝海拔××m,人防面积×××m²,地下两层总面积×××m²,地上×层建筑面积×××m²,含阳台面积(½)×××m²,总建筑面积×××m²。

4. 结构特点

　　本工程结构形式为剪力墙结构,抗震烈度×度,消防等级为×××,建筑耐火等级为×级,剪力墙抗震等级为二级。

(二)承包单位基本情况

　　承包单位:×××建筑工程公司

　　劳务分包队:×××建筑工程公司

　　CFG桩地基处理:×××基础工程公司

　　防水工程分包单位:×××防水工程公司

　　塑钢门窗:×××塑钢门窗制造有限公司

　　承包单位在现场项目经理部全面负责××工程的施工任务,各管理层人员配备齐全,资格符合要求。施工人员各专业人员岗位证书齐全,符合要求。劳务人员数量满足施工工期要求。施工各类设备规格、型号、数量满足施工要求。工程原材料、构配件、设备能按使用计划落实。根据对总包单位、分包单位及主要工程原材料、构配件、设备供应单位的考察确定,总包单位和各分包单位及供应单位有能力完成本工程的施工项目。

(三)主要采取的施工方法

　　(1)混凝土现场搅拌,基础底板混凝土采用泵输送混凝土,墙体及地上主体剪力墙结构混凝土采用塔吊吊斗运输。

(2)地下室墙体模板采用 600mm×1500mm 等标准钢模板及 100mm×1500mm 等模板,地上部分墙体采用大模板,顶板采用竹胶板模板。

(3)钢筋接头:地下室底板采用闪光对焊,墙体暗柱采用电渣压力焊。

(4)其他分部工程及各工序为常规做法施工。

(四)工程地基基础和主体结构的质量状况

1. 地基基础工程质量状况

在地基处理的施工过程中,专业工程监理师跟踪旁站,对 CFG 桩施工全过程进行监理,对进场原材料进行审查签认;对 CFG 桩的长度、数量、混凝土的搅拌质量进行严格的控制。并按规定对 CFG 桩进行检测,检测结果:本次共检测基桩××根(抽测数量为总桩数的××%),其中:优质桩××根(占抽测总数的××%)、良好桩××根(占抽测总数的××%)。桩身质量及完整性较好,总体上达到优良桩水平,桩身强度达到设计标准,均为合格可用桩。本次检测的复合地基承载力标准值为××kPa,满足设计要求。基础工程为地下两层剪力墙结构,有垫层、SBS 防水层、防水保护层、底板及墙体混凝土结构的模板、钢筋、混凝土等工序。对该分部工程的××项分项工程,进行了查验,其中结构部分的模板、钢筋、混凝土等工序感观、实测较好,评定达到优良等级,SBS 防水层有局部搭接不符合要求,进行处理后评定合格,基础分部××项分项工程,其中××项为优良,优良率为××%,承包单位自评为优良,监理验收合格。

2. 主体结构的质量状况

主体结构为剪力墙结构,二次隔墙、结构洞、保温结构等在施工过程中按工序进行巡检、抽检和工序验收检查,总体质量情况较好,其中:钢筋工程、模板工程和混凝土工程三个主要的分项工程全部达到优良,在主体施工的全过程中共查验分项工程××项(不包括模板××项预检),其中优良项数××项,优良率××%,承包单位自评评定等级为:优良,监理验收合格。

(五)其他分部工程的质量状况

(1)屋面工程分项工程××项,其中优良××项,优良率××%;承包单位自评评定等级为:优良,监理验收合格。

(2)门窗工程分项工程××项,其中优良××项,优良率××%;承包单位自评评定等级为:优良,监理验收合格。

(3)地面与楼面工程分项工程××项,其中优良××项,优良率××%;承包单位自评评定等级为:优良,监理验收合格。

(4)装饰装修工程分项工程××项,其中优良××项,优良率××%;承包单位自评评定等级为:优良,监理验收合格。

(5)建筑给排水及采暖工程分项工程××项,其中优良××项,优良率××%;承包单位自评评定等级为:优良,监理验收合格。

(6)通风与空调工程分项××项,其中优良××项,优良率××%;承包单位自评评定等级为:优良,监理验收合格。

(7)电气工程分项工程××项,其中优良××项,优良率××%;承包单位自评评定等级为:优良,监理验收合格。

(8)智能建筑分项工程××项,其中优良××项,优良率××%;承包单位自评评定等级为:优良,监理验收合格。

(9)电梯安装工程分项工程××项,其中优良××项,优良率××%;承包单位自评评定等级为:优良,监理验收合格。

（六）施工中发生过的质量事故、问题、原因分析和处理结果

在施工全过程中没有发生质量事故，作为一般性的质量问题（包括常见质量通病）在施工过程中有发生，这些问题通过自查、自检进行整改处理，达到合格后进行下道工序施工。

二、对工程质量的综合评估意见

该工程施工合同规定的质量等级为：合格。承包单位的质量目标定位：确保优良、创市优工程。在投入上是以确保优良、创优工程的目标进行安排的。

监理单位对分项、分部（子分部）、单位（子单位）工程的验收情况评估，认为该工程达到了施工合同约定的工程质量要求，单位工程预验收合格。

三、竣工移交证书

表 B3-2 　　　　　　　　　　　竣工移交证书

工程名称：　××装饰装修工程　　　　　　　　　　　　　　　　　　　　　编号：　×××

致　××集团公司　：（建设单位名称） 　慈证明施工单位　××建筑工程公司　施工的　××装饰装修　工程，已按施工合同的要求完成，并验收合格，即日起该工程移交建设单位管理，并进入保修期。 　附件：单位工程质量竣工验收记录	
总监理工程师（签字） ×　×　× 日期：××年×月×日	监理单位（章） 日期：××年×月×日
建设单位代表（签字） ×　×　× 日期：××年×月×日	建设单位（章） 日期：××年×月×日

《竣工移交证书》填表说明：

（1）工程竣工验收完成后，由项目总监理工程师及建设单位代表共同签署《竣工移交证书》，并加盖监理单位、建设单位公章。

（2）建设单位、承包单位、监理单位、工程名称均应与施工合同所填写的名称一致。

（3）工程竣工验收合格后，本表由监理单位负责填写，总监理工程师签字，加盖单位公章；建设单位代表签字并加盖建设单位公章。

（4）附件："单位工程质量竣工验收记录"应由总监理工程师签字，加盖监理单位公章。

（5）日期应写清楚，表明即日起该工程移交建设单位管理，并进入保修期。

第四节 其他资料

一、监理工作联系单

表 B4-1(C1)　　　　　　　　　　监理工作联系单

工程名称：　<u>××幕墙工程</u>　　　　　　　　　　　　　　　　　编号：　<u>×××</u>

致：　<u>××监理公司</u>　（单位）

事由：
××建筑装饰装修工程公司已按设计及合同要求完成××幕墙工程施工,向我公司提出进行幕墙工程质量验收。

内容：
请贵公司审查幕墙工程是否具备正式验收条件。

　　　　　　　　　　　　　　　　　　　　　　　　单位　<u>×××装饰装修工程公司</u>

　　　　　　　　　　　　　　　　　　　　　　　　负责人　<u>×××</u>

　　　　　　　　　　　　　　　　　　　　　　　日　期　<u>××年×月×日</u>

《监理工作联系单》填表说明：

(1)在施工过程中,与监理有关各方工作联系用表。即与监理有关的某一方需向另一方或几方告知某一事项、或督促某项工作、或提出某项建议等,对方执行情况不需要书面回复时均用此表。

(2)事由:指需联系事项的主题。

(3)内容:指需联系事项的详细说明。要求内容完整、齐全,技术用语规范,文字简练、明了。

(4)单位:指提出监理工作联系事项的单位。填写本工程现场管理机构名称全称并加盖公章。

(5)负责人:指提出监理工作联系事项单位在本工程的负责人。

(6)联系事项主要包括:

1)工地会议时间、地点安排。

2)建设单位向监理机构提供的设施、物品及监理机构在监理工作完成后向建设单位移交设施及剩余物品。

3)建设单位及承包单位就本工程及本合同需要向监理机构提出保密要求的有关事项。

4)建设单位向监理机构提供与本工程合作的原材料、构配件、机械设备生产厂家名录以及与本工程有关的协作单位、配合单位的名录。

5)按《建设单位委托监理合同》监理单位权利中需向委托人书面报告的事项。

6)监理单位调整监理人员;建设单位要求监理单位更换监理人员。

7)监理费用支付通知。

8)监理机构提出的合理化建议。

9)建设单位派驻及变更施工场地履行合同的代表姓名、职务、职权。

10)在需要实施旁站监理的关键工序或关键部位施工前 24 小时,施工单位应通知项目监理部。

11)紧急情况下无法与专业监理工程师联系时,项目经理在采取了保证人员生命和财产安全的紧急措施后 48 小时内向专业监理工程师提交的报告。

12)对不能按时开工提出延期开工理由和要求的报告。

13)实施爆破作业、在放射毒害环境中施工及使用毒害性、腐蚀性物品施工,承包单位在施工前 14 天以内向专业监理工程师提出的书面通知。

14)可调价合同发生实体调价的情况时,承包单位向专业监理工程师发出的调整原因、金额的意向通知。

15)索赔意向通知。

16)发生不可抗力事件,承包单位向专业监理工程师通报受害损失情况。

17)在施工中发现文物、地下障碍物向专业监理工程师提出的书面汇报。

18)其他各方需要联系的事宜。

(7)重要的监理工作联系单应加盖单位公章。

二、工程变更单

表 B4-2(C2)　　　　　　　　　　　　工程变更单

工程名称：＿＿×× 装饰装修工程＿＿　　　　　　　　　　　　　　　编号：＿×××＿

致：＿＿× × 监理公司＿＿（监理单位）

由于＿地上三层吊顶工程的防腐及防火性能和饰面材料表面质量＿的原因，兹提出＿变更吊杆、龙骨、饰面材料的材质＿工程变更(内容见附件)，请予以审批。

附件：
　工程洽商记录(编号：×××)

提出单位＿××装饰装修工程公司＿

代表人＿×××＿

日　期＿××年×月×日＿

一致意见：

同意

建设单位代表 （签名）	设计单位代表 （签名）	项目监理机构代表 （签名）	承包单位代表 （签名）
×××	×××	×××	×××
日期：××年×月×日	日期：××年×月×日	日期：××年×月×日	日期：××年×月×日

《工程变更单》填表说明：

(1)在施工过程中,建设单位、承包单位提出工程变更要求报项目监理机构审核确认。

(2)"由于_____原因":填写引发工程变更的原因。

(3)"兹提出_____工程变更":填写要求工程变更的部位和变更题目。

(4)附件:应包括工程变更的详细内容、变更的依据,工程变更对工程造价及工期的影响分析和影响程度,对工程项目功能、安全的影响分析,必要的附图等。

(5)提出单位:指提出工程变更的单位。

(6)一致意见:项目监理机构经与有关方面协商达成的一致意见。

(7)建设单位代表:指建设单位派驻施工现场履行合同的代表。

(8)设计单位代表:指设计单位派驻施工现场的设计代表或与工程变更内容有关专业的原设计人员或负责人。

(9)项目监理机构:指项目总监理工程师。

(10)承包单位代表:指项目经理。承包单位代表签字仅表示对有关工期、费用处理结果的签认和工程变更的收到。

(11)我国施工合同范本规定的工程变更程序:

1)建设单位提前书面通知承包人有关工程变更,或承包单位提出变更申请经工程师和发包人同意变更。

2)由原设计单位出图并在实施前14天交承包单位。如超出原设计标准或设计规模时,应由发包人按原程序报审。

3)承包人应在收到工程变更后14天内提出变更价款,提交工程师确认。

4)工程师在收到变更价款报告后的14天内应审查完变更价款报告后,并确认变更价款。

5)变更价款不能协商一致时,按合同争议的方式解决。

(12)工程变更的处理程序:

1)设计单位对原设计存在的缺陷提出的工程变更,应编制设计变更文件;建设单位或承包单位提出的工程变更,应提交总监理工程师,由总监理工程师组织专业监理工程师审查。审查同意后,应由建设单位转交原设计单位编制设计变更文件。当工程变更涉及安全、环保等内容时,应按规定经有关部门审定。

2)项目监理机构应了解实际情况和收集与工程变更有关的资料。

3)总监理工程师必须根据实际情况、设计变更文件和其他有关资料,按照施工合同的有关条款,在指定专业监理工程师完成下列工作后,对工程变更的费用和工期作出评估:

①确定工程变更项目与原工程项目之间的类似程度和难易程度。

②确定工程变更项目的工程量。

③确定工程变更的单价或总价。

4)总监理工程师应就工程变更费用及工期的评估情况与承包单位和建设单位进行协调。

5)总监理工程师签发《工程变更单》。《工程变更单》应包括工程变更要求、工程变更说明、工程变更费用和工期、必要的附件等内容,有设计变更文件的工程变更应附设计变更文件。

6)项目监理机构应根据工程变更单监督承包单位实施。

(13)项目监理机构在处理工程变更中的权限。

1)所有工程变更必须经总监理工程师的签发,承包单位方可实施。

2)建设单位或承包单位提出工程变更时应经总监理工程师审查。

3)项目监理机构对工程变更的费用和工期做出评估只是作为与建设单位、承包单位进行协商的基础。没有建设单位的充分授权,监理机构无权确定工程变更的最终价格。

4)当建设单位与承包单位就工程变更的价格等未能达成一致时,监理机构有权确定暂定价格来指令承包单位继续施工和便于工程进度款的支付。

第十四章 装饰装修工程资料归档管理

第一节 工程资料编制与组卷

一、质量要求

（1）工程资料应真实反映工程实际的状况，具有永久和长期保存价值的材料必须完整、准确和系统。

（2）工程资料应使用原件，因各种原因不能使用原件的，应在复印件上加盖原件存放单位公章、注明原件存放处，并有经办人签字及时间。

（3）工程资料应保证字迹清晰，签字、盖章手续齐全，签字必须使用档案规定用笔。计算机形成的工程资料应采用内容打印、手工签名的方式。

（4）施工图的变更、洽商绘图应符合技术要求。凡采用施工蓝图改绘竣工图的，必须使用反差明显的蓝图，竣工图图画应整洁。

（5）工程档案的填写和编制应符合档案微缩管理和计算机输入的要求。

（6）工程档案的微缩制品，必须按国家微缩标准进行制作，主要技术指标（解像力、密度、海波残留量等）应符合国家标准规定，保证质量，以适应长期安全保管。

（7）工程资料的照片（含底片）及声像档案，应图像清晰、声音清楚、文字说明或内容准确。

二、载体形式

（1）工程资料可采用以下两种载体形式：

1）纸质载体。

2）光盘载体。

（2）工程档案可采用以下三种载体形式：

1）纸质载体。

2）微缩品载体。

3）光盘载体。

（3）纸质载体和光盘载体的工程资料应在过程中形成、收集和整理，包括工程音像资料。

（4）微缩品载体的工程档案。

1）在纸质载体的工程档案经城建档案馆和有关部门验收合格后，应持城建档案馆发给的准可微缩证明书进行微缩，证明书包括案卷目录、验收签章、城建档案馆的档号、胶片代数、质量要求等，并将证书缩拍在胶片"片头"上。

2）报送微缩制品载体工程竣工档案的种类和数量，一般要求报送三代片，即：

①第一代（母片）卷片一套，作长期保存使用。

②第二代（拷贝片）卷片一套，作复制工作用。

③第三代（拷贝片）卷片或者开窗卡片、封套片、平片，作提供日常利用（阅读或复原）使用。

3）向城建档案馆移交的微缩卷片、开窗卡片、封套片、平片必须按城建档案馆的要求进行标注。

(5)光盘载体的电子工程档案。

1)纸质载体的工程档案经城建档案馆和有关部门验收合格后,进行电子工程档案的核查,核查无误后,进行电子工程档案的光盘刻制。

2)电子工程档案的封套、格式必须按城建档案馆的要求进行标注。

三、组卷要求

1. 组卷的质量要求

(1)组卷前应保证基建文件、监理资料和施工资料齐全、完整,并符合规程要求。

(2)编绘的竣工图应反差明显、图面整洁、线条清晰、字迹清楚,能满足微缩和计算机扫描的要求。

(3)文字材料和图纸不满足质量要求的一律返工。

2. 组卷的基本原则

(1)建设项目应按单位工程组卷。

(2)工程资料应按照不同的收集、整理单位及资料类别,按基建文件、监理资料、施工资料和竣工图分别进行组卷。

(3)卷内资料排列顺序应依据卷内资料构成而定,一般顺序为封面、目录、资料部分、备考表和封底。组成的卷案应美观、整齐。

(4)卷内若存在多类工程资料时,同类资料按自然形成的顺序和时间排序,不同资料之间的排列顺序可参照有关规定的顺序排列。

(5)案卷不宜过厚,一般不超过 40mm。案卷内不应有重复资料。

3. 组卷的具体要求

(1)基建文件组卷。基建文件可根据类别和数量的多少组成一卷或多卷,如工程决策立项文件卷、征地拆迁文件卷、勘察、测绘与设计文件卷、工程开工文件卷、商务文件卷、工程竣工验收与备案文件卷。同一类基建文件还可根据数量多少组成一卷或多卷。

基建文件组卷具体内容和顺序参考有关规定;移交城建档案馆基建文件的组卷内容和顺序可参考资料规程。

(2)监理资料组卷。监理资料可根据资料类别和数量多少组成一卷或多卷。

(3)施工资料组卷。施工资料组卷应按照专业、系统划分,每一专业、系统再按照资料类别从 C1~C7 顺序排列,并根据资料数量多少组成一卷或多卷。

对于专业化程度高,施工工艺复杂,通常由专业分包施工的子分部(分项)工程应分别单独组卷,如有支护土方、地基(复合)、桩基、预应力、钢结构、木结构、网架(索膜)、幕墙、供热锅炉、变配电室和智能建筑工程的各系统,应单独组卷子分部(分项)工程并按照顺序排列,并根据资料数量的多少组成一卷或多卷。

按规程规定应由施工单位归档保存的基建文件和监理资料按要求组卷。

(4)竣工图组卷。竣工图应按专业进行组卷。可分为工艺平面布置竣工图卷、建筑竣工图卷、结构竣工图卷、给排水及采暖竣工图卷、建筑电气竣工图卷、智能建筑竣工图卷、通风空调竣工图卷、电梯竣工图卷、室外工程竣工图卷等,每一专业可根据图纸数量多少组成一卷或多卷。

(5)向城建档案馆报送的工程档案应按《建设工程文件归档整理规范》(GB/T 50328—2001)的要求进行组卷。

(6)文字材料和图纸材料原则上不能混装在一个装具内,如资料材料较少,需放在一个装具内时,文字材料和图纸材料必须混合装订,其中文字材料排前,图样材料排后。

（7）单位工程档案总案卷数超过 20 卷的，应编制总目录卷。

4．案卷页号的编写

（1）编写页号应以独立卷为单位。再案卷内资料材料排列顺序确定后，均以有书写内容的页面编写页号。

（2）每卷从阿拉伯数字 1 开始，用打号机或钢笔一次逐张连续标注页号，采用黑色、蓝色油墨或墨水。案卷封面、卷内目录和卷内备案表不编写页号。

（3）页号编写位置：单面书写的文字材料页号编写在右下角，双面书写的文字材料页号正面编写在右下角，背面编写在左下角。

（4）图纸折叠后无论何种形式，页号一律编写在右下角。

四、封面与目录

1．工程资料封面与目录（E1）

（1）工程资料案卷封面（表 E1-1）：

案卷封面包括名称、案卷题名、编制单位、技术主管、编制日期（以上由移交单位填写）、保管期限、密级、共____册第____册等（由档案接收部门填写）。

1）名称：填写工程建设项目竣工后使用名称（或曾用名）。若本工程分为几个（子）单位工程，应在第二行填写（子）单位工程名称。

2）案卷题名：填写本卷卷名。第一行按单位、专业及类别填写案卷名称；第二行填写案卷内主要资料内容提示。

3）编制单位：本卷档案的编制单位，并加盖公章。

4）技术主管：编制单位技术负责人签名或盖章。

5）编制日期：填写卷内资料材料形成的起（最早）、止（最晚）日期。

6）保管期限：由档案保管单位按照本单位的保管规定或有关规定填写。

7）密级：由档案保管单位按照本单位的保密规定或有关规定填写。

（2）工程资料卷内目录（表 E1-2）：

工程资料的卷内目录，内容包括序号、工程资料题名、原编字号、编制单位、编制日期、页次和备注。卷内目录内容应与案卷内容相符，排列在封面之后，原资料目录及设计图纸目录不能代替。

1）序号：案卷内资料排列先后用阿拉伯数字从 1 开始一次标注。

2）工程资料题名：填写文字材料和图纸名称，无标题的资料应根据内容拟写标题。

3）原编字号：资料制发机关的发字号或图纸原编图号。

4）编制单位：资料的形成单位或主要负责单位名称。

5）编制日期：资料的形成时间（文字材料为原资料形成日期，竣工图为编制日期）。

6）页次：填写每份资料在本案卷的页次或起止的页次。

7）备注：填写需要说明的问题。

（3）分项目录（表 E1-3、E1-4）：

1）分项目录（一）（表 E1-3）适用于施工物资材料（C4）的编目，目录内容应包括资料名称、厂名、型号规格、数量、使用部位等，有进场见证试验的，应在备注栏中注明。

2）分项目录（二）（表 E1-4）适用于施工测量记录（C3）和施工记录（C5）的编目，目录内容包括资料名称、施工部位和日期等。

资料名称：填写表格名称或资料名称；

施工部位:应填写测量、检查或记录的层、轴线和标高位置。

日期:填写资料正式形成的年、月、日。

(4)混凝土(砂浆)抗压强度报告目录(表E1-5):

混凝土(砂浆)抗压强度报告目录应分单位工程、按不同龄期汇总、编目。有见证试验应在备注栏中注明。

(5)钢筋连接试验报告目录(表E1-6):

钢筋连接试验报告目录适用于各种焊(连)接形式。有见证试验应在备注栏中注明。

(6)工程资料卷内备考表(表E1-7):

内容包括卷内文字材料张数、图样材料张数、照片张数等,立卷单位的立卷人、审核人及接收单位的审核人、接收人应签字。

1)案卷审核备考表分为上下两栏,上一栏由立卷单位填写,下一栏由接收单位填写。

2)上栏应表明本案卷一编号资料的总张数:指文字、图纸、照片等的张数;

审核说明填写立卷时资料的完整和质量情况,以及应归档而缺少的资料的名称和原因;立卷人有责任立卷人签名;审核人有案卷审查人签名;年月日按立卷、审核时间分别填写。

3)下栏由接收单位根据案卷的完成及质量情况标明审核意见。

技术审核人由接收单位工程档案技术审核人签名;档案接收人由接收单位档案管理接收人签名;年月日按审核、接收时间分别填写。

2. 工程档案封面和目录(E2)

(1)工程档案案卷封面:使用城市建设档案封面(表E2-1),注明工程名称、案卷题名、编制单位、技术主管、保存期限、档案密级等。

(2)工程档案卷内目录:使用城建档案卷内目录(表E2-2),内容包括顺序号、文件材料题名、原编字号、编制单位、编制日期、页次、备注等。

(3)工程档案卷内备案:使用城建档案案卷审核备考表(表E2-3),内容包括卷内为字材料张数,图样材料张数,照片张数等和立卷单位的立卷人、审核人及接收单位的审核人、接收人签字。

城建档案案卷审核备考表(表E2-2)的下栏部分由城建档案馆根据案卷的完整及质量情况标明审核意见。

3. 案卷脊背编制

案卷脊背项目有档号、案卷题名,由档案保管单位填写。城建档案的案卷脊背由城建档案馆填写。

4. 移交书

(1)工程资料移交书(表E3-1):工程资料移交书是工程资料进行移交的凭证,应有移交日期和移交单位、接收单位的盖章。

(2)工程档案移交书:使用城市建设档案移交书(表E3-2),为竣工档案进行移交的凭证,应有移交日期和移交单位、接收单位的盖章。

(3)工程档案微缩品移交书:使用城市建设档案馆微缩品移交书(表E3-3),为竣工档案进行移交的凭证,应有移交日期和移交单位、接收单位的盖章。

(4)工程资料移交目录:工程资料移交,办理的工程资料移交书(表E3-1)应附工程资料移交目录(表E3-4)。

(5)工程档案移交目录:工程档案移交,办理的工程档案移交书(表E3-2)应附城市建设档案移交目录(表E3-5)。

五、案卷规格与装订

1. 案卷规格

卷内资料、封面、目录、备考表统一采用 A4 幅(197mm×210mm)尺寸,图纸分别采用 A0(841mm×1189mm)、A1(594mm×841mm)、A2(420mm×594mm)、A3(297mm×420mm)、A4(297mm×210mm)幅面。小于 A4 幅面的资料要用 A4 白纸(297mm×210mm)衬托。

2. 案卷装具

案卷采用统一规格尺寸的装具。属于工程档案的文字、图纸材料一律采用城建档案馆监制的硬壳卷夹或卷盒,外表尺寸 310mm(高)×220mm(宽),卷盒厚度尺寸分别为 50mm、30mm 两种,卷夹厚度尺寸为 25mm;少量特殊的档案也可采用外表尺寸为 310mm(高)×430mm(宽),厚度尺寸为 50mm。案卷软(内)卷皮尺寸为 297mm(高)×210mm(宽)。

3. 案卷装订

(1)文字材料必须装订成册,图纸材料可装订成册,也可散装存放。

(2)装订时要剔除金属物,装订线一侧根据案卷薄厚加垫草板纸。

(3)案卷用棉线在左侧三孔装订,棉线装订结打在背面。装订线距左侧 20mm,上下两孔分别距中孔 80mm。

(4)装订时,须将封面、目录、备考表、封底与案卷一起装订。图纸散装在卷盒内时,需将案卷封面、目录、备考表三件用棉线在左上角装订在一起。

第二节　竣工图内容与要求

竣工图是建筑工程竣工档案的重要组成部分,是工程建设完成后主要凭证性材料,是建筑物真实的写照,是工程竣工验收的必备条件,是工程维修、管理、改建、扩建的依据。各项新建、改建、扩建项目均必须编制竣工图。

竣工图绘制工作应由建设单位负责,也可由建设单位委托施工单位、监理单位或设计单位。

一、编制要求

(1)凡按施工图施工没有变动的,由竣工图编制单位在施工图图签附近空白处加盖并签署竣工图章。

(2)凡一般性图纸变更,编制单位可根据设计变更依据,在施工图上直接改绘,并加盖及签署竣工图章。

(3)凡结构形式、工艺、平面布置、项目等重大改变及图面变更超过 40% 的,应重新绘制竣工图。重新绘制的图纸必须有图名和图号,图号可按原图编号。

(4)编制竣工图必须编制各专业竣工图的图纸目录,绘制的竣工图必须准确、清楚、完整、规范、修改必须到位,真实反映项目竣工验收时的实际情况。

(5)用于改绘竣工图的图纸必须是新蓝图或绘图仪绘制的白图,不得使用复印的图纸。

(6)竣工图编制单位应按照国家建筑制图规范要求绘制竣工图,使用绘图笔或签字笔及不褪色的绘图墨水。

二、主要内容

(1)竣工图应按单位工程,并根据专业、系统进行分类和整理。

(2)竣工图包括以下内容:

工艺平面布置图等竣工图

建筑竣工图、幕墙竣工图

结构竣工图、钢结构竣工图

建筑给水、排水与采暖竣工图

燃气竣工图

建筑电气竣工图

智能建筑竣工图(综合布线、保安监控、电视天线、火灾报警、气体灭火等)

通风空调竣工图

地上部分的道路、绿化、庭院照明、喷泉、喷灌等竣工图

地下部分的各种市政、电力、电信管线等竣工图

三、竣工图绘制类型

(1)利用施工蓝图改绘的竣工图。

(2)在二底图上修改的竣工图。

(3)重新绘制的竣工图。

(4)用 CAD 绘制的竣工图。

四、竣工图绘制要求

1. 利用施工蓝图改绘的竣工图

在施工蓝图上一般采用杠(划)改、叉改法,局部修改可以圈出更改部位,在原图空白处绘出更改内容,所有变更处都必须引划索引线并注明更改依据。在施工图上改绘,不得使用涂改液涂抹、刀刮、补贴等方法修改图纸。

具体的改绘方法可视图面、改动范围和位置、繁简程度等实际情况而定,以下是常见改绘方法的举例说明。

(1)取消的内容。

1)尺寸、门窗型号、设备型号、灯具型号、钢筋型号和数量、注解说明等数字、文字、符号的取消,可采用杠改法。即将取消的数字、文字、符号等用横杠杠掉(不得涂抹掉),从修改的位置引出带箭头的索引线,在索引线上注明修改依据,即"见×号洽商×条",也可注明"见×年×月×日洽商×条"。

2)隔墙、门窗、钢筋、灯具、设备等取消,可用叉改法。即在图上将取消的部分打"×",在图上描绘取消的部分较长时,可视情况打几个"×",达到表示清楚为准。并从图上修改处见箭头索引线引出,注明修改依据。

(2)增加的内容。

1)在建筑物某一部位增加隔墙、门窗、灯具、设备、钢筋等,均应在图上的实际位置用规范制图方法绘出,并注明修改依据。

2)如增加的内容在原位置绘不清楚时,应在本图适当位置(空白处)按需要补绘大样图,并保证准确清楚,如本图上无位置可绘时,应另用硫酸纸绘补图并晒成蓝图或用绘图仪绘制白图后附在本专业图纸之后。注意在原修改位置和补绘图纸上均应注明修改依据,补图要有图名和图号。

(3)内容变更。

1)数字、符号、文字的变更,可在图上用杠改法将取消的内容杠去,在其附近空白处增加更正后的内容,并注明修改依据。

2)设备配置位置,灯具、开关型号等变更引起的改变;墙、板、内外装修等变化均应在原图上改绘。

3)当图纸某部位变化较大、或在原位置上改绘有困难,或改绘后杂乱无章时,可以采用以下办法改绘。

①画大样改绘:在原图上标出应修改部位的范围后,在须要修改的图纸上绘出修改部位的大样图,并在原图改绘范围和改绘的大样图处注明修改依据。

②另绘补图修改:如原图纸无空白处,可把应改绘的部位绘制硫酸纸补图晒成蓝图后,作为竣工图纸,补在本专业图纸之后。具体做法为:在原图纸上画出修改范围,并注明修改依据和见某图(图号)及大样图名;在补图上注明图号和图名,并注明是某图(图号)某部位的补图和修改依据。

③个别蓝图需重新绘制竣工图:如果某张图纸修改不能在原蓝图上修改清楚,应重新绘制整张图作为竣工图。重绘的图纸应按国家制图标准和绘制竣工图的规定制图。

(4)加写说明。

凡设计变更、洽商的内容应当在竣工图上修改的,均应用绘图方法改绘在蓝图上,不再加写说明。如果修改后的图纸仍然有内容无法表示清楚,可用精炼的语言适当加以说明。

1)图上某一种设备、门窗等型号的改变,涉及黏土多处修改时,要对所有涉及黏土的地方全部加以改绘,其修改依据可标注在一个修改处,但需在此处做简单说明。

2)钢筋的代换,混凝土强度等级改变,墙、板、内外装修材料的变化,由建设单位自理的部分等在图上修改难以用作图方法表达清楚时,可加注或用索引的形式加以说明。

3)凡涉及黏土说明类型的洽商,应在相应的图纸上使用设计规范用语反映洽商内容。

(5)注意事项。

1)施工图纸目录必须加盖竣工图章,作为竣工图归档。凡有作废、补充、增加和修改的图纸,均应在施工图目录上标注清楚。即作废的图纸在目录上杠掉,补充的图纸在目录上列出图名、图号。

2)如某施工图改变量大,设计单位重新绘制了修改图的,应以修改图代替原图,原图不再归档。

3)凡是洽商图作为竣工图,必须进行必要的制作。

①如洽商图是按正规设计图纸要求进行绘制的可直接作为竣工图,但需统一编写图名图号,并加盖竣工图章,作为补图。并在说明中注明是哪张图哪个部位的修改图,还要在原图修改部位标注修改范围,并标明见补图的图号。

②如洽商图未按正规设计要求绘制,均应按制图规定另行绘制竣工图,其余要求同上。

4)某一条洽商可能涉及黏土两张或两张以上图纸,某一局部变化可能引起系统变化……,凡涉及黏土的图纸和部位均应按规定修改,不能只改其一,不改其二。

一个高标的变动,可能在平、立、剖、局部大样图上都要涉及黏土,均应改正。

5)不允许将洽商的附图原封不动的贴在或附在竣工图上作为修改,也不允许将洽商的内容抄在蓝图上作为修改。凡修改的内容均应改绘在蓝图上或做补图附在图纸之后。

6)根据规定须重新绘制竣工图时,应按绘制竣工图的要求制图。

7)改绘注意事项:

修改时,字、线、墨水使用的规定:

①字:采用仿宋字,字体的大小要与原图采用字体的大小相协调,严禁错、别、草字。

②线:一律使用绘图工具,不得徒手绘制。

8)施工蓝图的规定:图纸反差要明显,以适应缩微等技术要求。凡旧图、反差不好的图纸不得作为改绘用图。修改的内容和有关说明均不得超过原图框。

2. 在二底图上修改的竣工图

（1）用设计底图或施工图制成二底（硫酸纸）图，在二底图上依据设计变更、工程洽商内容用刮改法进行绘制，即用刀片将需更改部位刮掉，再用绘图笔绘制修改内容，并在图中空白处做一修改备考表，注明变更、洽商编号（或时间）和修改内容。

修改备考表如表 14-1 所示。

表 14-1   修改备考表

变更、洽商编号（或时间）	内　容（简要提示）

（2）修改的部位用语言描述不清楚时，也可用细实线在图上画出修改范围。

（3）以修改后的二底图或蓝图作为竣工图，要在二底图或蓝图上加盖竣工图章。没有改动的二底图转做竣工图也要加盖竣工图章。

（4）如果二底图修改次数较多，个别图面可能出现模糊不清等技术问题，必须进行技术处理或重新绘制，以期达到图面整洁、字迹清楚等质量要求。

3. 重新绘制的竣工图

根据工程竣工现状和洽商记录绘制竣工图，重新绘制竣工图要求与原图比例相同，符合制图规范，有标准的图框和内容齐全的图签，图签中应有明确的"竣工图"字样或加盖竣工图章。

4. 用 CAD 绘制的竣工图

在电子版施工图上依据设计变更、工程洽商的内容进行修改，修改后用云图圈出修改部位，并在图中空白处做一修改备考表，表示要求同本条第 2 款要求。同时，图签上必须有原设计人员签字。

五、竣工图章

（1）"竣工图章"应具有明显的"竣工图"字样，并包括编制单位名称、制图人、审核人和编制日期等基本内容。编制单位、制图人、审核人、技术负责人要对竣工图负责。

竣工图章内容、尺寸如图 14-1 所示。

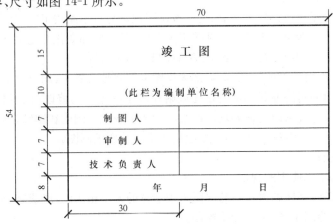

图 14-1 竣工图章（单位：mm）

（2）所有竣工图应由编制单位逐张加盖、签署竣工图章。竣工图章中签名必须齐全，不得代签。

（3）凡由设计院编制的竣工图，其设计图签中必须明确竣工阶段，并由绘制人和技术负责人在设计图签中签字。

（4）竣工图章应加盖在图签附近的空白处。

（5）竣工图章应使用不褪色红或蓝色印泥。

六、竣工图图纸折叠方法

（1）一般要求：

1）图纸折叠前应按裁图线裁剪整齐，其图纸幅面应符合图 14-2 及表 14-2 的规定。

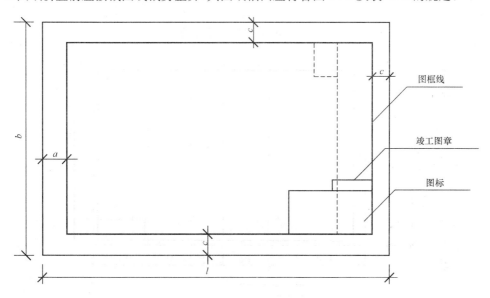

图 14-2　图纸幅面

表 14-2　　　　　　　　　　　　图纸幅面尺寸　　　　　　　　　　　　（mm）

基本幅面代号	0	1	2	3	4
b/l	841×1189	594×841	420×594	297×420	297×210
c	10			5	
a	25				

注：尺寸代号见图 14-2，尺寸单位为 mm。

2）图面应折向内，成手风琴风箱式。

3）折叠后幅面尺寸应以 4# 图纸基本尺寸（297mm×210mm）为标准。

4）图纸及竣工图章应露在外面。

5）3#～0# 图纸应在装订边 297mm 处折一三角或剪一缺口，折进装订边。

（2）折叠方法：

1）4# 图纸不折叠。

2）3# 图纸折叠见图 14-3（图中序号表示折叠次序，虚线表示折起的部分，以下同）。

3）2# 图纸折叠见图 14-4。

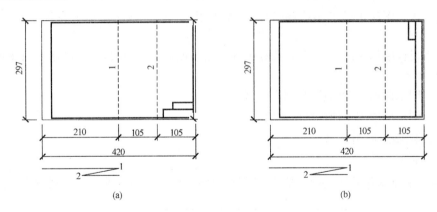

图 14-3　3#图纸折叠示意

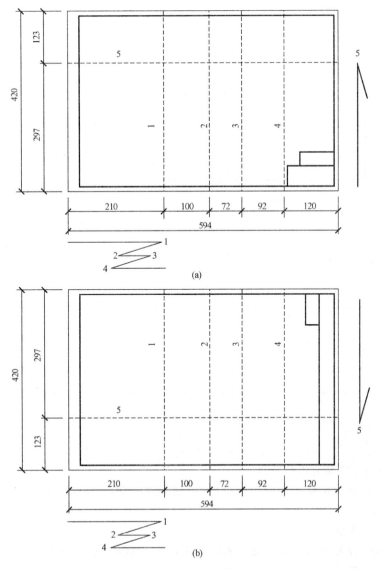

图 14-4　2#图纸折叠示意

4)1#图纸折叠见图14-5。

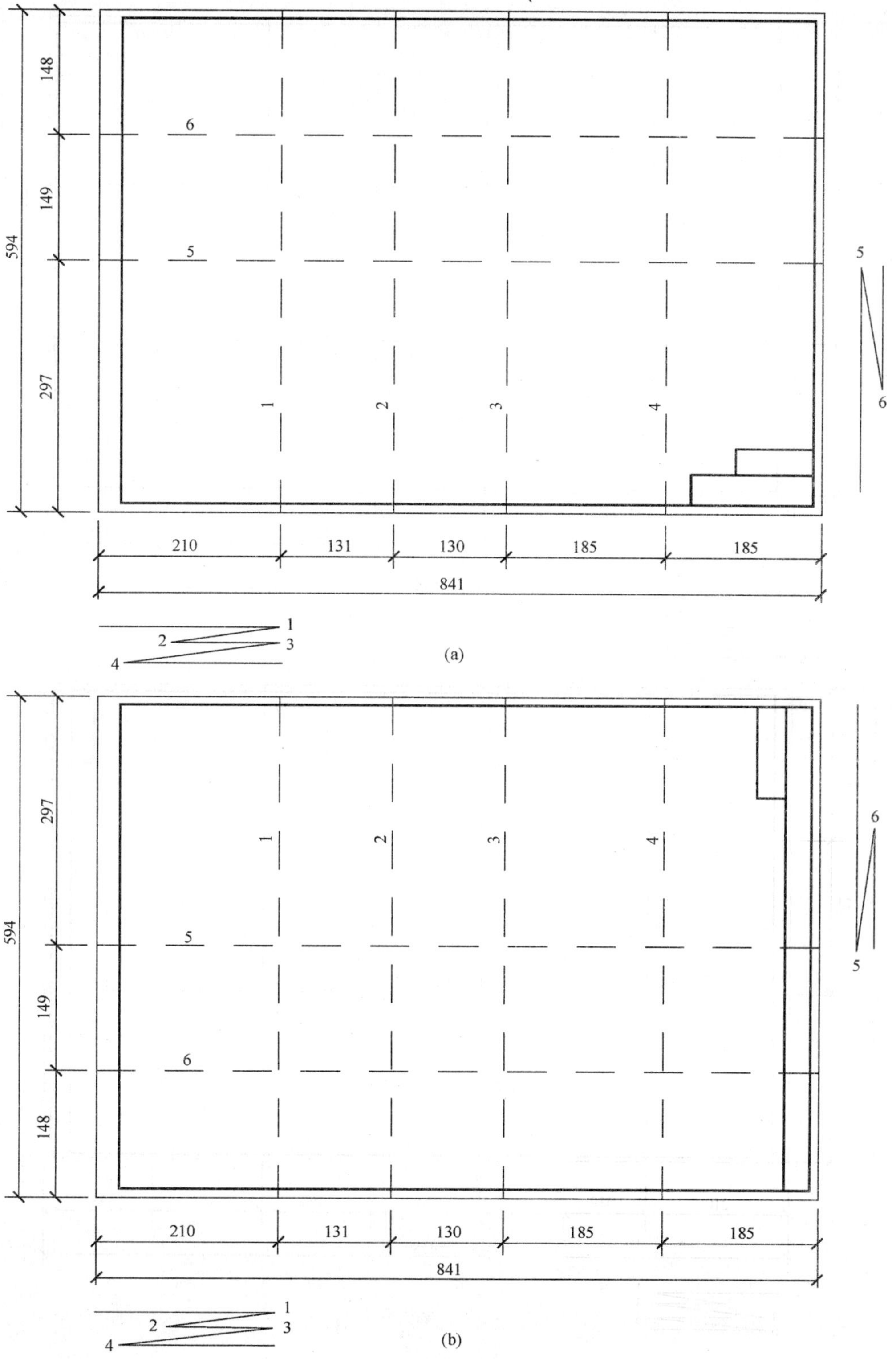

图 14-5　1#图纸折叠示意图

5)0# 图纸折叠见图 14-6。

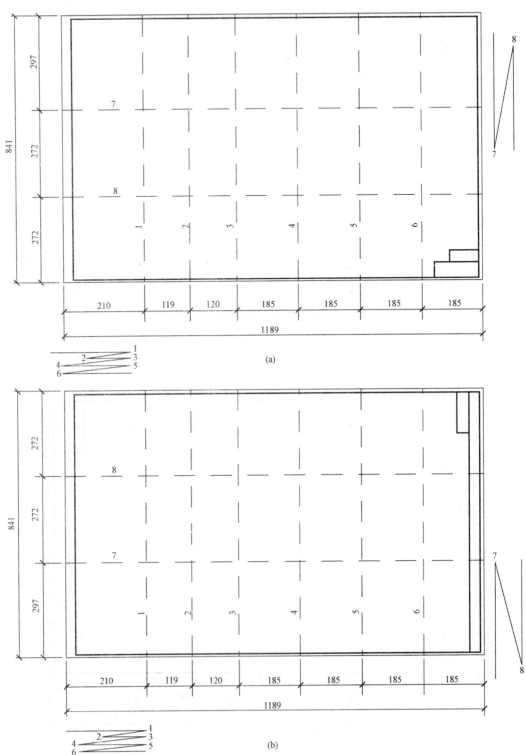

图 14-6　0# 图纸折叠示意

第三节 工程资料封面与目录填写样例

表 E1-1

工　程　资　料

名　　称：_____×× 大厦_____

案卷题名：___建筑与结构——装饰装修工程施工文件___

___隐蔽工程检查记录___

编制单位：___×× 装饰装修工程公司___

技术主管：___×××___

编制日期：___自××年×月×日起至××年×月×日止___

保管期限：_____　密级：_____

保存档号：_____

共_____册　　第_____册

表 E1-2　　　　　　　　　　　　工程资料卷内目录

工程名称			××大厦			
序号	工程资料题名	原编字号	编制单位	编制日期	页次	备注
1	地面找平层作法隐蔽工程检查记录	×××	×××	××年×月×日	1～32	
2	地面保温层作法隐蔽工程检查记录	×××	×××	××年×月×日	33～48	
3	地面防水隔离层作法隐蔽工程检查记录	×××	×××	××年×月×日	49～78	
4	木门窗安装隐蔽工程检查记录	×××	×××	××年×月×日	79～96	
5	铝合金门窗安装隐蔽工程检查记录	×××	×××	××年×月×日	97～112	
6	钢质防火门安装隐蔽工程检查记录	×××	×××	××年×月×日	113～140	
7	特种门安装隐蔽工程检查记录	×××	×××	××年×月×日	141～152	
8	吊顶工程龙骨安装隐蔽工程检查记录	×××	×××	××年×月×日	153～172	
9	轻质隔墙轻钢龙骨安装隐蔽工程检查记录	×××	×××	××年×月×日	173～198	
10	玻璃隔断板安装隐蔽工程检查记录	×××	×××	××年×月×日	199～201	
11	饰面板龙骨安装隐蔽工程检查记录	×××	×××	××年×月×日	212～248	
12	细部工程(窗帘盒、窗合板、护栏)埋件安装隐蔽工程检查记录	×××	×××	××年×月×日	249～260	

表 E1-3   分 项 目 录(一)

工程名称		××大厦				物资类别		水泥
序号	资料名称	厂名	品种、型号、规格	数量	使用部位	页次	备注
1	水泥出厂检验报告及28天强度补报单	×××	P·O42.5	100t	基础	1	
2	水泥厂家资质证书	×××		3			
3	水泥试验报告	×××	P·O42.5	100t	基础	5	
4	水泥出厂检验报告及28天强度补报单	×××	P·O42.5	56t	地下一、二层	9	
5	水泥出厂检验报告及28天强度补报单	×××	P·O32.5	87t	地上一至四层	11	
6	水泥试验报告	×××	P·O32.5	87t	地上一至四层	13	

表 E1-4   分 项 目 录（二）

工程名称		××大厦	资料类别		地面找平层隐蔽检查记录
序号	施工部位(内容摘要)		日期	页次	备注
1	一层卫生间地面找平层隐蔽检查		××年×月×日	1	
2	二～六层空调机房地面找平层隐蔽检查		××年×月×日	2	
3	七层客房、服务房地面找平层隐蔽检查		××年×月×日	3	
4	八层客房卫生间地面找平层隐蔽检查		××年×月×日	4	
5	九层服务用房卫生间地面找平隐蔽检查		××年×月×日	5	
6	十层开水间地面找平层隐蔽检查		××年×月×日	6	

表 E1-5 　　　　　　　　　　混凝土(砂浆)抗压强度报告目录

工程名称			××工程						
序号	试件编号	试验日期	施工部位	设计强度等级	龄期(d)	实际抗压强度(MPa)	达到设计强度(%)	配合比编号	备注
1	001	××年×月×日	地下二层地面	C30	28	41.5	138	××－0121	
2	002	××年×月×日	地下一层地面	C30	28	38.5	128	××－0124	
3	003	××年×月×日	首层地面	C30	28	39.1	130	××－0127	
4	004	××年×月×日	二层地面	C25	28	37.3	149	××－0132	
5	005	××年×月×日	三层地面	C30	28	36.2	121	××－0133	
6	006	××年×月×日	四层地面	C25	28	40.1	160	××－0139	

表 E1-6　　　　　　　　　　　　　工程资料备考表

本案卷已编号的文件材料共__230__张,其中:文字材料__206__张,图样材料__20__张,照片__4__张。

立卷单位对本案卷完整准确情况的审核说明:

本案卷完整准确。

　　　　　　　　　　　　　　　　　　　立卷人:×××　　　　　　日期:××年×月×日

　　　　　　　　　　　　　　　　　　　审核人:×××　　　　　　日期:××年×月×日

保存单位的审核说明:

工程资料齐全、有效,符合规定要求。

　　　　　　　　　　　　　　　　　　　技术审核人:×××　　　　　日期:××年×月×日

　　　　　　　　　　　　　　　　　　　档案接收人:×××　　　　　日期:××年×月×日

第四节 工程档案封面和目录填写样例

表 E2-1

档案馆代号：

城 市 建 设 档 案

名称： _____ ××大厦 _____

案卷题名： _____ 建筑与结构——装饰装修工程施工文件 _____

_____ 隐蔽工程检查记录 _____

编制单位： _____ ××装饰装修工程公司 _____

技术主管： _____ ××× _____

编制日期： _____ 自××年×月×日起至××年×月×日止 _____

保管期限： _____   密级： _____

保存档号： _____

共   册   第   册

表 E2-2　　　　　　　　　城 建 档 案 卷 内 目 录

序号	文件材料题名	原编字号	编制单位	编制日期	页次	备注
1	图纸会审记录	C2－××	××建筑装饰工程公司	××年×月×日	1～6	
2	工程洽商记录	C2－××	××建筑装饰工程公司	××年×月×日	7～21	
3	工程定位测量记录	C3－××	××建筑装饰工程公司	××年×月×日	22～23	
4	基槽验线记录	C3－××	××建筑装饰工程公司	××年×月×日	24	
5	钢材试验报告	C4－××	××建筑装饰工程公司	××年×月×日	25～67	
6	水泥试验报告	C4－××	××建筑装饰工程公司	××年×月×日	68～91	
7	砂试验报告	C4－××	××建筑装饰工程公司	××年×月×日	92～110	
8	碎(卵)石试验报告	C4－××	××建筑装饰工程公司	××年×月×日	111～126	
9	预拌混凝土出厂合格证	C4－××	××混凝土装饰公司	××年×月×日	127～153	
10	隐蔽工程检查记录	C5－××	××建筑装饰工程公司	××年×月×日	154	
11						
12						
13						
14						
15						
16						
17						
18						

第五节 工程资料移交书填写样例

表 E3-1

工 程 资 料 移 交 书

　　　__××建筑工程公司(全称)__　按有关规定向　　__××房地产开发公司(全称)__　办理　　__××大厦__　工程资料移交手续。共计　__3 套 63__　册。其中图样材料　__26__　册,文字材料　__37__　册,其他材料　__/__　张(　　　　)。

附:工程资料移交目录

移交单位(公章):　　　　　　　　　　　　　　接收单位(公章):

单位负责人:　　　××　　　　　　　　　　　单位负责人:　×××

技术负责人:　　×××　　　　　　　　　　　技术负责人:　×××

移　交　人:　　　××　　　　　　　　　　　接　收　人:　××

移交日期:××年×月×日

表 E3-2

城市建设档案移交书

　　　　　　　　__×× 房地产开发公司（全称）__　　　　　　　向 ×× 市城市建设档案馆移交　　　　　__×× 大厦__　　　　档案共计　　__15__　　册。其中：图样材料　　__3__　　册，文字材料 __12__ 册，其他材料　　　　　__/__　　　　　张（　　　　　）。

附：城市建设档案移交目录一式三份，共　　__3__　　张。

移交单位：×××　　　　　　　　　　　　接收单位：×××

单位负责人：×　×　　　　　　　　　　　单位负责人：×××

移　交　人：×××　　　　　　　　　　　接　收　人：×　×

移交日期：××年×月×日

表 E3-3

城市建设档案缩微品移交书

_____ **××房地产开发公司(全称)** _____ 向××市城市建设档

案馆移交_____ **××大厦** _____工程缩微品档案。档号_____

_____ **×××** _____,缩微号_____ **××** _____。卷片共_____

____ **××** _____盘,开窗卡_____ **××** _____张。其中母片:卷片共_____

____ **××** _____盘,开窗卡_____ **××** _____张;拷贝片:卷片共____ **×** ____套____ **×**

____盘,开窗卡_____ **×** ____套____ **×** ____张。缩微原件共_____ **23** _____册,其中

文字材料_____ **16** _____册,图样材料_____ **7** _____册,其他材料_____ **/** _____册。

附:城市建设档案缩微品移交目录

移交单位(公章):   接收单位(公章):

单位法人: ×××   单位法人: ×××

移 交 人: ×××   接 收 人: ×××

移交日期:××年×月×日

表 E3-4　　　　　　　　　　　　工程资料移交目录

工程项目名称：××大厦

序号	案卷题名	数量						备注
		文字材料		图样资料		综合卷		
		册	张	册	张	册	张	
1	施工资料—建筑与结构工程施工管理资料	1	19					
2	施工资料—建筑与结构工程施工技术资料	2	213					
3	施工资料—建筑与结构工程施工测量资料	1	87					
4	施工资料—建筑与结构工程施工物资资料	4	306					
5	施工资料—建筑与结构工程施工记录	3	210					
6	施工资料—建筑与结构工程施工质量验收记录	1	25					
7	建筑竣工图			2	51			
8	结构竣工图			1	30			
9	建筑给排水及采暖竣工图			1	27			
10	建筑电气竣工图			1	24			

表 E3-5　　　　　　　　　　　　城市建设档案移交目录

序号	工程项目名称	案卷题名	形成年代	文字材料		图样材料		综合卷		备注
				册	张	册	张	册	张	
1	××大厦	基建文件	××年×月	1	167					
2	××大厦	监理文件	××年×月	1	113					
3	××大厦	工程管理与验收施工文件	××年×月	1	46					
4	××大厦	建筑与结构工程施工文件	××年×月	4	359					
5	××大厦	建筑给排水及采暖工程施工文件	××年×月	2	218					
6	××大厦	建筑通风与空调工程施工文件	××年×月	1	165					
7	××大厦	建筑电气工程施工文件	××年×月	2	274					
8	××大厦	建筑竣工图	××年×月			3	72			
9	××大厦	结构竣工图	××年×月			2	54			
10	××大厦	给排水及采暖工程竣工图	××年×月			1	33			
11	××大厦	通风与空调工程竣工图	××年×月			1	28			
12	××大厦	建筑电气工程竣工图	××年×月			1	31			

参考文献

[1] 中华人民共和国国家标准.GB 50300—2001 建筑工程施工质量验收统一标准[S].北京:中国建筑工业出版社,2001.

[2] 中华人民共和国国家标准.GB/T 50328—2001 建设工程文件归档整理规范[S].北京:中国建筑工业出版社,2002.

[3] 中华人民共和国国家标准.GB 50209—2010 建筑地面工程施工质量验收规范[S].北京:中国建筑工业出版社,2010.

[4] 中华人民共和国国家标准.GB 50210—2001 建筑装饰装修工程施工质量验收规范[S].北京:中国建筑工业出版社,2007.

[5] 吴松勤,鲁锦成.装饰装修与幕墙工程资料管理及组卷范本[M].北京:中国建筑工业出版社,2006.

[6] 蔡高金.建筑安装工程施工技术资料管理实例应用手册[M].2 版.北京:中国建筑工业出版社,2003.

[7] 建筑施工手册(第四版)编写组.建筑施工手册[M].4 版.北京:中国建筑工业出版社,2003.